生活废旧塑料改性沥青技术及工程应用

杨锡武　著

科学出版社

北京

内 容 简 介

本书系统地介绍生活废旧塑料改性沥青技术的研究应用成果,包括:生活废旧塑料改性剂的制作方法,废旧塑料改性沥青的机理、性能及存储稳定性;废旧塑料改性沥青混合料的性能、级配设计方法;生活废旧塑料干法和湿法改性沥青混合料的性能与应用条件;生活废旧塑料改性浇注式沥青混凝土桥面铺装的性能;生活废旧塑料干法和湿法改性沥青路面的施工工艺、质量控制方法及工程应用效果。本书最后附有生活废旧塑料改性沥青技术应用参考指南,以便于生产应用。

本书可供从事道路工程、环保专业的大专院校教师、硕士和博士研究生、科研人员、路面设计和施工技术人员参考。

图书在版编目(CIP)数据

生活废旧塑料改性沥青技术及工程应用 / 杨锡武著. —北京:科学出版社,2016
  ISBN 978-7-03-050314-5

Ⅰ.①生… Ⅱ.①杨… Ⅲ.①改性沥青-研究 Ⅳ.①TE626.8

中国版本图书馆 CIP 数据核字(2016)第 258094 号

责任编辑:孙伯元 / 责任校对:桂伟利
责任印制:徐晓晨 / 封面设计:蓝正设计

科 学 出 版 社 出版
北京东黄城根北街 16 号
邮政编码:100717
http://www.sciencep.com

北京凌奇印刷有限责任公司印刷
科学出版社发行 各地新华书店经销

*

2016 年 10 月第 一 版   开本:720×1000 B5
2020 年 1 月第二次印刷   印张:14 3/4
字数:280 000

定价:80.00 元
(如有印装质量问题,我社负责调换)

作者简介

　　杨锡武,男,1963 年 11 月出生,博士,教授,1986 年 7 月毕业于重庆交通学院
公路工程专业,主要从事路基工程、路面工程的教学和科研。出版有《公路水泥混
凝土路面典型结构设计方法》、《山区公路高填方涵洞土压力计算方法与结构设
计》、《特殊路基工程》、《路面养护与维修实用技术》等专著和教材,发表学术论文
80 余篇,取得"减小深填埋地下洞室受力的加筋桥减载结构"、"一种用废旧塑料制
作改性沥青的方法"等发明、实用新型专利 4 项。

前　言

　　人们的日常生活离不开塑料,从超市的塑料袋、各种商品的塑料包装到塑料用具都是塑料制品,这些塑料制品在完成使用功能后便成为垃圾被抛弃,每天成千上万吨的塑料被使用后当成垃圾回收、填埋、燃烧或随机抛弃进入湖、田、河、海成为环境污染源。但是,完成使用功能后的这些塑料制品本身性质并没有大的变化,将其抛弃不但污染环境,而且浪费资源。

　　生活废旧塑料的成分和性能,很容易使人联想到用生活废旧塑料改性沥青,提高沥青路面的性能,因此,生活废旧塑料改性沥青并不是一个新的课题,国内外对生活废旧塑料改性沥青都有一定的研究,我国在 20 世纪 80 年代就对废旧塑料改性沥青进行过室内试验研究,甚至修筑过用纯聚乙烯改性沥青的试验路面,在我国的《公路沥青路面施工技术规范》(JTG F40—2004)中也有聚乙烯改性沥青的技术指标要求。但从国内外的应用研究来看,用聚乙烯或废旧塑料改性沥青的室内试验较多,实际的工程应用却很少。对于一种来源广、价格低的改性剂,为何室内试验研究很多而工程应用很少是一个值得探讨的问题。为此,作者的研究团队对生活废旧塑料改性沥青的可行性、存在的问题、改性效果以及应用范围等进行了深入系统的研究。通过把废旧塑料(片)直接投入 170℃ 的沥青中并不停地进行搅拌混合的试验发现,在一定温度和搅拌条件下,废旧塑料可以与沥青完全相容而看不到塑料,但是只要停止搅拌或温度稍微降低,塑料就会很快聚集起来浮到沥青表面而离析,并且对温度变化很敏感。由此,找到了废旧塑料或纯聚乙烯改性沥青存储稳定性差、容易离析、影响沥青性能及不便于生产是其在工程中不能得到推广应用的基本原因。针对废旧塑料改性沥青容易离析的问题,首先研发了通过裂解把生活废旧塑料制作成不离析改性剂的方法,试验结果表明,裂化废旧塑料改性沥青不但不离析,而且改性效果好,能显著提高沥青的高温稳定性,解决了制约废旧塑料改性沥青在工程中推广应用的关键难题。在解决离析的基础上,针对一般地方道路路面施工企业没有改性沥青生产设备的实际情况,研发了把裂化废旧塑料改性剂直接投入混合料中拌和改性的干掺法,使这种性能良好的改性剂在地方公路中也能简便地得到应用,扩大了应用范围。根据裂化废旧塑料改性沥青软化点高,不离析的性能特点,提出了用废旧塑料改性剂改善浇注式沥青混凝土桥面铺筑性能的方法,室内试验和现场应用证明了掺加废旧塑料改性剂的浇注式沥青混凝土不但流动性好,而且高温稳定性完全满足要求,克服了浇注式沥青混凝土施工流动性与高温稳定性间的矛盾。最后通过工厂生产试验,生产出了改性效果好,不离析的废旧塑料改性剂产品，实现了废旧塑料改性剂的工厂化生产，并在工程中得到了应用与性能检验。随着生活废旧塑料改性沥青应用关键难题的解决及这种改性剂产品工厂化生产的实现，添加工艺简便灵活、改性效果良好的废旧塑料改性剂成为道路沥青改性剂家族的又一名新成员。随着我国交通和经济的发展，各等级公路沥青路面对改性剂的需求也在增加，需要有技术性能良好，价格合理的改性剂来满足这种需求，废旧塑料改性沥青成为满足这种需求的可能。因此，用废旧塑料改性沥青既是工程的需要，也是环保的需要，废旧塑料改性沥青为提高沥青路面高温稳定性和耐久性提供了一个新的方案，为生活废旧塑料的循环利用开辟了一个新的方向。

　　本书是作者团队的研发成果，在新建高等级公路路面、低等级公路路面、大中修路面及桥面铺装工程中对其施工工艺、技术性能和经济性进行了应用检验，证明生活废旧塑料改性沥青具体良好的技术性能和经济社会效益。参加研究的有刘克、冯梅、刘威勤、何泽、方宇亮、赵波、蒋兴华、刘晏均、邬俊、张欣雨、余胜军、甘伟以及李春歌等。在编写过程中参考了相关文献资料，在此对这些文献的作者表示感谢。生活废旧塑料改性剂是一种新型的沥青路面改性剂，在应用过程中仍会存在尚需进一步深入研究和完善的问题。书中的错误和不足在所难免，敬请读者批评指正。

2016 年仲夏于重庆

目　　录

第1章　绪　　论

1.1　生活废旧塑料改性沥青研究的意义

1.1.1　生活废旧塑料引发的环境问题

19 世纪 50 年代,亚历山大·帕克斯在制作类似于今天的照相胶片材料时,试着把胶棉与樟脑混合,他惊奇地发现这两种材料混合后产生了一种可弯曲的硬材料,那便是最早的塑料,他把这种物质称为帕克辛,并用帕克辛制作出梳子、笔、纽扣和珠宝饰品。塑料制品色彩鲜艳、质量轻、不怕摔、经济耐用,它的问世不仅给人们的生活带来了诸多方便,也极大地推动了工业的发展。1909 年,美国的贝克兰首次合成了酚醛塑料(又称贝克兰塑料);20 世纪 30 年代,尼龙问世;由于第二次世界大战中石油化学工业的发展,石油取代了煤炭作为制造塑料的原料,使塑料制造业得到飞速发展。经过不到一百年的发展,塑料产业已经成为与钢材、水泥、木材并驾齐驱的基础材料产业,使用领域甚至已经远远超过了上述三种材料。如今塑料的应用已遍及国民经济和人们生活的各个领域。

农业方面:塑料常用于制作地膜、薄膜、排灌管道、渔网以及养殖浮漂等。

工业方面:电气和电子工业中使用塑料制作绝缘材料和封装材料;机械工业中用塑料制成传动齿轮、轴承、轴瓦及许多代替金属的零部件;化学工业中用塑料作为管道、各种容器及其他防腐材料;建筑工业中用塑料做门窗、楼梯扶手、地板砖、天花板、隔热隔音板、壁纸、落水管件及卫生洁具等。

在国防工业和尖端技术中,无论常规武器、飞机、舰艇,还是火箭、导弹、人造卫星、宇宙飞船以及原子能工业等,塑料都是不可缺少的材料。

在日常生活中,塑料的应用更广泛。聚乙烯(PE)、聚丙烯(PP)、聚氯乙烯(PVC)、聚苯烯(PS)和乙烯-乙酸乙烯共聚物(EVA)等作为通用塑料在人们的生产、生活中随处可见,如塑料凉鞋、拖鞋、雨衣、手提包、儿童玩具、牙刷、肥皂盒、热水瓶壳等。各种家用电器,如电视机、收录机、电风扇、洗衣机、电冰箱等的外壳部件均由塑料制作。塑料作为一种新型包装材料,在包装领域有着广泛应用,如各种周转箱、集装箱、桶、包装薄膜、编织袋、瓦楞箱、泡沫塑料、捆扎绳和打包带等。

表 1.1 是常见塑料制品及塑料种类,表 1.2 是塑料加工行业协会统计的 2000～2008 年我国塑料行业的产量、表观消费量情况。

表 1.1 常见塑料类型及其主要制品

塑料	主要制品
PE	常用薄膜、包装袋、热水瓶壳、桶、周转箱、水管、杯、碗、盘等日用品
PP	汽车保险杠及仪表板、薄膜、编织袋、捆扎绳、打包带、盘、盆、桶等日用品
PVC	薄膜、板材、管材、异型材、泵壳、电线、电缆、鞋类等日用品
PS	透明日用器皿、仪表外壳、灯罩和电器零件、泡沫塑料、牙刷柄、玩具等
EVA	薄膜、食品包装袋、发泡制品、电线电缆、黏合剂、涂层、缓冲垫、管材等
ABS	电源外壳及部件、机器零件、蓄电池槽、汽车部件、文具、玩具、乐器等
PET	薄膜、饮料瓶、电子电器零件、汽车零件、机械零件、涤纶纤维
PA	接线柱、开关和电阻器、机械零件、汽车部件、体育用品、薄膜、拉链等
PC	机械零件、电器部件、光学及照明部件、光盘、安全帽、纯净水瓶等
POM	电子电器零件、汽车零件、机械零件、滑轮、壳体、拉链等

注：ABS——丙烯腈-丁二烯-苯乙烯；PET——聚对苯二甲酸乙二醇酯；PA——聚酰胺；PC——聚碳酸酯；POM——聚甲醛。

表 1.2 2000~2008 年我国塑料行业生产、消费情况

年份	塑料的产量/万吨	塑料的表观消费量/万吨
2000	1079.50	2590.20
2001	1203.80	2809.60
2002	1366.50	3131.50
2003	1593.80	3409.30
2004	1791.00	3813.30
2005	2141.90	4266.40
2006	2528.70	4635.00
2007	3083.30	5381.00
2008	3129.60	5401.00

从表 1.2 可以看出，在经济快速增长的形势下，塑料的生产和消费也呈现持续高速增长的态势，这种快速的增长和消费不可避免地要面对使用后塑料的处置问题。而与塑料生产工业的高速发展相比，我国废旧塑料的回收和利用则大大落后于塑料工业的发展。据了解，我国每年大约有 1400 万吨生活废旧塑料没有得到回收利用，回收利用率只有 25%，而欧洲再生塑料平均回收率在 45% 以上，德国塑料回收率达 60%。2007 年，为减少废旧塑料大量消费对环境的影响和资源浪费，国家下发了《国务院办公厅关于限制生产销售使用塑料购物袋的通知》，在全国范围内禁止生产、销售、使用厚度小于 0.025mm 的塑料购物袋（即超薄塑料购物袋）。限塑令执行多年来，对白色污染的控制有了一定的作用，但效果有限，白色污染的

治理工作仍然任重道远。

由于人们大量使用塑料制品,这些塑料用旧后形成的各种塑料垃圾也在源源不断地增长,以 PE、PP、PS 为主要成分的生活废旧塑料被使用后丢弃在自然界中,对土壤、水体、生态、环境产生了长期的、多方面的、深层次的破坏,严重威胁动植物以及人类自身的健康。生活废旧塑料对环境的影响主要有以下几方面:

(1)生活废旧塑料在环境中不易腐烂,很难降解(降解周期需二三百年时间),填埋后易造成土壤板结,妨碍植物根部呼吸和吸收养分,影响植物生长;在水中易恶化水质,堵塞排水管道,缠住螺旋桨,破坏水上船只航行;若被动物当做食物吞入,将会引起胃部不适、行动异常、生育繁殖能力下降,甚至死亡;散落在环境中的废塑料制品,给人们的视觉带来不良刺激,形成视觉污染,影响环境美观。

(2)生活塑料废弃物中往往含有大量污染物并夹带有各种细菌和病原体,在收集、运输和储存过程中,这些细菌和病原体会继续生长、繁殖,而混有的有机质又将腐败、发酵成为这些细菌和病原体的载体,最终散发出恶臭气味和产生黑臭的垃圾水,这些污染物会污染河流、湖泊以及我们赖以生存的自然环境,对动植物以及人类健康构成严重威胁,如图 1.1(a)所示。

(3)掩埋、焚烧等方法处理生活废旧塑料时,由于塑料垃圾质轻又体积庞大,能很快填满场地,降低填埋场地的处理能力,掩埋地将来也不能用作耕地和建筑用地,无形之中增加了土地资源的压力;此外,塑料垃圾中的细菌、病毒等有害物质能够很容易渗透到地下,污染地下水,危及周围环境,形成新的污染源。焚烧处理时,塑料会产生大量含有多种人体有害的黑烟气体,如 CO、H_2S 等,能与血液中的血红蛋白结合,形成碳氧血红蛋白,使血液输送氧的能力降低,造成大脑缺氧;在塑料焚烧过程中会产生毒性最大的物质——二噁英,二噁英进入土壤后,至少需要 15 个月才能逐渐分解,它对动物的肝脏和脑有严重的损害作用,也会危害到植物及农作物的生长,如图 1.1(b)所示。

(a)污染水体   (b)焚烧产生有害气体

图 1.1　生活废旧塑料对环境的危害

塑料发明至今还不到100年，如果说当时人们为它的诞生欣喜若狂，那么现在却不得不为处理这些充斥于生活中，给人类生存环境带来威胁的塑料垃圾而煞费苦心。目前，很多国家都采取焚烧（热能源再生）或再加工制造（制品再生）的办法处理废旧塑料，使其得到再生利用，达到节约资源的目的，但废旧塑料在焚烧或再加工时仍会产生对人体有害的气体，污染环境，因此，在全球气候变暖、石油资源逐渐减少、环境污染日趋严重等资源环境问题困扰人类的今天，在低碳和环保成为人类生产、生活方式共识的时代，如何进一步拓宽来源广泛的生活废旧塑料垃圾资源的再利用，变废为宝，节约有限的石油资源，减少废旧塑料对环境的污染是值得研究的课题。

1.1.2　研究生活废旧塑料改性沥青的意义

随着我国经济的快速发展，道路的超载和重载车辆多，路面不堪重负，相当多的高速公路和其他等级公路的沥青路面远未达到其设计使用寿命，三五年后即产生不同严重程度的变形破坏而不得不进行大面积修补的例子屡见不鲜，不但增加了公路的养护维修费用，而且影响道路的正常运营。在这些变形破坏中，最常见的是车辆流量大或沥青高温稳定性不足而引起的车辙变形破坏，这是因为沥青是典型的黏弹塑性体，其黏弹性能随环境温度而变化，在高温条件下变软，表现出黏塑性，在车辆荷载作用下产生车辙、推挤和壅包（见图1.2）；而在较低温度条件下变硬变脆，变形性能下降，容易产生低温收缩裂缝。与低温性能相比，沥青材料对高温更为敏感，是沥青材料的主要性能缺陷，在应用过程中高温引起的变形等问题更容易显现出来，所以，提高高温性能是沥青作为道路材料需要解决的主要问题和难点。目前，提高沥青路面高温稳定性和耐久性的常用方法是采用改性沥青，改性方法可以分为橡胶（SBR）改性沥青、热塑性橡胶（SBS）改性沥青、热塑性树脂（PE）改性沥青三大类，在这三大类改性方法中，由于所用原料都是工业原料（SBR、SBS、PE），其价格昂贵，增加了沥青的成本，增加了工程投资。因此，为降低工程造价，寻找价格相对较低，改性效果较好的改性剂成为目前改性沥青的重要研究方向。

(a)车辙　　　　　　　　　　　　　　　　(b)泛油

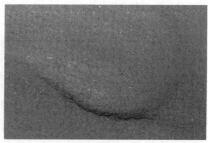

(c)推挤   (d)壅包

图 1.2 高温稳定性不足的沥青路面病害

　　另外,目前我国城市、农村每天生产、生活产生大量的废旧塑料垃圾,这些废旧塑料的抛弃和焚烧不但产生环境污染,也是一种资源浪费,因为这些废旧塑料本身并没有丧失其性能而成为真正的废料,仅是由于被食物或其他污物污染或不能满足我们的使用功能要求,因此,这些废旧塑料的抛弃也是一种资源的浪费。

　　基于路面性能要求、废旧塑料性能及对环境的影响,开展生活废旧塑料改性沥青研究具有以下重要意义:

　　(1)用废旧塑料作为改性剂,提高沥青路面的高温稳定性和耐久性,延长路面使用寿命。

　　(2)废旧塑料来源广,价格低,制作改性剂的成本低,可以降低改性剂的价格,节约路面工程投资。

　　(3)开辟废旧塑料应用领域,变废为宝,减少废旧塑料对环境的污染,保护环境,节约资源。

1.2 生活废旧塑料改性沥青技术的国内外研究现状

　　通常情况下,改性沥青所用的 PE 改性剂都是价格昂贵的工业原料,增加了路面造价,使改性沥青在应用中受到限制。PE、PP、PS、PVC 均是优良的树脂类改性剂,一般可赋予改性沥青良好的高温性能,并且它们作为通用塑料而广泛存在于塑料废弃物中。特别是 PE 产量最大、用途最广、不耐老化,一般使用 1~2 年,便不能重复使用了,因此廉价易得,是塑料废弃物中的主要成分。根据生活废旧塑料的成分,将其用于沥青改性,既可以提高路面性能,降低工程造价,又可以实现对资源的循环利用,保护环境,因此,应用废旧塑料改性沥青具有重要的技术经济意义和环保意义。

　　用废旧塑料改性沥青需要解决废旧塑料的选择、与沥青的混合方法、相容性及改性机理等重要问题,有关研究成果在国内外均有报道。

1. 废旧塑料的选择与改性效果的研究

生活废旧塑料来源广,类型多,性能差异较大,用于改性沥青将有不同效果,目前生活废旧塑料改性沥青采用的废旧塑料多为废弃的农用塑料薄膜以及废旧塑料包装袋,这是由于这些材料在生活环境中随处可见,且较为廉价,是具有代表性的废旧塑料,故多数研究均把它们作为改性剂。农用塑料薄膜中约80%是低密度聚乙烯制作的薄膜,陆景富等[1,2]、任淑霞[3]、孙延忠等[4]均采用薄膜类废旧塑料制作改性剂。周研等[5]、骆光林等[6,7]、廖利等[8]则是采用废旧塑料袋,其中骆光林、方长青[9]采用的是以线性低密度聚乙烯(LLDPE)为主要成分的鲜奶软包装塑料袋。廖利、李慧川采用的是塑料薄膜和包装袋混合废塑料,成分包括低密度聚乙烯(LDPE)、高密度聚乙烯(HDPE)、PP,质量比约为 LDPE∶HDPE∶PP=1∶5∶1。国外 García-Morales 等[10]使用回收的农用 EVA、LDPE 混合废旧塑料作为改性剂。Hussein 等[11]直接利用作为产品生产出的 LDPE 作为改性剂,这也是目前大多数研究者所采用的改性材料。

在国内外的研究中,利用以低密度聚乙烯为主要成分的生活废旧塑料改性沥青是主流,因为低密度聚乙烯的柔软性、伸长率、耐冲击性都比高密度聚乙烯好。而且密度小,熔点较低,结晶度小,溶解度参数较宽,在溶解分解区呈液态,这些因素都使 LDPE 容易与沥青共混。除此之外,低密度聚乙烯虽是线性长链分子结构,但在主链上带有数量较多的烷基侧链和较短的甲基支链,这种多分支链树枝状的不规整分子结构,有利于加强与集料的黏结。相较而言,高密度聚乙烯分子结构是单纯的线形,分子排列十分规整,结晶度高,很难被小分子溶剂溶解,故不宜用做改性剂[12]。丁巍等[13]通过研究发现加入合适浓度的 HDPE 时,仍可改善沥青的某些性质。Hinislioğlu 等[14]采用 HDPE 改性沥青制作马歇尔试件得到的稳定度和流值都有显著提高,从而得出 HDPE 改性沥青混合料具有更强的抗永久变形能力的结论。在国内,李一鸣[15]用廉价的废塑料薄膜作为改性剂对多蜡氧化沥青改性,发现聚乙烯、聚丙烯薄膜具有较好的改性效果,改性后的沥青及其混合料的高低温性能都得到了改善;聚氯乙烯薄膜不宜作为改性剂。白启荣[16]利用农用地膜、塑料大棚、食品袋、商品包装袋及其他塑料包装袋等废弃的聚乙烯薄膜作为路用沥青改性剂,以提高沥青路面的使用质量,延长路面使用寿命。李梅等[17]将废弃聚乙烯薄膜经过再处理,以5%的质量比与道路沥青相掺合,提高了沥青的软化点,减小了针入度,使沥青混凝土路面的力学性能大幅度提高,路面经过两年的考验完好无损,克服了原沥青由于质量低使路面产生车辙、壅包、裂缝等不良现象,延长了路面使用寿命。

2. 生活废旧塑料改性沥青制作方法研究

改性沥青试样制作的基本原则是:室内试验制作改性沥青的工艺必须与工厂

或生产现场的实际加工工艺尽可能一致,加工的产品必须能够模拟实际的情况。在用塑料制作改性沥青时,除了可以采用简单的机械搅拌方式制作,大部分必须通过高速剪切或胶体磨方式才能使改性剂均匀分散在沥青中,一般采用的制作机械为高速剪切仪、胶体磨、旋转沥青混合器等。许世展等[18]采用高速剪切仪加工改性沥青,将沥青在 160℃左右与 PE 共混,先经过机械搅拌,再经过高速剪切,使改性剂在沥青中经过溶胀、分散磨细、继续发育三个阶段,浇模后放置备用。而廖利等[8]则采用湖北国创高新材料股份有限公司自主创新研发的胶体磨来制备改性沥青,先将基质沥青在电炉上预热至 130℃,再加热到 150℃左右,加入已称好的混合废塑料,将溶好的聚合物沥青倒入温度已升至 160～190℃的胶体磨中进行高温高速剪切,温度控制在 160～190℃,搅拌发育 2～4h。周研等[5]将软化点用正交试验进行分析后确定最佳剪切温度为 180℃、剪切时间为 90min、剪切速度为 6000r/min。任淑霞将废塑料薄膜按预定掺量加入基质沥青中,由沥青混合料拌和机在(150±5)℃下搅拌,直接按设计配合比拌制沥青混合料制成规定尺寸的沥青混凝土试件进行研究[3]。孙延忠等[4]则采用的是乳化机改性工艺。以上研究发现,改性沥青剪切共混时,加工温度一般控制在 160～190℃。剪切分散后,一般都要经过溶胀和继续发育阶段。

由于塑料改性沥青极易离析,这些方法制作的废旧塑料改性沥青一般不能存储后使用,必须在现场随制随用。在短期的热沥青罐储存期间,储存罐必须配有搅拌器,进行不停的搅拌,同时要保持足够的存储温度,以避免储存期间的离析。

3. 废旧塑料与沥青的相容性研究

最早采用废旧塑料改性沥青的思想是在沥青加热到 160～180℃的条件下废旧塑料已达到其熔点而能与沥青混合,同时与沥青相比废旧塑料具有较高的软化点,因此用其改性沥青将有助于提高沥青的高温稳定性。因此最早的废旧塑料改性沥青的方法是把收集、分选的废旧塑料直接加入沥青中进行搅拌混溶得到改性沥青。这种把废旧塑料直接投入加热的沥青中改性的结果是,在一定高温下塑料似已溶解,当温度稍下降后塑料又将聚合,不能形成均匀的混合物,离析严重,最终不能达到改性的效果,改性剂及改性沥青的质量也难以保证。因此,要用于大规模的改性沥青生产,必须有一套规范的废旧塑料分选、清理、加工处置的改性剂制作方法,必须解决相容性问题。

国内外生活废旧塑料改性沥青制作方法主要有以下几种[1～9]:

(1)把废旧聚乙烯塑料薄膜或包装袋除去灰尘和杂质,加工成尽可能小的碎片,直接加入热沥青中进行改性。

(2)将回收得到的生活废旧塑料分类后,对其进行热降解处理后制成塑料颗粒使用。

(3)添加共混组分与塑料一起作为一种混合改性剂使用,共混组分可以是塑料

(如 EVA)也可以是橡胶(如 SBR、SBS),以将不同改性剂的优点叠加;或者添加炭黑、硅藻土、高岭土等无机填料,改善改性沥青的高温储存稳定性。

但是,上述这三大类方法制作的改性沥青始终存在离析的问题,即在把废旧塑料加入沥青混溶之后的短时间内即结皮析出,大大影响了改性效果。针对这个问题,一些学者提出了改进方法:

(1)在不影响改性效果的前提下,加入表面活性剂改善塑料与沥青的相容性。表面活性剂分为相溶剂和稳定剂两类,前者使改性剂能够与沥青更好地互溶,后者使共混体能够达到一定平衡而不易离析。

(2)在聚合物改性体系中添加活性炭、硫黄、过氧化物等交联剂,使沥青与聚合物发生交联反应,两者之间形成较强的化学键力,提高体系的稳定性。

(3)对塑料大分子枝接活性官能团(如环氧基团、酸酐等),使制得的改性剂能与沥青中某些基团(如酚羟基等)发生反应,形成稳定的化学键,改善塑料与沥青的相容性。如甲基丙烯酸缩水甘油酯接枝 LDPE 得到的 GMA-g-LDPE。

相容性是影响废旧塑料改性沥青研究与应用的关键难题。因此国内外对废旧塑料改性沥青相容性进行了大量研究。国外的学者根据分子量与相容性的关系,研究了用分子量比聚乙烯更低的材料聚乙烯蜡进行沥青改性及性能研究,Hussein 等[11]发现 LDPE 分子量越高,与沥青相容性越好,改性沥青亦具有较好的弹性;与之相反,Ho 等[19]通过研究发现聚乙烯蜡和低分子量聚乙烯更易与基质沥青混溶,有利于改善沥青的低温性能,证实了低分子量和分子量分布较宽的聚乙烯材料更适合做沥青改性剂。Edwards 等[20]采用商品蜡制得了在高、中、低温条件下性能均十分优良的改性沥青及其混合料。Yousefi 等[21]用分子量更小的废旧轮胎裂解油作为改性剂,得到的改性沥青高温性能较好但低温性能有所下降。他们均认为聚乙烯的分子量和分子量分布对塑料与沥青的相容性、改性后沥青的流变性有至关重要的影响,然而这种影响还有待深入系统地研究。在国内这方面的研究和应用还很少,上海交通大学王仕峰等[22]将由生活废旧塑料制得的聚乙烯蜡和商品蜡分别对基质沥青及 SBS 改性沥青进行改性,取得了良好的改性效果,沥青的高、低温性能均得到了改善。李军等[23]通过接枝使 LDPE 侧链上具有环氧官能基团,形成甲基丙烯酸缩水甘油酯接枝低密度聚乙烯,提高了 LDPE 的极性,使 LDPE 更好地与极性有机体系相容。侧链接枝 GMA 使 LDPE 分子结构中含有环氧官能基团,环氧官能基团和沥青体系的沥青质中的官能基团(如羧酸、酸酐等)发生开环反应,形成酯键或者铵键等化学键,内分子交联的形成导致了聚合物网络的形成和稳定,从而大幅度提高了基质沥青的高温稳定性。互穿网络的协同作用使 LDPE 充分溶胀,加强了 LDPE 对沥青的增强作用。LDPE 分子的自收缩因为化学键的存在而减弱,大大增加了 GMA-g-LDPE 与沥青的相容性。张巨松等[24]将聚乙烯与橡胶粉复合后改性,并加入相溶剂,使得 PE 颗粒表面发生了接枝反应,PE 颗粒和沥青的溶解度参数差减小,表面张力减小,胶粉的加入一定程度上阻碍了 PE 凝胶结构的形成,使 PE 与沥青更好地相容而不发生大规模团聚,所以 PE 颗粒能够较好地分散于沥青中而不发生离析。高光涛等[25]和欧阳春发等[26]分别将炭黑与 PE 共混、炭黑与 SBS/PE 复配改性剂共混、硅藻土或高岭土与 PE 或 SBS 共混,都得到了储存性能稳定的改性沥青。部分学者认为与沥青密度相近的改性剂和沥青的相容性会更好,并采用等密度法进行了一定研究。

4. 生活废旧塑料改性沥青机理研究

生活废旧塑料本身含有较多杂质,且在回收过程中难免混入不同种类的塑料,使生活废旧塑料比纯塑料成分更加复杂,对其改性沥青机理的认识更难,国内外专门针对生活废旧塑料改性沥青的机理研究成果并不多,多数研究是借鉴纯塑料的改性机理,依据试验现象推测废旧塑料的改性机理,而通过试验研究机理的较少[12]。沥青改性机理主要有物理改性和化学改性两个方面,一般以物理改性为主,化学改性为辅。物理改性是改性剂并没有或是极少地与沥青发生化学反应,而是物理地分散、均混、吸附、交联在沥青中,改性沥青是两相或多相的混合物,通过各相的协同作用体现出改性沥青的相关性质;化学改性是改性剂与沥青发生了一定的化学反应,形成了新的化学键,甚至生成了新的官能团,最终导致化学结构发生变化,从而使改性沥青的相关性质发生变化。目前废旧塑料改性沥青机理研究的物理化学试验方法如下[27~39]:

(1)相态观察。常用仪器有光学显微镜、荧光显微镜、电子显微镜(TEM)、扫描电子显微镜(SEM)。通过观察改性剂在沥青中的分散情况及存在状态,描述改性剂在沥青中形成的体系结构,推导改性剂与沥青的作用形式,评价改性剂与沥青的相容性。

(2)凝胶渗透色谱(GPC)。测定改性剂或改性沥青的重均分子量、数均分子量及分子量分布。改性剂的加入会在一定程度上改变沥青的分子量及分子量分布,引起沥青结构的相应变化,从而评价塑料与沥青的相容性。一般来说,分子量接近的物质相容性更好,分子量分布越宽,其溶解度范围也越宽,更易形成良好的胶溶结构。

(3)综合热分析。通过热重法(TG)、差示扫描量热法(DSC)可以得到改性剂和改性沥青的相转变温度(如玻璃化温度 T_g、熔融温度 T_m)以及相应的热焓变化,从而综合描述材料的热稳定性,判断废旧塑料及改性沥青的成分。

(4)分子结构及化学键分析。常用仪器有傅里叶红外光谱法、X 射线能谱、拉曼光谱等。其中以红外光谱应用得最多,从红外谱图上可以直接读出相关基团的有无(定性分析),或通过峰高、峰强的变化分析某种基团的含量(定量分析),在化学改性机理的研究中其结果最为直观,可以判断沥青与改性剂间发生的物理化学改性机理。

除此之外,还有磁共振、动态热机械(DMA)试验、溶胀率分析等研究方法。

通过这些方法对改性沥青进行试验和观察,并结合相关理论分析,以 PE 为代表的改性机理研究观点如下。彭文勇等[40]认为,PE 改性剂颗粒溶胀后使原来折叠规整的分子链伸展开来,冷却后又重新结晶。这时,高分子链不一定在一个晶片中折叠,它可以在一个晶片中折叠一部分后伸出晶体在另一片晶体参加折叠,结果是一条高分子链的一部分在这个晶片,另一部分在另一个晶片中。由于 PE 均匀分布于沥青溶液中,许多高分子链如此折叠,在沥青中形成了一张密密麻麻的大网,沥青分子成为网格上的质点。沥青属于胶体体系,当达到一定温度时,它便具有流动性,但当聚合物重结晶时又会形成网络结构,网络与网络之间强烈的相互作用约束了沥青之间的位移,限制了沥青胶体体系的流动性,提高了沥青的黏度,使其高温时强度和抗形变能力都有所提高。原建安[41]认为网状结构是在改性剂含量达到一定程度时才能达到的效果,如果聚合物含量较低则不会有上述效果。而低剂量的改性剂改性沥青通过试验也发现确有明显的改性效果,这意味着网络结构的形成并不是改性剂能提高高温性能的唯一解释。他认为,在低剂量聚合物改性时,主要是聚合物的性质、粒度、分散均匀性、表面吸附以及沥青组成等因素综合起作用,这些协同作用改善了沥青的使用性能。许传路等[42]及张争奇[43]将网络结构融入改性剂与基质沥青之间的相互作用当中来阐述改性机理;Hesp 等[44]和Morrison 等[45]则提出了空间位阻稳定层的概念。

纵观上述机理研究成果,关于生活废旧塑料改性沥青的机理研究文献相对较少,多数集中于 PE 和其他塑料改性沥青的机理研究。废旧塑料改性沥青的机理研究仍是一个较新的课题,这对于充分利用废旧塑料,提高其改性沥青的性能将具有重要意义。

5. 废旧塑料改性沥青性能评价指标研究

由于改性沥青成分的复杂性,改性方法不同,改性效果也差别较大,不能完全照搬基质沥青性能的评价指标作为改性沥青的评价指标。目前国际上还没有统一的改性沥青及改性沥青混合料的性能评价方法。通常用于评价改性沥青性能的指标和方法如下:

(1)采用沥青性能指标变化程度来衡量,如沥青组分试验、针入度、软化点、延度、黏度、脆点等指标在改性前后的变化程度,这也是目前研究中最常用的评价方法。

(2)针对改性沥青特点开发的试验方法,如弹性恢复试验、测力延度试验、黏韧性试验、黏附性试验(抗剥落试验)、冲击板试验、离析试验等。

(3)采用美国战略公路研究计划(SHRP)提出的沥青结合料性能规范的指标

评价。该规范最根本的特点是各项指标与路用性能直接相关,规范列入的各种路用性能指标适用于基质沥青同时也适用于各种改性沥青[12]。

评价的基本方法是将改性前后沥青的各项指标进行比较,找出它们之间常规指标和非常规指标试验结果的差值,评价改性效果。

综上所述,国内外关于生活废旧塑料改性沥青方法、改性沥青性能、存储稳定性、改性机理均有一定研究,但各种研究仍停留在实验室的研究阶段,尚没有进入废旧塑料改性剂生产或改性沥青产品生产的应用,废旧塑料改性沥青混合料路面的工程应用几乎没有,而储存稳定性或相容性是影响废旧塑料改性沥青技术进入生产应用的关键,是废旧塑料改性沥青技术成果推广应用的难点。

第 2 章　生活废旧塑料改性剂的制备方法与性能

2.1　塑料的分类和性质

2.1.1　塑料的分类

塑料是一种高分子材料,它的基本成分是树脂。树脂是一种高聚物,可以天然生成,也可以人工合成。塑料制品就是以树脂为基材,按需要加入适当助剂,组成配料,借助成型工具,在一定温度和压力下塑制成一定形状和尺寸的制品。

塑料品种甚多,为便于区分和合理应用,可按不同方法对其进行分类。

1. 按受热时的行为可分为热塑性塑料和热固性塑料

热塑性塑料:加热时变软以致熔融流动,冷却时凝固变硬,这种过程是可逆的,可以反复进行。这是由于热塑性塑料配料中,树脂分子是线形的或仅带有支链,不含有可以产生链间化学反应的基团,在受热过程中不会产生交联反应。在加热变软乃至流动和冷却变硬的整个过程中,仅发生物理变化。利用这种特性,可对热塑性塑料进行成型加工。聚烯烃类、聚乙烯基类、聚苯乙烯类、聚酰胺类、聚丙烯酸酯类、聚甲醛、聚碳酸酯、聚砜、聚苯醚等都属于热塑性塑料。

热固性塑料:由于配料树脂分子链上含有某种易于反应的基团,加热到一定温度时,不同分子链间的基团彼此反应形成化学键,随即使分子链间发生交联反应形成网状或三维体型结构,塑料从而变硬,这一过程称为固化。固化过程是不可逆的化学变化,热固性塑料在第一次加热时可以软化流动;再加热时,由于分子链间交联的化学键束缚,原有的单个分子链不能再相互滑移,宏观上就使材料不能再软化流动。酚醛树脂、氨基塑料、环氧塑料、不饱和聚酯、有机硅、烯丙基酯、呋喃塑料等都属于热固性塑料。

2. 按树脂的合成反应类型可分为聚合类塑料和缩聚类塑料

聚合类塑料:该类塑料中的树脂是由含有不饱和键的单体在引发剂(或催化剂)存在下按自由基机理、离子型机理进行聚合反应所形成的。在聚合反应中,没有低分子副产物的放出,如聚烯烃、聚乙烯基类、聚苯乙烯类,都属于聚合类塑料。

缩聚类塑料:该类塑料中的树脂是由含有官能基的单体通过缩聚反应形成的。

在生成树脂的缩聚反应中有低分子副产物生成。

3. 按树脂大分子的有序状态可分为无定形塑料和结晶型塑料

无定形塑料:树脂大分子的分子链排列是无序的,不仅各个分子链之间的排列无序,同一分子链也像长线团那样无序地混乱堆砌。无定形塑料无明显熔点,它软化至熔融流动的温度范围很宽。聚苯乙烯类、聚砜类、丙烯酸酯类、聚苯醚等都是典型的无定形塑料。

结晶型塑料:树脂大分子链的排列是远程有序的,分子链相互有规律地折叠,整齐地紧密堆砌。结晶型塑料有比较明确的熔点,或具有温度范围较窄的熔程。同一种塑料如果处于结晶态,其密度总是大于处于无定形态时的密度。

结晶型塑料与低分子晶体不同,很少有完善的百分之百的结晶状态,一般总是结晶相与非晶相共存。因此,通常所谓的结晶型塑料,实际上都是半结晶型塑料。结晶型塑料的结晶度与结晶条件有关,可以在较大范围内变化。只有热塑性塑料才能有结晶状态,所有的热固性塑料由于树脂分子链间相互交联,各分子链不可能互相折叠紧密地堆砌成很有序的状态,因此不可能处于结晶状态。聚乙烯、聚丙烯、聚甲醛、聚四氟乙烯等都是典型的结晶型塑料。

4. 按性能特点和应用范围可分为通用塑料、工程塑料和特种塑料

通用塑料:一般把生产批量大、应用范围广、加工性能良好、价格又相对低廉的塑料称为通用塑料。通用塑料容易采用多种方法成型加工为多种类型和用途的制品,但一般而言,通用塑料某些重要的工程性质,特别是力学性能、耐热性能较低,不适宜制备用做承受较大载荷的塑料结构件和在较高温度下工作的工程制品。聚乙烯、聚丙烯、聚氯乙烯、聚苯乙烯、酚醛塑料是当今应用范围最广、产量最大的通用塑料品种,合称五大通用塑料。

工程塑料:除具有通用塑料所具有的一般性能外,工程塑料还具有某种或某些特殊性能,特别是具有优异的力学性能、耐高低温性能和耐化学性能。优异的力学性能可以是抗拉伸、抗压缩、抗弯曲、抗冲击、抗摩擦磨损、抗疲劳、抗蠕变等使其满足作工程结构的性能要求。工程塑料生产批量较小,制备时的原材料较昂贵、工艺过程较复杂,因而造价较昂贵,用途范围受限。现今,较常用的工程塑料大品种有聚酰胺类塑料,聚碳酸酯、聚甲醛、热塑性聚酯、聚苯醚、聚砜、聚酰亚胺、聚苯硫醚、氟塑料等。ABS 是应用量最大的工程塑料。

特种塑料:一般是指具有特种功能、可用于航空航天等特殊应用领域的塑料。如氟塑料和有机硅具有突出的耐高温、自润滑等特殊功用,增强塑料和泡沫塑料具有高强度、高缓冲性等特殊性能,这些塑料都属于特种塑料的范畴。

应该指出,以上对通用塑料和工程塑料的分类并不是绝对的。所列举的某些

通用塑料品种经过增强或改性,亦可当做工程塑料使用。例如,聚乙烯是典型的通用塑料,但超高分子量聚乙烯又因具有优异的耐磨性而被视为工程塑料[46]。

2.1.2 聚乙烯的分类和性质

聚乙烯是产量最大、用途最广的通用塑料,由乙烯直接聚合得到。采用不同的生产方法可以得到不同密度($0.91\sim0.96g/cm^3$)的聚乙烯产物。聚乙烯可用一般热塑性塑料的成型方法(如挤塑、吹塑、注塑和滚塑)加工,用来制造薄膜、包装、容器、管道、单丝、电线电缆、日用品等,并可作为电视、雷达等的高频绝缘材料。随着石油化工的发展,聚乙烯生产得到迅速发展,产量约占塑料总产量的1/4,是废旧塑料中的主要成员。

1. 聚乙烯塑料的分类

聚乙烯按密度区分,可分为低密度聚乙烯,密度范围 $0.910\sim0.925g/cm^3$;中密度聚乙烯(MDPE),密度范围 $0.926\sim0.940g/cm^3$;高密度聚乙烯(HDPE),密度范围 $0.941\sim0.970g/cm^3$。其他分类法有时把 MDPE 归类于 HDPE 或 LLDPE。用高压法制得的聚乙烯一般都是低密度聚乙烯,少数情况下可得到中密度聚乙烯。用低压法和中压法制得的都是高密度聚乙烯。此外还有:超高分子量聚乙烯(UHMWPE),密度范围 $0.92\sim0.94g/cm^3$;低分子量聚乙烯(LMWPE),密度约为 $0.90g/cm^3$;改性聚乙烯(如 LLDPE)以及乙烯共聚物。

1)低密度聚乙烯

由于在高压条件下聚合而成,低密度聚乙烯又称为高压聚乙烯。1939 年英国帝国化学工业(ICI)有限公司最先用高压法生产聚乙烯。高压聚合以乙烯为原料,在 $100\sim350MPa$ 的高压和 $160\sim270℃$ 的较高温度下,用氧气或有机过氧化物等作为引发剂,按自由基机理进行聚合反应[47]。聚合反应的实施方法是高压气相本体聚合,聚合反应器可为釜式,亦可为管式,将新鲜的纯净单体经二次分段压缩,使其达到需要的高压。釜式法压力为 $130\sim250MPa$,温度为 $160\sim270℃$,管式法压力在 $250\sim350MPa$,温度一般为 $180\sim200℃$[46]。

高压法按自由基机理聚合,容易发生链转移反应,所以 LDPE 的支化度高,不仅含有乙基、丁基这样的短支链,还含有长支链,某些长支链长度可以接近甚至超过原来的主链,这种情况使得高压聚乙烯具有比低压和中压聚乙烯更宽的分子量分布。支链的存在必然会影响到分子链的反复折叠和紧密堆砌,导致结晶度减小,密度降低。此外,支链的存在还会影响聚合物熔体的流动性。带有支链,尤其是带长支链的分子链比无支链的线状分子缠结性小,使其在分子量相同的条件下熔融黏度较小。长短支链不规整,因而结晶度低,密度小,各项力学强度和耐热性较低,但韧性好。高压聚合所得到的聚乙烯数均分子量为$(2\sim3)\times10^4$,密度为 $0.91\sim$

0.925g/cm³，少数情况下聚合物密度可达 0.94g/cm³，结晶度为 55%～65%[48]。

低密度聚乙烯树脂为乳白色圆珠形颗粒，无毒、无味、无臭，表面无光泽，性质较柔软，具有良好的延伸性、电绝缘性、化学稳定性、加工性能和耐低温性（可耐−70℃），但机械强度、隔湿性、隔气性和耐溶剂性较差。适宜制备薄膜、包装膜、电缆绝缘层材料、吹注塑及发泡制品。

2）中密度聚乙烯

中密度聚乙烯是在合成过程中用 α 烯烃共聚控制密度而成的，1970 年美国首先用浆液法制得。其生产合成工艺采用 LLDPE 的方法，即由乙烯与少量 α 烯烃在复合催化剂 CrO_3、$TiCl_4$ 与无机氧化物（如 SiO_2）载体存在的条件下，在 75～90℃和 1.4～2.1MPa 压力下进行配位聚合反应得到。α 烯烃常用丙烯（C═C—C）、1-丁烯（C═C—C—C）、1-己烯（C═C—C—C—C—C）、1-辛烯等，其用量的多少影响密度大小，一般为 5%（质量分数）左右。

MDPE 分子链中含有第二种单体，使分子链的链节组成不规则，因此材料比一般的低压聚乙烯结晶度小。采用配位聚合，使分子链的支化度又比一般的高压聚乙烯支化程度大大减少，仅含有短支链，无长支链，分子量分散性也大大减小。分子主链中平均每 1000 个碳原子中引入 20 个甲基支链，或 13 个乙基支链，其性能变化由支链多少及长短不同而定。MDPE 的特点是耐环境应力开裂性及强度的长期保持性。MDPE 的密度为 0.926～0.953g/cm³，结晶度为 70%～80%，分子量为 20 万，性质与 LLDPE 近似。

MDPE 可用挤出、注射、吹塑、滚塑、旋转、粉末成型加工方法制备，生产工艺参数与 HDPE 和 LDPF 相似，常用于制造管材、薄膜、中空容器等。

3）高密度聚乙烯

由于在低压条件下聚合而成，因此高密度聚乙烯又称为低压聚乙烯。

低压法以乙烯为原料，采用 Ziegler-Natta 催化剂［组成为主催化剂 $TiCl_4$、助催化剂 $Al(C_2H_5)_3$、载体 $MgCl_2$］，以 H_2 为相对分子质量调节剂，在汽油溶剂中于 60～70℃进行阴离子型配位聚合反应，这种聚合实施方式又称为淤浆法。将乙烯在低压下通入装有低级烷烃（汽油）作为溶剂的反应器，在 60～70℃范围内和无 O_2 和 H_2O 存在的条件下反应。反应中催化剂保持悬浮状态，聚合物以沉淀形式析出，形成浆状物，此时将反应物移至另一容器，并与催化剂分离净化[48]。

低压法是按配位机理聚合的，所以 HDPE 支化度低，可以看成线性结构，因而结晶度高，密度大，制品的力学强度和耐热性都较高，但韧性较差。低压聚合所得聚乙烯数均分子量在 $(0.7～3.5)×10^5$，密度在 0.94～0.96g/cm³，结晶度一般可达 85%～90%[48]。

HDPE 是一种结晶度高、非极性的热塑性树脂。原态 HDPE 的外表呈乳白色，在微薄截面呈一定程度的半透明状。具有优良的耐大多数生活和工业用化学品的特性。该聚合物不吸湿并具有良好的防水蒸气性,可用于包装用途。HDPE具有很好的电性能,特别是绝缘介电强度高,很适于制作电线电缆。中到高分子量等级的 HDPE 在常温甚至在－40℉低温下具有极好的抗冲击性。HDPE 经注塑成型可制备各种日常用具,如盆、桶、篮、篓;经吹塑成型可制备各种瓶、罐、工业用槽等;经挤塑成型可制备各种管材、包装用的压延带和结扎带,还可用于制备绳缆、渔网和编制纤维、电缆包皮以及合成纸、合成木材等。

图 2.1 是三种聚乙烯 HDPE、MDPE 及 LDPE 的分子形态。

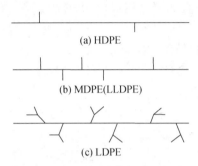

(a) HDPE

(b) MDPE(LLDPE)

(c) LDPE

图 2.1　三种聚乙烯的分子形态对比

2. 聚乙烯的性能

聚乙烯无臭、无毒、手感似蜡,具有优良的耐低温性能(最低使用温度可达－70～－100℃),化学稳定性好,能耐大多数酸碱的侵蚀,常温下不溶于一般溶剂,吸水性小,电绝缘性能优良;但聚乙烯对于环境应力(化学与机械作用)敏感,耐热老化性差。聚乙烯的性质因品种而异,主要取决于分子结构和密度。

1)力学性能

聚乙烯分子链是柔性链,无极性基团的存在,分子链之间吸引力小,所以其力学性能各项指标中,除冲击强度较高外,其他力学性能绝对值在塑料材料中都是较低的。

影响聚乙烯力学性质的结构因素如下:

(1)密度。密度越大,除韧性以外的力学性能都提高,包括硬度和刚度增大。而密度取决于结晶度,结晶度又与分子链的支化程度密切相关,支化程度又取决于聚合方法。因此,高压聚乙烯由于支化度大、结晶低、密度小,各项力学性能均较低,但韧性良好。低压聚乙烯支化度小、结晶度高、密度大,各项力学性能均较高,但韧性较差。

(2)分子量。分子量越大,分子链间的相互作用力越大,所有力学性能,包括韧性也都提高。

密度及分子量对力学性能的影响如表 2.1 所示。

表 2.1　聚乙烯的力学性能

聚合方法	高压法						低压法			中压法
密度/(g/cm³)	0.923					0.94	0.95			0.96
熔融指数	70	20	7	2	0.3	0.7	2.0	0.2	0.02	1.5
数均分子量/×10⁴	2.0	2.4	2.8	3.2	4.8	7~35				
CH₃/1000C	31	31	28	23	20	—	5~7	5~7	5~7	<1.5
拉伸强度/MPa	—	8.9	10.2	12.5	15.3	20.7	23.0	23.0+	22.0+	~27.5
断裂伸长率/%	150	300	500	600	620	—	20	380	7 800	500.0
简支梁冲击强度/(kJ/m²)	~53.5	~53.3	~53.3	~53.3	~53.3		1.5	1.8	2.87	4.53

2)热性能

玻璃化温度(T_g):无定形聚合物(包括结晶型聚合物中的非结晶部分)由玻璃态向高弹态或者由后者向前者转变的温度,是无定形聚合物大分子链段自由运动的最低温度。在此温度以上,高聚物表现出弹性;在此温度以下,高聚物表现出脆性。各种聚乙烯的分子链支化程度、结晶度和密度不同,玻璃化温度并不一致,数据有:$-65℃$、$-77℃$、$-81℃$、$-93℃$、$-105℃$、$-120℃$等,可以看出塑料的玻璃化温度是很低的,这就决定了聚乙烯在一般环境温度下具有良好韧性和耐低温性能。

脆化温度(T_B):以具有一定能量的重锤冲击试件,当试样开裂达到 50% 时的温度,是塑料低温力学行为的一种量度。聚乙烯脆化温度为 -50~$-70℃$,随着分子量增大,脆化温度降低,当重均分子量大于 $10×10^5$ 时,脆化温度可达 $-140℃$。

熔融温度(T_m):结晶聚合物分子的热运动能增大,结晶破坏,物质由晶相变为液相时的温度。对于结晶型塑料,熔融温度是比玻璃化温度更重要的温度。影响熔融温度的主要因素是支化度,支化度增大,密度降低,熔融温度降低。低密度聚乙烯的熔融温度为 108~126℃,中密度聚乙烯的熔融温度为 126~134℃,高密度聚乙烯的熔融温度为 126~137℃。分子量对聚乙烯的熔融温度基本无影响。

热变形温度:对高分子材料或聚合物施加一定的负荷,以一定的速度升温,当达到规定形变时所对应的温度,是聚合物或高分子材料耐热性优劣的一种量度。聚乙烯的热变形温度在塑料材料中是很低的,不同聚乙烯的热变形温度也有差别,低密度聚乙烯为 38~50℃(0.45MPa),中密度聚乙烯为 50~74℃,高密度聚乙烯为 60~80℃。

连续使用温度:聚乙烯的连续使用温度不算太低,低密度聚乙烯为 82~100℃,中密度聚乙烯为 105~121℃,高密度聚乙烯为 121℃,均高于聚苯乙烯和聚氯乙烯。聚乙烯的热稳定性较好,惰性气体的热分解温度超过 300℃。

3)耐溶剂性

聚乙烯是一种非极性结晶型聚合物,内聚能密度在塑料材料中属于较低者,它的溶解度参数(δ 值)约为 $16.5(\text{J}/\text{cm}^3)^{1/2}$。由于它的结晶结构和非极性,在室温下没有任何溶剂可使它溶解,仅可以在 δ 值与之接近的溶剂中溶胀;随着温度升高,可以在 δ 值与之接近的溶剂中溶解。由于聚乙烯具有惰性的低能表面,黏附性很差,聚乙烯制品之间、聚乙烯制品与其他材质制品之间的胶结比较困难。

4)环境和老化性能

聚乙烯在聚合反应或加工过程中分子链上会产生少量羰基,当制品受到日光照射时,这些羰基会吸收波长范围为 290~300nm 的光波,使制品最终变脆。某些高能射线照射聚乙烯时,可使聚乙烯释放出 H_2 及低分子烃,使聚乙烯不饱和键增多,从而引起聚乙烯交联,改变聚乙烯结晶度,长期照射会引起变色并变为橡胶状产物,也会引起聚乙烯降解、表面氧化、力学性能下降。

聚乙烯在许多活性物质作用下会产生应力开裂现象,称为环境应力开裂,是聚烯烃类塑料,特别是聚乙烯特有的现象。引起环境应力开裂的活性物质包括脂类、金属皂类、硫化或磺化醇类、有机硅液体、潮湿土壤等。产生这种现象的原因可能是这些物质在与聚乙烯接触并向内部扩散时会降低聚乙烯的内聚能。因此,聚乙烯不宜用来制备盛装这些物质的容器,也不宜单独用于制备埋入地下的电缆包皮。在耐环境应力开裂方面,低密度聚乙烯比高密度聚乙烯要好,这是由于低密度聚乙烯结晶度较小,结晶结构对耐环境开裂是不利的。因此,设法降低材料的结晶度,提高聚乙烯的分子量,降低分子量的分散性,使分子链间产生交联,都可以改善聚乙烯耐环境应力开裂性[46]。

2.1.3　聚丙烯的分类和性质

1. 聚丙烯的分类

聚丙烯是由丙烯聚合而成的一种热塑性树脂,其分子结构按甲基排列位置分为等规、间规和无规三种异构类型,如图 2.2 所示。甲基排列在分子主链的同一侧称等规聚丙烯;甲基交替排列在分子主链的两侧称间规聚丙烯;甲基无秩序地排列在分子主链的两侧称无规聚丙烯。工业生产出的聚丙烯是三种异构体的混合物,其中等规结构占到 95%,其余为无规或间规聚丙烯,包括丙烯与少量乙烯的共聚物在内。

作为工业副产物的无规聚丙烯由于价格低廉,与沥青的相容性较好,常用于改性沥青油毡,用做防水材料,但在道路沥青改性中使用较少,其缺点是与石料的黏结性较差。

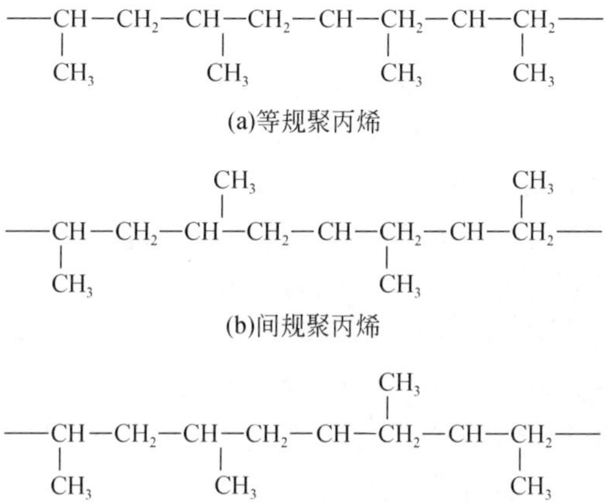

$$—CH—CH_2—CH—CH_2—CH—CH_2—CH—CH_2—$$
$$\quad\ \ CH_3\qquad\ \ CH_3\qquad\ \ CH_3\qquad\ \ CH_3$$

(a)等规聚丙烯

$$\qquad\qquad CH_3\qquad\qquad\qquad\qquad CH_3$$
$$—CH—CH_2—CH—CH_2—CH—CH_2—CH—CH_2—$$
$$\quad\ \ CH_3\qquad\qquad\qquad\ \ CH_3$$

(b)间规聚丙烯

$$\qquad\qquad\qquad\qquad CH_3$$
$$—CH—CH_2—CH—CH_2—CH—CH_2—CH—CH_2—$$
$$\quad\ \ CH_3\qquad\qquad\ \ CH_3\qquad\qquad\qquad\ \ CH_3$$

(c)无规聚丙烯

图 2.2　聚丙烯的三种异构体

2. 聚丙烯的性能

工业化生产的聚丙烯数均分子量为$(3.8\sim6)\times10^4$,重均分子量为$(2.2\sim7)\times10^5$。由于结构规整而高度结晶化,熔点可达 164~176℃,热变形温度为 150℃,其制品可长期在 110℃下使用。密度为 $0.90g/cm^3$ 左右,是最轻的通用塑料。但韧性较差,冲击强度较低,缺口冲击强度仅为 $2.2\sim5kJ/m^3$。

影响聚丙烯性质的结构因素主要如下:

(1)等规指数。通常用聚丙烯在正庚烷中的不溶解百分数作为聚丙烯的等规指数。等规指数越大,聚丙烯的结晶度越高,熔融温度和耐热性也增高,弹性模量、硬度、拉伸、弯曲、压缩等强度皆提高,韧性则下降。三种异构体中等规异构体结构最规整,极易结晶,间规异构体结晶能力较差,无规聚丙烯是无定形结构。

(2)分子量。聚丙烯的分子量对它性能的影响规律与聚乙烯不同。分子量增大,除了使熔体黏度增大和冲击韧性提高符合一般规律,分子量增大使结晶度下降,结晶比较困难,从而使其熔融温度、硬度、刚度、屈服强度等性能降低。

聚丙烯与侧甲基链接的主链骨架碳原子是叔碳原子,甲基的诱导效应使其在环境中极易老化,抗老化性能比聚乙烯还差,受紫外线、热、氧的作用很容易降解,导致主链断裂,力学性能下降。但聚丙烯的强度、刚度和透明性比聚乙烯好。

2.1.4　聚烯烃蜡的分类和性质

低分子聚烯烃在室温下呈蜡状,因此俗称聚烯烃蜡,常用的聚烯烃蜡有聚乙烯蜡和聚丙烯蜡。

1. 聚乙烯蜡

聚乙烯蜡(polyethylene wax,PE-WAX)又称为低相对分子质聚乙烯,根据制造方法的不同可分为聚合型聚乙烯蜡和裂解型聚乙烯蜡两种。前者是聚乙烯聚合时的副产物,后者由聚乙烯树脂加热裂解而成。目前关于聚乙烯蜡的各项性能指标尚无统一的规定,只是根据不同的用途有不同的标准。

一般来说,相对分子质量小于6000的聚乙烯开始具有类似蜡的性质,而相对分子质量为2000~4000的聚乙烯才是真正意义上的聚乙烯蜡。聚乙烯蜡熔点为95℃左右,具有优良的耐寒性、耐热性、耐化学性和耐磨性。一般主要用在改善聚烯烃塑料流动性、提高填料和助剂分散性等方面,也被用做橡塑材料的内润滑剂。

采用裂解法制备聚乙烯蜡时,反应温度和反应时间需根据不同聚乙烯蜡产品性质进行设计。现有两种工艺方法可供参考,一种是低温长时间裂解,裂解温度为300~380℃,裂解时间在4h左右;一种是高温短时间裂解,裂解温度为390~420℃,裂解时间不超过2h左右,低于1h更佳。

2. 聚丙烯蜡

聚丙烯蜡(polypropylene wax,PP-WAX)又称为低分子量聚丙烯蜡,其制作方法与聚乙烯蜡类似。PP-WAX具有熔点高(110~115℃)、熔融度低、润滑性和分散性好的特点,是当前聚烯烃加工的优良助剂。

2.2 废旧塑料类型的鉴别

回收的生活废旧塑料种类繁多,且很多是由复合材料制成的,与其他部件混杂在一起,其中不仅含有不同种类的塑料,而且包含其他材料。为了对成分复杂的废旧塑料进行合理再生利用,保证再生塑料的性能和品质,再利用之前应对回收生活废旧塑料进行鉴别和分选,便于再次利用。

2.2.1 废旧塑料的鉴别方法

废旧塑料鉴别方法可分为物理方法鉴别、化学方法鉴别和仪器鉴别三类,如图2.3所示。

1. 物理鉴别法

1)外观鉴别

通过观察塑料的形状、透明性、颜色、光泽、硬度等初步鉴别塑料所属大类(热塑性塑料、热固性塑料或弹性体)的方法。热塑性塑料、热固性塑料性能如前所述,而弹性体类似于橡胶,具有橡胶状手感,有一定的拉伸率[49]。几种塑料的外观鉴别方法如表 2.2 所示。

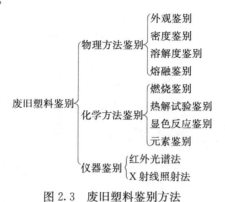

图 2.3 废旧塑料鉴别方法

表 2.2 几种塑料的外观鉴别[49]

塑料名称	手感	眼看	鼻闻	摔后耳听
PE	具有蜡样光滑感,划后有痕迹,柔软,有延伸性,可弯曲,不易折断,MDPE、HDPE 较坚硬,刚性及韧性好	LDPE 的原材料为白色蜡状物,透明;HDPE 为白色粉末状或半透明颗粒状树脂,在水中漂浮	无臭无味	音低沉
PP	光滑,划后无痕迹,可弯曲,但易折断,拉伸强度与刚性较好	白色蜡状,半透明,在水中漂浮	无臭无味	响亮
PS	光滑,性脆,易折断	玻璃般透明,耐冲击,无光泽,在水中下沉	无臭无味	用指甲弹打有金属声
PVC	硬制品加热到50℃时就变软,可弯曲,软制品会下沉,有的有弹性	透明,制品视觉因增塑剂和填料而异,有的不透明	—	—
ABS	材料坚韧,质硬,刚性好,不易折断	乳白色或米黄色,非晶态,不透明,无光泽,在水中下沉	无臭无味	清脆

2)密度鉴别

密度鉴别是利用不同塑料密度有所不同,在溶液中的沉浮情况不同而大致对塑料类型进行鉴别的方法。许多加工过的塑料含有孔洞或缺陷,会影响密度测试结果的真实性,因此密度很少单独作为某种塑料的表征,必须结合其他方法进行综合鉴别。但由于密度测定容易,是快速缩小塑料品种辨别范围的好方法。如作为大致鉴别,可按以下方法制备溶液,根据塑料在溶液里的沉浮情况,初步对塑料进行鉴别:

(1)58.4%酒精溶液,密度为 0.91g/mL,配置比例如表 2.3 所示。

(2)55.4%酒精溶液,密度为 0.925g/mL,配置比例为 95% 酒精 70mL 加

50mL 水。

(3)水,密度为 1.00g/mL,使用蒸馏水,如表 2.3 所示。

(4)饱和食盐水,密度为 1.19g/mL,配置比例如表 2.3 所示。

(5)氯化钙水溶液,密度为 1.27g/mL,配置比例如表 2.3 所示。

需要注意的是,用于鉴别的液体应对塑料无溶解、溶胀或化学作用,溶液配制好后,应用液体密度计校正[49]。

表 2.3　几种塑料的密度鉴别[49]

溶液种类	密度 /(g/mL)	溶液的配制方法	塑料制品的种类	
			浮于溶液	沉于溶液
水	1.00	蒸馏水(或清洁普通水)	聚乙烯、聚丙烯	聚氯乙烯、聚酰胺、聚苯乙烯
饱和食盐水	1.19	水 74mL:食盐 25g	聚乙烯、聚丙烯、聚苯乙烯、聚酰胺	聚氯乙烯
酒精溶液(58.4%)	0.91	水 100mL:95% 酒精 140mg	聚丙烯	聚乙烯、聚氯乙烯、聚苯乙烯、聚酰胺
氯化钙水溶液	1.27	水 150mL:工业用氯化钙 100g	聚乙烯聚丙烯、聚苯乙烯、聚酰胺	聚氯乙烯

3)溶解度鉴别

溶解度鉴别是利用塑料的溶解度参数不同,在不同溶剂中的溶解性有较大差异而对塑料进行鉴别的方法。将塑料样品颗粒分别放入不同溶剂中,室温下浸泡24h,观察样品是否会发生溶胀、溶解或加热后溶解的情况,即可对塑料类型进行鉴别。例如:PE、PP 为结晶塑料,在常温下一般不溶于常见的有机物,只有在 120℃以上结晶熔化后,才能溶于对二甲苯等非极性溶剂中;对于发泡 PS,由于含有添加剂,外观及燃烧性质均发生了较大变化,因此通过溶解性鉴别就可分辨出来;PC/ABS、S/B 等共聚物和共混合物的溶解性规律往往兼有两种单体所组成的均聚物的性质[49]。

图 2.4 是聚合物的溶解过程,常见塑料在不同溶液中的溶解性如表 2.4 所示。

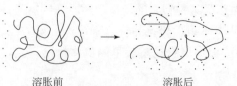

溶胀前　　　　　　　溶胀后

(a)溶胀阶段　　　　　　　　　　　　　(b)溶解阶段

图 2.4　高聚物的溶解过程

表 2.4　常见塑料在部分有机物中的溶解性[49]

塑料	乙酸乙酯	石油醚	乙酸酐	DBP	正丁酸	环己酮	丙酮	DMF	三氯甲烷	乙酸丙酮
PS	＋				胀	＋		＋	＋	＋
ABS	＋	＋						＋	＋	
EVA								－		
PET										
PVC						＋		＋		
PC	＋									
S/B	＋		胀		＋			＋	＋	＋
PC/ABS	破碎	＋						破碎	＋	破碎

注:"－"表示部分牌号溶解;"＋"表示全部溶解。

4)熔融鉴别

熔融鉴别法是利用不同塑料具有不同软化或熔融温度范围而对其进行鉴别的方法。几种热塑性塑料的软化或熔融温度范围如表 2.5 所示。对于部分结晶聚合物,可用熔点显微镜测其熔点;对于无定形聚合物,玻璃化温度是链段开始运动的温度,但玻璃化温度的测定较困难,可用熔点显微镜进行软化点的粗略表征。但由于其软化点与加热速率和添加剂等有关,因此对结果的解释要很谨慎。在工业上可将混合废塑料依次通过不同温度范围的多段输送带(各段的温度依次升高),被输送的混合废塑料便在不同的温度段上分别熔融而滞留下来,达到依次鉴别分离的目的[48]。

表 2.5　几种热塑性塑料的软化或熔融温度范围[48]

塑料	软化/熔融温度/℃	塑料	软化/熔融温度/℃	塑料	软化/熔融温度/℃
PVA	35～85	CA	125～175	RTFE	200～220
PS	70～115	PAN	130～150	PA6	215～225
PVC	75～90	PP	160～170	PC	220～230
PE	约 110	POM	165～185	PMP	240
PVDC	115～140	PA12	170～180	PA66	250～260

2. 化学鉴别法

1)燃烧鉴别

大多数塑料都能够燃烧,结构不同燃烧特征也不同,采用燃烧方法可以简便有效地鉴别塑料的种类。燃烧法是根据塑料燃烧时的难易程度、气味、火焰特征及塑料状态变化等现象对塑料进行鉴别的方法。

材料的可燃性与所含元素有关：ABS、AS、PVC、AAS、PA 等含有氯、氮等元素的塑料一般有一定的阻燃性；PC、PBT、PPO 等碳含量高的塑料在空气中往往燃烧不充分，有时也会自熄。

材料发烟与所含元素有关：PVC 等含氯量高的塑料发烟量大；高聚物中含有芳环的，发烟量一般较大。

火焰颜色一般与所含元素有关：只含有碳、氢两种元素的塑料火焰呈黄色；PMMA、PA 等含氧的高聚物火焰带蓝色；EVA、PET、PBT、PC 等燃烧火焰中蓝色不明显；PVC 等含氯的高聚物火焰常带有绿色特征[49]。

表 2.6 是几种主要塑料品种的燃烧鉴别法。塑料添加剂会影响燃烧试验结果，因此该方法不适于混合废旧塑料的分离鉴别[48]。

表 2.6　几种主要塑料的燃烧鉴别[48]

塑料	可燃性	试样的变化	火焰外观	气味
PE	在火焰中燃烧，离火后继续燃烧，从难到容易点着	熔融下滴，滴落物继续燃烧	清亮的黄色带蓝底	熄灭的蜡烛味
PP	在火焰中燃烧，离火后继续燃烧，从难到容易点着	熔融下滴，滴落物继续燃烧	清亮的黄色带蓝色调	热润滑油味
PVC	在火焰上燃烧，离火熄灭，难以点着	先软化，然后分解成棕黑色	黄-橙色带绿底，白烟	强辛辣味（HCl）
PC	在火焰上燃烧，离火熄灭，难以点着	先熔融，然后炭化	黄色，有烟炱	类似于苯酚气味
PA	在火焰上燃烧，离火熄灭，中等燃烧性	熔融下滴，然后分解。样品靠近火焰时起泡，熔融成清液可抽成丝	黄-橙色带蓝边	烧毛发（蛋白质）味，或烧新鲜芹菜味

2）热解试验鉴别

将少量样品装入裂解管中，在管口放上一片经润湿的 pH 试纸，从 pH 试纸颜色变化来判断塑料种类[50]，如表 2.7 所示。

表 2.7　塑料裂解气的 pH 试验[50]

pH	塑料类别
0.5~4.0	含卤素聚合物，聚乙烯酯类，纤维素酯类，聚对苯二甲酸乙二醇酯，线形酚醛树脂，聚氨酯弹性体，不饱和聚酯树脂，含氟聚合物，硬化纤维，聚次烷基硫

pH	塑料类别
5.0～5.5	聚烯烃,聚乙烯醇及其缩醛,聚乙烯醚,苯乙烯聚合物,聚甲基丙烯酸酯类,聚甲醛,聚碳酸酯,线形聚氨酯,酚醛树脂,硅塑料,环氧树脂,交联聚氨酯
8.0～9.5	聚酰胺,ABS,聚丙烯腈,酚醛树脂,甲酚甲醛树脂,氨基树脂

3)显色反应鉴别

利用某些塑料与不同有机溶液作用时产生不同颜色而对塑料进行鉴别的方法。

(1)与对二甲基氨基苯甲醛的颜色反应。在试管中加热 0.1～0.2g 样品,将裂解产物沾在棉签上,把棉花放入 14% 对二甲基氨基苯甲醛的甲醇溶液,加一滴浓盐酸,若有聚碳酸酯存在,则产生深蓝色;若聚酰胺存在,则出现枣红色。

(2) Liebermann-Storch-Morawski 反应。在 2mL 热乙酸酐中溶解或悬浮几毫克的样品,冷却后加入 3 滴 50% 的硫酸(体积分数),立即观察试样颜色,再在水浴中将样品加热至 100℃,观察试样颜色。此方法可用于鉴别表 2.8 中的塑料。

表 2.8　几种塑料的 Liebemann-Storch-Morawski 显色反应[50]

材料	立即显色	10min 后颜色	加热到 100℃后颜色
酚醛树脂	浅红紫～粉红色	棕色	棕色～红色
聚乙烯醇	无色～浅黄色	无色～浅黄色	棕色～黑色
聚乙酸乙烯酯	无色～浅黄色	蓝灰色	棕色～黑色
氯化橡胶	黄棕色	黄棕色	浅红色～黄棕色
环氧树脂	无色～黄色	无色～黄色	无色～黄色
聚氨酯	柠檬黄	柠檬黄	棕色,绿荧光色

(3) Gibbs 靛酚蓝试验。在裂解管中加热少量的样品,用事先浸过 2,6-二溴醌-4-氯亚胺饱和乙醚溶液的风干滤纸盖住管口,不超过 1min 取下滤纸,滴上 1 滴稀氨水,有蓝色出现表明有酚(包括甲酚、二甲酚)存在。Gibbs 靛酚蓝试验对于鉴别在加热时能释放酚或酚的衍生物的塑料很有用,这类塑料有酚醛树脂、碳酸酯、环氧树脂[50]。

4)元素鉴别

塑料是由多种元素组成的,主要元素除 C、H 以外,还有 S、N、P、Cl、F、Si 等元素,通过对元素的检测,可判断被检测塑料的种类。鉴别方法为:取 0.1～0.5g 塑料试样放入试管中,与少量的金属钠一起加热熔融,冷却后加入乙醇,使过量的钠分解,然后溶入 15mL 左右的蒸馏水中,过滤。将滤液进行一定处理,根据现象来判断可能的塑料品种。如取部分滤液用稀硝酸硝化,若产生白色沉淀,并能溶于过量氨水,曝光后不会变色,则表明有 Cl 元素存在,可能为 PVC、CPVC、CPE、PVDC、PVCA、VC/MA 等[50,51]。

3. 仪器鉴别法

1)红外光谱法

红外光谱定性分析是将未知样品的红外光谱谱图与已知化合物的标准谱图进行比较而得出被鉴定塑料类型的方法。基于各种官能团、原子团均具有特定波长(波数)的吸收范围,对比测定的吸收光谱与特定吸收光谱的重合情况,推测样品是否具有特定吸收光谱的已知官能团、原子团。但该方法对混合物的定性分析比较困难,可以结合其他鉴定方法,对未知物质进行判断。

红外光谱定性分析主要采用近红外(NIR)和中红外(MIR)技术。NIR 技术鉴别废旧塑料,波长为 $0.75 \sim 2.5 \mu m$(波数 $13300 \sim 4000 cm^{-1}$),适用于大多数通用塑料及工程塑料。该鉴别方法快捷、可靠,响应时间短,灵敏度高,穿透试样的能力比MIR 强,对体积大、直径长的试样(如塑料瓶)其谱图也可准确记录,且重现性好。同时,NIR 光谱仪无运动部件,易维修,可在恶劣环境下工作。但 NIR 一般不适于鉴别黑色或深色塑料,且 NIR 图谱中的某些峰有时不清晰,目前专家正在探索某些新光源,可在一定程度上克服这一缺点。

2)X 射线照射法

利用 X 射线对氯原子照射产生的特殊反应,可快速检测出带有 C-Cl 官能团的PVC 树脂,已得到实际应用,但目前只限于鉴别 PVC 等塑料[48,49,52]。

此外还有拉曼光谱法、热分析鉴别法、激光发射光谱鉴别法以及等离子体发射光谱法等[48]。

2.2.2　废旧塑料的鉴别流程

利用塑料的物理和化学性质进行塑料类型鉴别的方法简便易行,但这类鉴别方法的共同缺点是鉴别准确度低,当需要精确鉴别时,往往需要采用几种方法互相验证,因而费时费力[48~52]。因此,在实际工作中需将上述各种方法结合使用,并遵循一定的程序,以快速准确地得出鉴定结果,废旧塑料常用的鉴别流程如图 2.5 所示。

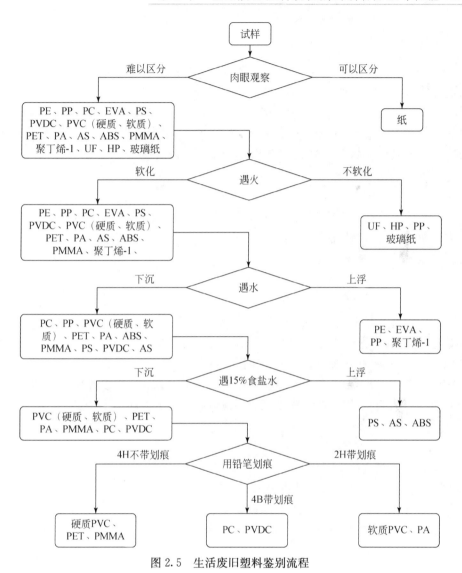

图 2.5 生活废旧塑料鉴别流程

2.3 废旧塑料的分选与回收再利用

2.3.1 生活废旧塑料分选方法

在工业应用中,并不满足于仅将塑料鉴别出来,还必须分选出有用的生活废旧塑料,只有这样才能真正达到分离的目的,为回收利用打下良好的基础。

1. 人工分选法

人工分选法是人工把不同废旧塑料分拣归类的分选方法,适用于小批量的废旧塑料分离。采用此方法容易将非塑料制品挑出,并将热塑性废旧制品与热固性制品分开,还可以分开较易识别而树脂品种不同的同类制品,如 PS 泡沫塑料制品与 PU 泡沫制品、PVC 膜与 PE 膜、PVC 硬质制品与 PP 制品等。人工分选法的分选效果是机器难以替代的,但存在效率低、劳动强度大的缺点。

2. 磁选法

由于手工分选法无法将废料中的金属屑除去,因此必须采用电磁铁的磁选法除去金属碎屑。所使用的设备有磁性分离滚筒、干式与湿式转鼓分离器和交叉带式分离器。

3. 风力分选法

风力分选法是依据塑料的相对密度不同、相近体积的塑料随风飘移的距离不同来进行分离的,这种方法不仅可以分开相对密度差异较大的塑料,也可将相对密度较大的碎石块、沙土块分选出去。但由于制品的规格不同,粉碎后的碎块体积或粒度粗细不同,或者塑料制品中填料含量不同而引起碎块的密度改变等,会对分选效果造成很大影响,因此此法通常用于大量废料的初选工序。

4. 静电分选法

高分子材料在静电感应后会具有不同的带电特性,根据不同物质的带电特性可将废旧塑料分选开。具体是将粉碎的废旧塑料加上高压电使其带电,再利用电机对高分子材料的静电感应产生的吸附力进行筛选。该方法可用于铝箔和 PS、PVC 和 PS、铜和 PVC、橡胶与纤维纸等的分离。但这种分选方法要求材料要经过干燥,并严格控制温度,因此分选成本较高。

5. 浮选法

浮选法是利用塑料表面的化学性质不同,有选择地加以处理,使其具有疏水性或亲水性,然后进行分选的方法。采用该方法分选时需要用表面活性剂,利用其对塑料浸润性不同的特点进行分离,适用于密度相差较小的塑料的分离。

6. 低温分选法

塑料在低温下发生脆化而容易粉碎,低温分选法即利用各种塑料的脆化温度不同,分阶段改变其温度,就可以有选择地进行粉碎,同时达到分离的目的,因此具有分选与粉碎在一个工序中完成的优点[53]。

2.3.2　生活废旧塑料回收再利用方法

生活废旧塑料的回收再利用方法可分为简单再生和改性再生两大类,如图2.6所示。

改性再生利用指将再生料通过机械共混或化学接枝进行改性的技术,如增韧、增强、并用、复合、活化粒子填充等共混改性,或交联、接枝、氯化等化学改性。改性再生制品力学性能得到提高,可以做档次较高的再生塑料制品,但改性再生利用的工艺路线较为复杂,有的需要特定的机械设备。

简单再生利用是指把回收的生活废旧塑料制品经过分类、清洗、破碎、造粒后直接进行成型加工成产品,或把塑料制品加工厂的过渡料和产生的边角料经过适当添加剂的配合后成型利用。简单再生利用的方法之一就是造粒,其基本工艺路线如下:收集→分选→粉碎→清洗→脱水→烘干→配料→混合→造粒。

图2.6　废旧塑料的回收与分类

在生产过程中产生的边角料或试车时产生的废料,不含杂质,可以直接粉碎、造粒。使用过的废旧塑料,须进行分选,除去杂质和附着在塑料表面的灰尘、油渍、颜料等其他物质,再进行回收利用。

对于含杂质较多的废旧塑料,在造粒再生前必须进行清洗,除去附着在废旧塑料表面的其他物质,以使最终的回收料有较高的纯度和较好的性能。通常用清水清洗,并用搅拌的方法使附着在其表面的其他物质脱落。对附着力较强的油渍、油墨、颜料等,可用热水清洗或使用洗涤剂清洗。在选用洗涤剂时,应考虑塑料材料的耐化学药品性及耐溶剂性,避免洗涤剂损害塑料性能。经清洗后的塑料碎片含有大量水分,必须脱水,脱水方法主要有筛网脱水和离心过滤脱水,如图2.7所示。经脱水处理的塑料碎片仍然含有一定水分,必须进行烘干处理,特别是易发生水解的 PC、PET 等树脂必须严格干燥。烘干通常使用热风干燥器或加热器进行。

清洗完成后,用设备将废旧塑料剪切或研磨粉碎成易处理的碎片,粉碎设备有干式和湿式两种。

图 2.7　废旧塑料的清洗与脱水

　　废旧塑料经过分选、清洗、破碎、干燥(及配料、混合)等处理后,即可进行塑炼造粒。塑炼的目的是改变物料的性质和状态,借助于热和剪切力的作用使聚合物熔化、混合,同时挤出其中的挥发物,使混合物的各组分分散得更趋均匀,并使混合物达到适当的柔软度和可塑性。塑炼在聚合物流动温度以上和较大的剪切速率下进行,有可能造成聚合物分子的热降解、力降解和氧化降解而降低其质量,因此,对不同的塑料品种应各有其相宜的塑炼条件。塑炼条件可根据塑料配方大体拟定,但仍需依靠试验来决定塑炼的温度和时间。塑炼所用的设备主要有开炼机、密炼机和挤出机等,物料在热、力的作用下,形成塑化良好、不发生或极少发生热分解的均匀熔体。

　　热塑性塑料的造粒方法可分冷切法和热切法两大类。

　　1)冷切法

　　(1)拉片冷切。通过捏合机或密炼机的物料经开炼机塑炼成片,冷却后切粒。所用的切粒设备为平板切粒机。一定宽度的料片进入平板切粒机,经上、下圆辊刀纵向切割成条状,然后通过上、下侧梳板经压料辊送入回转甩刀与固定底刀之间,横向切断成颗粒状。粒料经过漏斗,将长条及连粒筛去,落入料斗,风送至储料斗。

　　(2)切片冷却。捏合好的物料经挤出机塑化,挤出成片再经风冷或自然冷却后进平板切粒机切粒。

　　(3)挤条冷却。是热塑性塑料最普遍采用的办法,设备和工艺都较简单。物料经挤出机塑化成圆条状挤出,圆条经风冷或水冷后,通过切粒机切成圆柱形颗粒[见图 2.8(b)]。圆条切粒机的结构比平板切粒机少一对圆辊刀,主要部件是固定底刀和 2～8 片回转刀。

　　2)热切法

　　是指把切粒机的切刀紧贴于机头模板上,直接将刚挤出的热圆条物料切成粒然后冷却的方法:

　　(1)干热切。将旋转切刀紧贴在机头模板上,直接将挤出的热圆条料切成粒料。

　　(2)水下热切。是聚烯烃塑料造粒的一种新技术,机头和切刀在循环温水中进行工作。

(a)清洗后的废旧塑料   (b)挤条冷切法造粒

图 2.8 废旧塑料清洗及造粒

(3)空中热切。空中热切和干热切相似,为了防止颗粒黏结,在切粒罩内通过鼓冷风或喷淋温水冷却粒料。前者称为风冷热切,后者称为水冷热切。

拉片冷切、挤片冷切得到方形粒料,目前多用挤出机塑化物料挤条冷切或热切,设备和工艺的选择须考虑废旧塑料的形态及性能,易热氧化的聚烯烃废旧塑料不宜采用干热切和风冷热切。若采用单螺杆挤出机,非结晶塑料应采用双螺杆挤出机,以螺杆反向旋转式塑炼为好[53]。

2.4 生活废旧塑料改性剂的制作方法

2.4.1 粉碎或造粒

低密度聚乙烯的熔融温度为 108~126℃,中密度聚乙烯的熔融温度为 126~134℃,高密度聚乙烯的熔融温度为 126~137℃,这些温度都低于沥青路面施工160~170℃的沥青加热温度,因此把废旧塑料直接投入沥青中进行加热熔融改性是可行的,室内试验也表明,把塑料片直接投入加热的沥青中并不停地进行搅拌,塑料可以较好地溶于沥青中。目前 PE 作为改性剂采用的方法基本都是根据沥青的加热温度和塑料的熔融温度相近的原理,把废旧塑料简单清洗粉碎或造粒后直接投入热沥青中熔融进行改性[2~10],这种废旧塑料改性剂其实就是原状废旧塑料或造粒废旧塑料改性剂,从废旧塑料作为沥青改性剂来讲,这种方法也可以算是一种改性剂的制作方法——造粒法。一般造粒的温度都比较低,基本不改变塑料的性能,主要改变其形态,因此,造粒塑料与粉碎片状塑料性质是一样的。

但是把粉碎或造粒废旧塑料改性剂直接投入加热的沥青后,在一定高温下塑料似已溶解,但是当温度稍有降低或停止搅拌后,塑料便很快聚集在沥青表面,不能形成均匀的混合物,严重离析,最终不能达到改性的效果,不便于大规模的改性沥青生产、存储运输和质量控制,甚至堵塞改性机器设备的管道,影响施工生产,因此粉碎或造粒法制作的废旧塑料改性剂在工程中难以得到推广应用。要使废旧塑料改性沥青能得到正常的生产应用,必须解决离析问题,必须改变改性剂的性能,使沥青与废旧塑料能形成均匀稳定的改性沥青,为废旧塑料改性沥青的推广应用扫清障碍。

2.4.2　加热裂化

根据目前塑料或废旧塑料改性沥青存在的离析问题,本研究提出用废旧塑料制作改性剂的新方法:把废旧塑料片或塑料颗粒(recycled plastic,RP)加热至250~260℃,同时加入裂化剂,使得塑料分子链断裂,冷却,即制作成裂化废旧塑料改性剂(cracking recycled plastic,CRP)。虽然通过高温加热的裂化处理,其性能已不同于原状废旧塑料,但是由于其原材料是生活废旧塑料,因此仍把裂化后的废旧塑料称为废旧塑料改性剂或裂化废旧塑料改性剂。加热裂化制作废旧塑料改性剂的方法如下。

1. 废旧塑料的选择

废旧塑料来源广,成分复杂,不同分选得出的不同类型废旧塑料的性能也不同。为对比用不同类型和不同方法制作的废旧塑料改性沥青的性能,本研究从废旧塑料回收厂生产现场取了四种废旧塑料颗粒,如图2.9所示。

图2.9(a)是以塑料袋、包装塑料薄膜等为原料造粒而成的废旧塑料颗粒,主要成分为聚乙烯,代号RPⅠ。

图2.9(b)是用随机混杂的废旧塑料制成的塑料颗粒,这种混杂而难以分拣的废旧塑料,含打包带、普通薄型塑料袋、包装壳等,并含有较多杂质,以聚乙烯为主,同时含有各种其他塑料成分,代号RPⅡ。

图2.9(c)是以塑料盆、桶、塑料凳子等生活废旧塑料制品为原料造粒而成的废旧塑料颗粒,主要成分为聚丙烯,代号RPⅢ。

图2.9(d)是以废旧塑料容器为原料制成的塑料颗粒,为白色,未含颜料,老化程度小,主要成分为废旧聚丙烯塑料和废旧高密度聚乙烯,代号RPⅣ。

(a) RPⅠ　　　　　　　　　　　　　　(b) RPⅡ

(c) RPⅢ　　　　　　　　　　　　(d) RPⅣ

图 2.9　四种废旧塑料及其再生塑料

在回收造粒过程中,塑料不可能被百分之百地鉴别开,在混炼时难免会混有其他种类的塑料,因此回收制得的颗粒在一定程度上来说是一种共混物,按来源推断四种废旧塑料成分如表 2.9 所示。

表 2.9　四种再生塑料颗粒的原塑料成分

废旧塑料颗粒	原料来源	主要组分	可能组分
RPⅠ	废旧塑料薄膜	LDPE	HDPE/PP/PVC/EVA/PET
RPⅡ	随机混杂废旧塑料	PE、PP	PVC/EVA/PET/PA/PC
RPⅢ	废旧塑料盆凳	PP	PE/PC
RPⅣ	废旧塑料容器	HDPE	LDPE/PP/PET/PC

2.加热裂化废旧塑料改性剂的制备工艺和方法

把废旧塑料进行加热裂化制作成改性剂 CRP 的工艺和方法如下:

(1)电子天平上称取原塑料 150～200g,放入耐高温钢杯中。

(2)将钢杯放置于电炉上加热,加热温度 250～260℃,加热的同时进行搅拌,确保原塑料颗粒受热均匀。

(3)加热约 10min 后原塑料开始熔融,同时加入裂化剂,继续搅拌,使钢杯中上下部熔融塑料均匀受热。

(4)加热至约 10min 后,停止加热搅拌,使样品在室温下自然冷却。

四种废旧塑料颗粒加热裂化后的形态如图 2.10 所示,分别用 CRPⅠ、CRPⅡ、CRPⅢ、CRPⅣ表示裂化后的四种废旧塑料改性剂。加热裂化处置的废旧塑料改性剂表面光滑、均匀、易碎,敲碎后的断面均匀,没有未熔的塑料。

图 2.11 是在小试基础上,自行研制的 CRP 中试制作设备。

(a) CRP I

(b) CRP II

(c) CRP III

(d) CRP IV

图 2.10　四种废旧塑料加热裂化后的形态

图 2.11　废旧塑料改性剂 CRP 裂化试验设备

2.5　废旧塑料改性剂的红外光谱分析

废旧塑料的成分复杂,裂解前后其性能将发生改变,为了解四种废旧塑料的主要组分和裂解前后的分子结构变化及改性沥青机理,采用红外光谱对四种废旧塑料的分子结构进行分析。

2.5.1　红外光谱分析原理及方法

红外光谱是一种分子吸收光谱。当红外光照射化合物分子时,部分波长的红外光被分子吸收,引发分子振动或转动能级的跃迁,用仪器记录下吸光度的变化从而形成红外光谱[54~58]。

吸收峰是由分子振动能级跃迁产生的。以多原子分子为例,它的简正振动的基本类型和振动模式如图 2.12 所示,有多种振动模式。

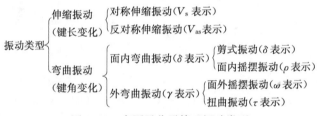

图 2.12　多原子分子简正振动类型

红外光谱吸收谱图如图 2.13 所示。横坐标常用波长 $\lambda(\mu m)$ 或波数 $\nu(cm^{-1})$ 表征,波数是波长的倒数,它表示每单位(cm)光波长所含光波的数目,坐标上的峰位可用于定性分析。

$$\nu(cm^{-1}) = \frac{10^4}{\lambda(\mu m)} \tag{2.1}$$

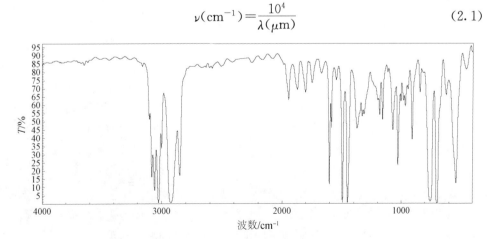

图 2.13　红外吸收光谱

纵坐标是吸收量,用透光率 T 来表示。若试样全部透光则 T 为 100%,若红外光被试样全部吸收则 T 为 0%。吸收峰面积或峰高可用于定量分析。

习惯上,将红外光谱按波长分成三个区域:近红外区、中红外区和远红外区。这是根据测量这些波长区光谱时所用仪器不同以及各个区域得到的信息不同而分类的。三个区所包含的波长及波数范围如表 2.10 所示。其中中红外区最能反映分子中的各种化学键、官能团和分子整体的结构特征,对化合物结构分析有重要用途,是红外光谱中应用最广的区域。

表 2.10　红外波段的划分

波段名称	波长/μm	波数/cm^{-1}	能级跃迁类型
近红外区	0.75~2.5	13300~4000	O—H、N—H 及 C—H 键的倍频吸收
中红外区	2.5~25	4000~400	分子中原子的振动及分子转动
远红外区	25~1000	400~10	分子转动,晶格转动

为了便于进行光谱解析,通常将中红外区大致分为两个区域,即特征频率区(4000~1500cm^{-1})及指纹区(1500~400cm^{-1}):

(1)特征频率区。

简称为特征区或基频区,其区间的吸收峰主要来源于含氢原子的单键、各种双键及三键的伸缩振动的基频峰。该区峰数少且具有鲜明的特征性,可用于鉴定官能团,称为特征峰或特征频率。根据各基团特征峰的分布规律,又将特征区分为以下三个区域:

① XH 伸缩振动区(4000~2500cm^{-1}),X 为 C、O、N 或 S 原子。

② 三键及累积双键区(2500~1900cm^{-1}),该区域主要包括 C≡C、C≡N 等三键的伸缩振动及 C=C=C、C=C=O 等累积双键的反对称伸缩振动。

③ 双键伸缩振动区(1900~1500cm^{-1}),该区域主要包括—C=O、C=C、C=N、—N=O 等基团的伸缩振动及苯环的骨架振动。

(2)指纹区。

该区内的吸收峰主要来源于各种不含氢原子的单键的伸缩振动、多数基团的弯曲振动以及这些振动之间的相互耦合。该区吸收峰密集,峰位、峰强及峰形状对分子结构变化十分敏感。化学结构相近、又存在细小差别的两种化合物,其特征频率区可能大同小异,但指纹区一般却有明显差别,犹如人的指纹一样独一无二。指纹区又可分为以下两个区域:

①1800(1300)~900cm^{-1}区域,该区域包括 C—O、C—N、C—F、C—P、C—S、P—O、Si—O 等单键的伸缩振动和 C=S,S=O,P=O 等双键的伸缩振动吸收。

② 900~650cm^{-1}区域,该区域可用来确认化合物的顺反构型。

红外光谱吸收峰的位置和强度与组成分子的各原子质量、化学键的性质及化合物的几何构型有关,利用红外吸收光谱可以鉴别由不同原子及化学键所组成的物质,识别各种同分异构体。

1. 红外光谱定性分析

红外光谱定性分析包括化合物的鉴定、官能团定性分析及结构分析三个方面。具体方法如下。

1)化合物鉴定

在相同的试验条件下,分别绘制纯化合物与样品的红外光谱图,对照两谱图,或在与标准谱图相同的测定条件下绘制出样品的谱图后,将样品谱图与标准谱图相比较。比较时,先检查最强峰,再依次检查中强峰和弱峰。

若两谱图中的峰位和相对强度完全一致,则肯定两者为同一化合物;若样品谱图中的峰数目少于标准谱图或纯化合物谱图中的峰数目,则可断定两者不是同一化合物;若样品谱图中的峰比标准谱图中的峰多,则可能不是同一化合物,也可能是同一化合物,若样品不纯,多出杂质峰,则需经分离提纯后再进行光谱鉴定。

2)官能团定性分析

通过查特征频率区及指纹区,利用基团特征峰进行官能团确定,利用指纹区相关峰判断取代类型或顺反构型等。

3)化合物结构分析

结构分析本身也包含有官能团定性分析,目的是解析谱图,确定化合物的分子结构,适用于纯物质,对混合物只能对其主要成分结构进行大致推断。分析程序如下:

(1)尽可能多地了解样品性质,包括熔点、沸点、溶解度、颜色以及气味等物理性质和酸碱性等化学性质,弄清样品的纯度、组成及来源。

(2)采用各种分离手段将混合样品中的各组分加以分离和提纯。

(3)通过质谱分析方法或元素分析及分子量测定推出化合物分子式,计算不饱和度(有机物分子中碳原子的饱和程度)。

(4)查特征频率区,利用基团特征峰进行官能团定性分析。

(5)查指纹区,利用相关峰以确证官能团定性分析结构及判断取代类型或顺反构型等。

(6)根据官能团定性分析结果、分子式、不饱和度等数据推导出可能存在的结构式,再根据特征频率的位移规律来判断基团或化学键所邻接的原子或原子团,以排除错误的结构式,确定最可能的结构式。

(7)查找标准谱图,核实推断结构是否正确。

需要注意的是吸收峰的峰位会受到邻近基团、化学键等内部因素和测定条件、溶剂种类等外部因素的影响而向高频方向或低频方向移动,这需要在分析谱图时仔细甄别。

2.红外光谱定量分析

由于物质对红外光的摩尔吸收系数小于1000,检测灵敏度低,含量小于1%的组分检测不出来,分析误差大,所以红外光谱用于定量分析时要慎用。其基本原理为朗伯-比尔定律:

$$A = \lg \frac{1}{T} = \lg \frac{I_o}{I_v} = \varepsilon cb \tag{2.2}$$

式中:A 为吸光度;T 为透过率;I_o 为入射光强度;I_v 为投射光强度;ε 为摩尔吸收系数;c 为样品浓度;b 为样品池厚度。

通过红外分析软件可直接将红外谱图纵坐标从透过率(T)转换为吸光度(A)。而测定某特征峰吸光度的方法是采用基线法,基线一般在吸收峰两侧的峰谷上选择两个基点,将该两点的连线作为基线,基线内的特征峰积分面积或峰高即可用来定量分析。由于池窗的透光率有限,吸收峰的峰底多数不落在100%透光率轴上,基线法是校正背景吸收所采用的简便方法。

常用的定量分析方法如下。

1)工作曲线法

该法适用于可配制成系列浓度溶液的纯物质。将被测物质配制成一系列浓度的溶液,对已知浓度的系列试样进行红外光谱分析,测出特征峰在不同浓度下的吸光度,通过曲线拟合作出浓度-吸光度工作曲线。未知浓度的被测物质可通过查阅作好的工作曲线确定其浓度。工作曲线法对于用压片法制得的固体样品也同样适用,但需要控制压片精度。

根据被测组分是否遵守朗伯-比尔定律以及为消除背景吸收而采取的补偿措施是否得当,可将工作曲线分为表2.11的四种类型,其中曲线(b)最为常见(见图2.14)。

表 2.11 工作曲线类型

曲线类型	遵循朗伯-比尔定律情况	补偿是否得当
(a)	遵守	适当
(b)	遵守	不适当
(c)	低浓度遵守,高浓度不遵守	不适当
(d)	遵守	不适当

2)比例法

比例法是分别对两种组分的特征峰进行红外光谱分析,得到的特征峰强度根据朗伯-比尔定律进行分析,方法如下:

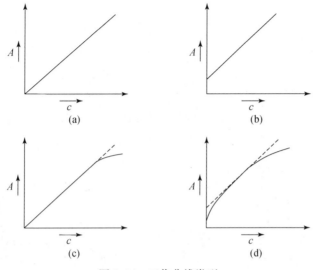

图 2.14　工作曲线类型

由组分 1 的特征峰可得 $A_1 = \varepsilon_1 c_1 b_1$；由组分 2 的特征峰可得 $A_2 = \varepsilon_2 c_2 b_2$。因为是同一样品，所以

$$b_1 = b_2$$

$$\begin{cases} \dfrac{A_1}{A_2} = \dfrac{\varepsilon_1 c_1}{\varepsilon_2 c_2} \\ c_1 + c_2 = 1 \end{cases}$$

解此联立方程可得

$$\frac{A_1}{A_2} = \frac{\varepsilon_1}{\varepsilon_2 c_2} - \frac{\varepsilon_1}{\varepsilon_2} \tag{2.3}$$

若先用纯样品测出 ε_1 及 ε_2，则可直接计算两组分的相对摩尔质量分数；或者用已知组成的混合物绘制 A_1/A_2-$1/c_2$ 工作曲线，再由工作曲线求得未知物的含量。

比例法只适用于测定二元混合物中两组分的相对含量。

3) 内标法

用液膜法、压片法及研糊法等制样方法时，由于样品的厚度难以再现，使采用工作曲线法进行定量分析变得困难，这时可以采取内标法，即掺加已知浓度的内标物，再对未知物与内标物的特征峰进行红外光谱分析。选择内标物的原则是：吸收峰少，其特征吸收峰不受干扰，不吸水，热稳定性好，易于研磨，无毒。常用的内标物质有萘（870cm^{-1}）、六溴苯（1300cm^{-1}、1255cm^{-1}）、碳酸钾（875cm^{-1}）、碳酸钙（866cm^{-1}）、硫氰酸钾（2100cm^{-1}）、硫氰酸铅（2045cm^{-1}）。分析方法如下：

由样品的特征峰可得

$$A = \varepsilon c b$$

由内标物的特征峰可得

$$A_s = \varepsilon_s c_s b_s$$

$$\frac{A}{A_s} = \frac{\varepsilon c}{\varepsilon_s c_s} = kc \qquad (2.4)$$

式(2.4)为内标法的基本公式,需先绘制 A/A_s-c 工作曲线,确定 k 值,再对未知物的浓度进行分析,其中 k 值为常数,等于 $\varepsilon/\varepsilon_s c_s$。

2.5.2 红外光谱分析在塑料分析研究中的应用

1. 塑料种类的鉴别

红外光谱是鉴别塑料的一种理想方法,它不仅可以区分不同类型的塑料,也可以对结构相近的某些塑料进行很好的区分。

例如,聚丙烯单体比聚乙烯单体多一个 CH_3,其碳碳键与碳氢键的组合方式比聚乙烯多,反映在红外光谱图上,聚丙烯比聚乙烯的吸收峰多。通常聚丙烯的吸收峰波数为 $2920cm^{-1}$、$2850cm^{-1}$、$1460cm^{-1}$、$1370cm^{-1}$、$1160cm^{-1}$、$970cm^{-1}$,聚乙烯的吸收峰波数为 $2920cm^{-1}$、$2850cm^{-1}$、$1460cm^{-1}$、$720cm^{-1}$,且聚乙烯在 $720cm^{-1}$ 处的峰为其特征峰,聚丙烯中无此峰。另外,PP 在 $998cm^{-1}$ 和 $973cm^{-1}$ 处,HDPE 在 $730cm^{-1}$ 和 $720cm^{-1}$ 处有明显的特征吸收峰[54],通过特征峰可鉴别该塑料。

又如,LLDPE 和 LDPE 的红外谱图相似,但仍可通过细微差别进行区分。LLDPE 中,$1378cm^{-1}$ 处—CH_3 对称变形振动小峰和 $1368cm^{-1}$ 处—CH_2—面外摇摆振动小峰在峰顶处分开,而在 LDPE 中,这两峰重叠在一起;LLDPE 中,$772cm^{-1}$ 附近存在乙基支链小峰,$890cm^{-1}$ 和 $910cm^{-1}$ 附近存在弱峰;LDPE 中,$890cm^{-1}$ 和 $910cm^{-1}$ 附近体现为小峰[55]。这两处差别均可用于区分 LLDPE 和 LDPE。

$1378cm^{-1}$ 处峰归属于甲基的对称弯曲振动(δ_s),可用其强度表征 PE 的支化度,该峰与 $1369cm^{-1}$ 处亚甲基面外摇摆振动(ω)吸收峰相距较近以至部分重合,可较为直观地比较两峰的相对强弱,并快速地做出关于 PE 类型的初步判断。HDPE 在 $1378cm^{-1}$ 处峰强通常小于 $1369cm^{-1}$ 处峰强,而 LDPE 在 $1378cm^{-1}$ 处峰强大于 $1369cm^{-1}$ 峰强,相比之下,LLDPE 在 $1378cm^{-1}$ 处峰强与 $1369cm^{-1}$ 峰强相近。

$908cm^{-1}$ 峰为 $RCH = CH_2$ 基团中—CH_2 的面外摇摆振动吸收峰,$888cm^{-1}$ 峰为 $R_2C = CH_2$ 基团中—CH 的面外摇摆振动吸收峰,比较其强弱也可得到有关 PE 类型的信息。因 PE 链端(或支链等部位)多含有双键,故支化度越高的 PE,大分子上的链端也相对较多,含有 $R_2C = CH_2$ 基团的可能性就越大,则 $888cm^{-1}$ 处峰强相对越高[56]。

通过塑料分子结构的鉴别可以对相关基团进行分析推导,表2.12~表2.14是具有代表性的基团相关峰。

表 2.12　烷基的相关峰　　　　　　　（单位:cm^{-1})

基团	$\nu_{as}(CH)$	$\nu_s(CH)$	$\delta_{as}(CH)$	$\delta_s(CH)$	
烷基	2970~2850		1470~1340		
—CH	—	2890	—	1340	
—CH$_2$	2930	2850	1470		
—CH$_3$	2960	2870	1470	1380	
—C(CH$_3$)$_2$	2960	2870	1470	1380 1370	等强度
—C(CH$_3$)$_3$	2930	2850	1470	1395 1385 1365	近似等强度
环绕中的—CH$_2$—	2930	2850	1470	1030	

表 2.13　烯烃的相关峰　　　　　　　（单位:cm^{-1})

基团	$\nu(=CH)$	$\nu(C=C)$	$\delta(=CH)$	$\overset{\gamma}{}(=CH)$	$2\gamma(=CH)$
烯基	3095~3010	1680~1610	1415~1300	1000~650	1850~1780
H　　　H ∣—∣ R　　　H	3085 3025	1064	1415 1300	1000~960 940~900	1850~1840
R ∣—∣ R′　　　H	3080	1652	1415	915~870	1800~1780
H　　　H ∣—∣ R　　　R′	3020	1657	1300	790~650	—
R　　　H ∣—∣ H　　　R′	3020	1672	1410	990~940	—
R′　　　R″ ∣—∣ R　　　H	3030	1670	1345	850~790	—
R′　　　R″ ∣—∣ R　　　R‴	—	1670			

表 2.14　醇和酚的相关峰　　　　　（单位：cm^{-1}）

基　团	$\nu_{(OH)}$	$\delta_{(OH)}$	$\nu_{(C-O)}$
游离 OH	3650~3590 峰尖锐	—	—
—CH$_2$—OH	3640	1350~1250	1050
—CH—OH	3630	1350~1250	1100
—C—OH	3620	1400~1300	1150
—C$_6$H$_5$—OH	3610	1400~1300	1260~1180

由于—CH$_2$—面内摇摆振动频率（ρ_{-CH_2-}）因相邻—CH$_2$—数目而变化,所以高分子长链中的(CH$_2$)$_n$摇摆振动峰（$\rho_{(CH_2)_n}$）出现在一个较广的频率范围内,它将随着 n 值的增大朝着低频方向移动,以此可证明长碳链的存在[57],如表 2.15 所示。

表 2.15　链状—(CH$_2$)$_n$—的 ρ_{-CH_2-}

结构	频率/cm^{-1}	结构	频率/cm^{-1}
—C—CH$_2$—CH$_3$	770	—C—CH$_2$—C	810
—C—(CH$_2$)$_2$CH$_3$	750~740	—C—(CH$_2$)$_2$—C	754
—C—(CH$_2$)$_3$CH$_3$	740~730	—C—(CH$_2$)$_3$—C	740
—C—(CH$_2$)$_4$CH$_3$	730~725	—C—(CH$_2$)$_4$—C	725
—C—(CH$_2$)$_n$CH$_3$	$n>4722$	—C—(CH$_2$)$_n$—C	$n>4722$

2. 塑料晶体的研究

通常认为,当高聚物结晶时,由于晶胞中分子内原子之间或分子之间的相互作用改变,在红外光谱中往往产生高聚物非晶态时所没有的吸收峰。与之相反,非结晶性的吸收峰会随着晶体的熔融而增加。用红外光谱可以测定高聚物的结晶度,还可以得到结晶形态的信息。表 2.16 为一些常用树脂的结晶吸收峰和非晶吸收峰。

表 2.16　高聚物的结晶吸收带和非晶吸收带

高聚物	结晶吸收带/cm^{-1}	非晶吸收带/cm^{-1}
聚乙烯	1897,731	1368,1353,1303
等规聚丙烯	1304,1167,998,841,322,250	—
间规聚丙烯	1005,977,867	1230,1199,1131
等规聚苯乙烯	1365,1312,1297,1261,1194,1 185,1080,1055,985,920,898	—
聚氯乙烯	638,603	690,615
聚偏氯乙烯	1070,1045,885,752	

3. 塑料共混物和共聚物的研究

对塑料共混物的红外光谱定量分析,常采用工作曲线法。按已知比例制作共混物,测定两者特征峰吸光度后制作工作曲线,用于分析未知比例共混物。

文献[58]利用红外光谱对不同比例条件下制备的 PP/PE 共混物进行了研究,通过对 PP、PE 特征吸收峰的分析,发现 PP 特征峰峰面积和 PE 特征峰峰面积的比值与 PP/PE 共混物的质量比之间存在较好的对应关系。结果表明:PP 与 PE 特征吸收峰面积之比可以反映 PP/PE 共混物的组成。文献[59]用傅里叶变换红外光谱法对 PP 和 PE 共混物进行分析后发现,红外光谱法可用于测定 PP/PE 共混物中 PE 的含量和结晶度;PP 与质量分数为 0~10% 的 PE 熔融混后,其红外光谱未见明显偏离两者各自的特征,但是差谱结果表明共混物中 PP 与 PE 的相互作用发生了一定变化。

在研究共聚物的序列时,对于 A、B 两种单元组成的共聚物,将形成不同的单元组(AAA,AAB,ABA),这些单元组由于耦合效应而产生不同的振动频率,作为共聚物研究的依据,通过对比共聚物与共混物的谱带,找出该特征频率进行分析。

2.5.3　废旧塑料颗粒改性剂的红外光谱分析

为鉴别生活废旧塑料颗粒 RP I、RP Ⅲ 的组分及其裂解后的分子结构变化,可采用红外光谱对两种废旧塑料改性剂进行了红外光谱分析。试验仪器为 Nicolet 5 DXC FT-IR 红外光谱分析仪,扫描次数为 10,波数范围在 4000~400cm^{-1},分辨率为 4.031cm^{-1}。

由于塑料颗粒与裂化后塑料的物理性能不同,采用的制样方法也不同。塑料颗粒的韧性较大,可采用薄膜法制样,将其加热后直接压制成膜。图 2.15 是废旧塑料颗粒 RPⅠ、RPⅢ的红外光谱图。

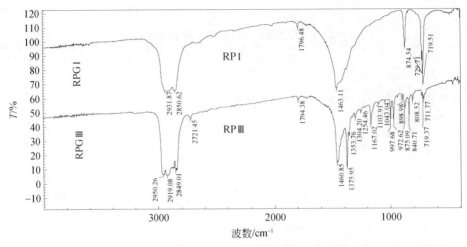

图 2.15 RP 的红外谱图

1. 废旧塑料(颗粒)RPⅠ的红外光谱图解析

在图 2.15 中,RPⅠ的主要吸收峰由左至右分别是:2931.87cm^{-1}、2850.62cm^{-1}、1796.48cm^{-1}、1463.11cm^{-1}、874.54cm^{-1}、729.71cm^{-1}、719.51cm^{-1}。

从谱图可以看出,2931.87cm^{-1}与 2850.62cm^{-1}处有两个强峰大部分重叠在一起,从表 2.12 查得为亚甲基(—CH$_2$—)的反对称和对称伸缩振动峰($\nu_{as(CH)}$、$\nu_{s(CH)}$);此外,甲基(—CH$_3$)的 $\nu_{as(CH)}$ 峰和 $\nu_{s(CH)}$ 峰在 2960cm^{-1}和 2870cm^{-1}处,图中已不能分辨出这两个峰的峰位,由此推断分子中的—CH$_2$—结构远远多于—CH$_3$结构,属于支链较少的长链结构;1463.11cm^{-1}处为一个强宽峰,从峰位可以推断为—CH$_2$—的弯曲振动峰($\delta_{(CH)}$),该峰易与其他烷基的 $\delta_{(CH)}$ 峰重合在一起而变宽,也可得出—CH$_2$—是该物质的主要结构;烯烃最特征的振动形式是 1000～650cm^{-1}的 C—H 面外弯曲振动峰,由表 2.13 查得 874.54cm^{-1}处明显尖峰即为烯烃 C—H 面外弯曲振动($\gamma_{(=CH)}$)峰,因此该烯烃的结构形式最大可能为 R$_2$C $=$ CH$_2$;而 1796.48cm^{-1}处吸收峰为 $\gamma_{(=CH)}$ 的倍频峰或羰基的伸缩振动峰($\nu_{(C=O)}$),表明结构中有双键存在;此外烯烃在 3095～3010cm^{-1},1415～1300cm^{-1}处的 $\nu_{(=CH)}$ 峰、$\delta_{(=CH)}$ 峰易与甲基、亚甲基的该类峰重叠而不易辨认,位于 1680～1610cm^{-1}的 C $=$ C伸缩振动峰亦可能包含在 1463.11cm^{-1}处的强宽峰之中,不宜作为鉴定用峰;729.71,719.51cm^{-1}处为—CH$_2$—面内摇摆振动峰($\rho_{(-CH2-)}$),通过该峰峰位可以推断碳链长度,查表 2.15 可知碳链中碳原子数 $n \geqslant 4$,同时该双峰也是乙烯的特征峰,720cm^{-1}是无定形聚乙烯的吸收峰,730cm^{-1}是结晶聚乙烯的吸收峰。

通过以上红外光谱图解析可得,RP I 的分子结构以碳原子长链为主($n \geqslant 4$),支链很少,其中部分甲基支链因失去两个氢原子而氧化成了 $R_2C{=\!=}CH_2$ 结构。由于醛在 $2850 \sim 2695 cm^{-1}$ 处有两个中强度的特征吸收峰,易与 $\nu_{(-CH_2)}$、$\nu_{(CH_3)}$、$\nu_{(=CH)}$ 峰重合,难以判断 $R_2C{=\!=}CH_2$ 结构是否氧化成了 $C{=\!=}O$,即便有含量亦是很少。因此可判断 RP I 的分子结构以碳原子长链为主,带有少量支链,作为端基的甲基部分被氧化成了 $R_2C{=\!=}CH_2$。

根据聚乙烯吸收峰的波数为 $2920 cm^{-1}$,$2850 cm^{-1}$,$1460 cm^{-1}$,$720 cm^{-1}$,其中 $720 cm^{-1}$ 峰为聚乙烯特征峰,聚丙烯中无此峰。HDPE 在 $730 cm^{-1}$ 和 $720 cm^{-1}$ 处有明显的特征吸收,$720 cm^{-1}$ 是无定形聚乙烯的吸收峰,$730 cm^{-1}$ 是结晶聚乙烯的吸收峰。由于废旧塑料颗粒 RP I 的红外谱图的峰位与 PE 的峰位极为相似,可以推断 RP I 的主要成分为 PE,且 HDPE 的可能性最大。此外在红外光谱中并没有发现醇、酚、芳香烃、酰胺官能团的相关红外吸收峰的存在,即可排除塑料颗粒 RP I 中不含 EVA、PET、PC 等塑料。但 $\nu_{(C-Cl)}$ 峰在指纹区 $800 \sim 600 cm^{-1}$ 有强吸收,易与 $\rho_{(-CH_2-)}$ 峰重合而无法鉴别,故不能排除 RP I 中不含有 PVC。因此,废旧塑料颗粒 RP I 的主要成分为 PE,最大可能为 HDPE,并可能含有少量 PP 和 PVC。

2. 废旧塑料(颗粒)RP Ⅲ 的红外光谱图解析

图 2.15 中废旧塑料颗粒 RP Ⅲ 的红外光谱图的主要吸收峰由左至右分别是:$2950.26 cm^{-1}$、$2919.08 cm^{-1}$、$2849.01 cm^{-1}$、$2721.45 cm^{-1}$、$1794.38 cm^{-1}$、$1460.85 cm^{-1}$、$1375.95 cm^{-1}$、$1353.76 cm^{-1}$、$1304.20 cm^{-1}$、$1254.46 cm^{-1}$、$1167.02 cm^{-1}$、$1103.91 cm^{-1}$、$1043.04 cm^{-1}$、997.68^{-1}、972.62^{-1}、898.98^{-1}、875.09^{-1}、840.71^{-1}、808.52^{-1}、719.37^{-1}、711.77^{-1}。

从图 2.15 谱图可以看出:PC 在 $3026 \sim 2749 cm^{-1}$ 区间内有多个峰重合,曲线较 PE 更为复杂,可以分辨出峰位的峰有 $2950.26 cm^{-1}$、$2919.08 cm^{-1}$、$2849.01 cm^{-1}$,可能为 $-CH_2-$、$-CH_3$、$-C(CH_3)_2$、$-C(CH_3)_3$ 的多个 $\nu_{(CH)}$ 峰在此重合,由此推断分子中甲基支链含量较多;$2721.45 cm^{-1}$ 处峰是醛的特征峰,表明 $C{=\!=}O$ 存在且含量不低,醛在 $2850 \sim 2695 cm^{-1}$ 处有两个 $\nu_{(CH)}$ 特征峰,其中 $2850 cm^{-1}$ 峰易与甲基 $\nu_{(CH)}$ 峰混淆,而 $2720 cm^{-1}$ 峰峰型尖锐,干扰少,易识别,是区别醛、酮的特征峰;$1460.85 cm^{-1}$ 和 $1375.95 cm^{-1}$ 有两个明显的尖锐峰,查表 2.12 可知为甲基的 $\delta_{as(CH)}$ 及 $\delta_{s(CH)}$ 峰,同时 $1353.76 cm^{-1}$ 处亦有一个不明显的小峰,已知甲基取代基越多 $\delta_{s(CH)}$ 分裂出的峰越多,再一次证明分子中甲基支链的含量较多;$1794.38 cm^{-1}$ 处峰为 $\gamma_{(=CH)}$ 的倍频峰或 $\nu_{(C=O)}$ 峰;$1304.02 cm^{-1}$ 峰为烯烃 C—H 键的 $\delta_{(=CH)}$ 峰,$1254.46 cm^{-1}$ 峰可能为醇的 $\delta_{(OH)}$ 峰;$1167.02 cm^{-1}$、$1103.91 cm^{-1}$、$1043.04 cm^{-1}$ 峰分别为叔醇、仲醇、伯醇的 C—O 伸缩振动峰($\nu_{(CO)}$);查表 2.13 可知,$997.68 cm^{-1}$、$972.62 cm^{-1}$、$898.98 cm^{-1}$、$875.09 cm^{-1}$、$840.71 cm^{-1}$、

808.52cm^{-1}为烯烃 C—H 的 $\gamma_{(=CH)}$ 峰,烯烃在 1415cm^{-1} 处 $\nu_{(=CH)}$ 与 $\delta_{(=CH)}$ 的吸收峰易与甲基的 $\nu_{(CH)}$ 峰 $\delta_{s(CH)}$ 峰重合而难以辨认;从烯烃峰位的多样性可以看出该塑料烯烃结构的多样性,可能含有 $RH=H_2$、反式 $RH=RH$、$R_2=H_2$、$R_2=RH$、顺式 $RH=RH$ 等多种结构形式;719.37cm^{-1}、711.77cm^{-1} 处的峰为 $\rho_{(-CH_2-)}$ 峰,通过该峰峰位可以推断碳链长度 $n\geqslant4$,由于 720cm^{-1}、730cm^{-1} 处亦为 PE 的特征峰,且在谱图中的强度并不高,730cm^{-1} 处结晶聚乙烯峰几乎不见,可初步判断 RPⅢ 的主要成分不应为 PE,但可能含有少量 PE。

通过以上红外光谱解析可得,RPⅢ 的结构较 RPⅠ 复杂得多。其中最明显的是支链结构,特别是甲基支链明显增多,分子为长链的多分支状结构。大量甲基的诱导效应使得分子链中存在较多的薄弱环节,使得 RPⅢ 的化学活性较高且易于被氧化,氧化形成的双键广泛存在于 $RH=H_2$、反式 $RH=RH$、$R_2=H_2$、$R_2=RH$、顺式 $RH=RH$ 等多种烯烃结构中;此外,双键亦容易被进一步氧化成为 $C=O$、C—O、O—H 等结构,最终使得 RPⅢ 的化学活性明显高于 RPⅠ。综上分析,废旧塑料颗粒 PC 的分子结构以长碳链为主,且带有大量以甲基为主的短支链,在支链与主链之间存在多种烯烃结构及 $C=O$、C—O、O—H 等结构。

根据聚丙烯比聚乙烯的吸收峰多,聚丙烯吸收峰的波数为 2920cm^{-1}、2850cm^{-1}、1460cm^{-1}、1370cm^{-1}、1160cm^{-1}、970cm^{-1},聚丙烯在 998cm^{-1}、973cm^{-1} 处有明显的特征吸收红外图谱特点,RPⅢ 的红外谱图的峰位与 PP 的峰位极为相似,可以推断 RPⅢ 的主要成分为 PP。由于 719.37cm^{-1}、711.77cm^{-1} 处亦有强度不高的 PE 特征峰,故不排除含有少量 PE 的可能。同时查表 2.16 可知,RPⅢ 谱图中的部分峰与等规聚丙烯的峰极为一致,可进一步推断 RPⅢ 中的聚丙烯主要为等规聚丙烯。在红外光谱中并没有发现醇、酚、芳香烃、酰胺等官能团的相关吸收峰,可确定废旧塑料颗粒 RPⅢ 成分中不含有 EVA、PET 等塑料。但 $\nu_{(C—Cl)}$ 在指纹区 800～600cm^{-1} 有强吸收,易与 $\rho_{(-CH_2-)}$ 峰重合而无法确定,塑料中可能含有 PVC。综上所述,废旧塑料颗粒 RPⅢ 的主要成分为 PP,主要为等规聚丙烯,并可能含有少量 PE 和 PVC。

2.5.4 裂化废旧塑料改性剂的红外光谱分析

由于裂化的废旧塑料脆性较大,薄膜法制样时容易碎裂,因此采用压片法制样,将裂化的废旧塑料与溴化钾一起研磨后在压片机上压制成膜。选用 KBr 是由于它在中红外区完全没有吸收峰,对红外光谱图没有影响。

1. 裂化废旧塑料 CRPⅠ 的红外光谱图解析

图 2.16 是废旧塑料颗粒 CRPⅠ 裂化前后的红外光谱分析图。

在图 2.16 中,CRPⅠ 红外光谱图的主要吸收峰由左至右分别是:3454.46cm^{-1}、

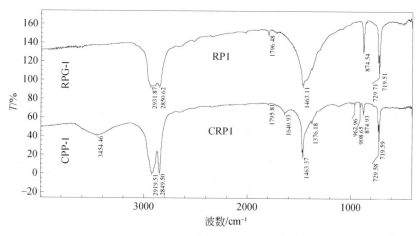

图 2.16　RPⅠ与 CRPⅠ的红外对比图

2919.51cm^{-1}、2849.50cm^{-1}、1795.81cm^{-1}、1 640.93cm^{-1}、1463.37cm^{-1}、1376.18cm^{-1}、962.96cm^{-1}、908.65cm^{-1}、874.93cm^{-1}、729.58cm^{-1}、719.59cm^{-1}。

对比裂化前后两者的红外谱图可以发现,CRPⅠ较 RPⅠ多了 3454.46cm^{-1}峰,为 O—H 伸缩振动峰($\nu_{(OH)}$)。查对比值可知,$\nu_{(OH)}$出现在 3700~3100cm^{-1}范围内,可作为鉴定酚、醇的重要依据,该峰会随着—OH 浓度的增加而形成氢键效应,使得形成氢键的两个基团的键强均有削弱,基团伸缩振动频率降低,表现在红外光谱图上为吸收峰峰位向低频方向移动的同时吸收峰变宽。红外谱图中 CRPⅠ的 $\nu_{(OH)}$吸收峰出现在 3700~3100cm^{-1}区间内居中的位置,说明 CRPⅠ中含有—OH 基团,且部分形成了氢键。2919.51cm^{-1}和 2849.50cm^{-1}峰为甲基的 $\nu_{as(CH)}$ 和 $\nu_{s(CH)}$峰,2919.51cm^{-1}处的峰较 RPⅠ向低频方向移动了近 10cm^{-1},可能是由于烯烃 $\nu_{(=CH)}$的影响;1795.81cm^{-1}同样为 $\gamma_{(=CH)}$的倍频峰或 $\nu_{(C=O)}$峰;1 640.93cm^{-1}处为 C=C 的伸缩振动峰($\nu_{(C=C)}$),该峰在 RPⅠ的红外谱图中并不明显,说明裂化后 CRPⅠ的双键结构明显增多;1463.37cm^{-1}和 1376.18cm^{-1}处为—CH$_3$ 的 $\delta_{as(CH)}$ 及 $\delta_{s(CH)}$峰,与—CH$_2$—不同的是,—CH$_3$ 的弯曲振动峰为双峰,—CH$_2$—的弯曲振动峰为单峰,说明 CRPⅠ较 RPⅠ的—CH$_3$ 结构明显增多了;962.96cm^{-1}、908.65cm^{-1}、874.93cm^{-1}为烯烃 C—H 的 $\gamma_{(=CH)}$峰,查表 2.13 得出该塑料分子中可能含有 RH=H$_2$、R$_2$=H$_2$ 结构;729.58、719.59cm^{-1}为 $\rho_{(—CH_2—)}$峰,通过该峰峰位可以推断碳链长度 $n \geqslant 4$,该双峰亦为聚乙烯的特征峰。

通过以上分析可知:裂化后,CRPⅠ较 RPⅠ中有更多的氧化结构,生成了—OH 基团并部分形成了氢键,双键结构明显增多;CRPⅠ较 RPⅠ的链长短,但支链多,其他结构变化不大。

2. 裂化废旧塑料 CRPⅢ 的红外光谱图解析

图 2.17 是废旧塑料 CRPⅢ 裂化前后的红外光谱图。

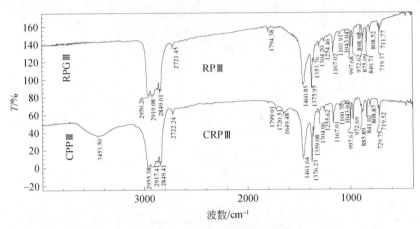

图 2.17 RPⅢ 与 CRPⅢ 的红外光谱对比

在图 2.17 中，CRPⅢ 的主要吸收峰由左至右分别是：3453.50cm^{-1}、2955.38cm^{-1}、2917.41cm^{-1}、2849.41cm^{-1}、2722.24cm^{-1}、1799.01cm^{-1}、1720.51cm^{-1}、1649.48cm^{-1}、1461.64cm^{-1}、1376.23cm^{-1}、1359.08cm^{-1}、1304.06cm^{-1}、1255.62cm^{-1}、1167.01cm^{-1}、1100.70cm^{-1}、1043.04cm^{-1}、997.61cm^{-1}、972.69cm^{-1}、885.89cm^{-1}、841.02cm^{-1}、808.87cm^{-1}、729.75cm^{-1}、719.52cm^{-1}。

对比废旧塑料颗粒 RPⅢ 裂化前后的红外谱图可以发现，裂化后 CRPⅢ 比裂化前 RPⅢ 多了 3453.50cm^{-1} 峰，为 $\nu_{(OH)}$ 峰，说明 CRPⅢ 中含有—OH 基团，且部分形成了氢键；2955.38cm^{-1}、2917.41cm^{-1}、2849.41cm^{-1} 处峰与 RPⅢ 一致，为甲基的 $\nu_{as(CH)}$ 和 $\nu_{s(CH)}$ 吸收峰，可能有—CH$_2$—、—CH$_3$、—(CH$_3$)$_2$、—(CH$_3$)$_3$ 等结构；2722.24cm^{-1} 处峰也与 RPⅢ 一致，为醛的 $\nu_{(CH)}$ 峰，说明 C=O 的存在；1799.01cm^{-1} 为 $\gamma_{(=CH)}$ 的倍频峰或 $\nu_{(C-O)}$ 峰，1720.51cm^{-1} 处为 $\nu_{(C=O)}$ 峰，1649.48cm^{-1} 处为 $\nu_{(C=O)}$ 峰或 $\nu_{(C=C)}$ 峰，这三个峰与 RPⅢ 不同，表明 CRPⅢ 可能形成了更多的 C=O 结构或烯醇式结构（C=O…HO—C）使得 1720cm^{-1}、1650cm^{-1} 处的峰有所加强；1461.64cm^{-1}、1376.23cm^{-1}、1359.08cm^{-1} 处的峰为甲基的 $\delta_{as(CH)}$ 及 $\delta_{s(CH)}$ 峰，表明分子中—CH$_3$ 的含量较多；1304.06cm^{-1} 峰为烯烃双键旁 C—H 键的 $\delta_{(=CH)}$ 峰，1255.62cm^{-1} 峰为醇的 $\delta_{(OH)}$ 峰；1167.01cm^{-1}、1100.70cm^{-1}、1043.04cm^{-1} 峰分别为叔醇、仲醇、伯醇的 C—O 伸缩振动峰（$\nu_{(CO)}$）；997.61cm^{-1}、972.69cm^{-1}、885.89cm^{-1}、841.02cm^{-1}、808.87cm^{-1} 峰为烯

烃 C—H 的 $\gamma_{(=CH)}$ 峰,可能含有 RH$=$H$_2$、反式 RH$=$RH、R$_2$$=H_2$、R$_2$$=$RH、顺式 RH$=$RH 等多种结构形式;729.75cm^{-1}、719.52cm^{-1} 峰为 $\rho_{(-CH2-)}$ 峰,该处峰较 RPⅢ向高频方向移动,说明碳原子的链长有所降低,查表可知 C—(CH$_2$)$_4$CH$_3$ 结构明显增多,碳原子数 $n\approx4$ 或者更低。

通过以上分析可知:裂化后 CRPⅢ较裂化前 RPⅢ明显形成了更多的氧化结构,在红外光谱图上有—OH 基团且部分形成了氢键,同时形成了更多的 C$=$O 结构、烯醇式结构(C$=$O⋯HO—C)和端基—CH$_3$,链长降低,支链增多,其他基本结构变化不大。

2.6　废旧塑料改性剂理化性能的热分析

塑料在受热过程中会产生晶型转变、熔融、升华等各种物理变化和脱水、分解、氧化等化学变化,塑料的物理参数如温度、质量、热焓等亦将随之变化。用热分析方法研究塑料物理参数随温度变化的情况,可以了解塑料结晶行为、热稳定性、塑料成分等。

2.6.1　热分析基本原理和方法

热分析是在程序控温条件下,在规定的气氛中测量样品性质随时间或温度变化的一类测试技术。测量的样品可以是试样本身、试样的反应产物或中间产物。该定义包含三方面的内容:一是程序控温,一般是指线性升(降)温,或温度的对数或倒数;二是选择一个物理量作为观测对象,可以是热学、力学、光学、电学、磁学、声学的物理量;三是测量该物理量随温度的变化,其具体的函数形式往往并不十分显露[60]。

表 2.17 是按所测物理量对热分析方法所进行的分类,本研究中用的是 TG-DSC 联用技术。

表 2.17　热分析方法的分类

物理性质	方法	缩略号	物理性质	方法	缩略号
质量	热重法	TG	尺寸	热膨胀法	TD
	微商热重法	DTA	力学性质	热机械分析	TMA
	逸出气体检测	EGD		动态热机械法	DMA/TBA
	逸出气体分析	EGA	电学性质	热电学法	-
	放射性热分析	ETA		热介电法	-
	热微粒分析	TPA	光学性质	热光学法	-
焓	差示扫描量热法	DSC		热显微镜法	-

1.热重法

热重法是在程序温度下测量试样质量与温度关系的一种技术。通常有两种类型，一种是等温（静态）热重法，即在恒温下测定物质质量变化与温度的关系；一种是非等温（动态）热重法，即在程序升温下测定物质质量变化与温度的关系。

由热重法测得的曲线为热重曲线（TG 曲线），它表示控温过程中失重的累积量，属积分型。对 TG 曲线进行一次微分，就能得到微商热重曲线（DTG 曲线），它反映的是试样质量的变化率与温度 T 或时间 t 的关系，即失重速率。目前的仪器可由软件直接、快速地给出 TG 或 DTG 曲线。

2.差示扫描量热法

差示扫描量热法是在程序控温条件下，测量保持样品与参比物温度恒定时，输入样品和参比物的功率差与温度关系的分析方法，得到的曲线为 DSC 曲线。常用的 DSC 分析仪器有热流式和功率补偿式两种。DSC 曲线中高聚物玻璃化转变、结晶、熔融、氧化、分解各峰如图 2.18 所示。

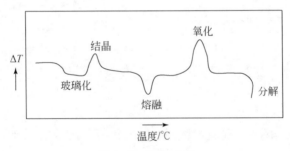

图 2.18　DSC 曲线

3.TG-DSC 联用

将热重法与差示扫描量热法结合为一体，用同一样品在同一试验条件下同步得到热重和差热的信息。与单独的 TG 或 DSC 分析相比，TG-DSC 联用具有以下显著特点：

(1)可消除称量、样品均匀性和温度对应性等因素的影响，使 TG 曲线与 DSC 曲线的对应性更好。

(2)根据某一热效应是否存在质量变化，将有助于辨别该热效应所对应的物化过程，以区分熔融峰、结晶峰、相变峰、分解峰和氧化峰等。

(3)在反应温度处可知样品的实际质量，有利于反应热熔的准确计算。

(4)可用 DSC 的标准样来进行仪器的温度标定。

4. TG/DSC 曲线的影响因素

1)测试仪器的影响

仪器的影响主要有以下几方面。

(1)浮力与样品基线的影响。在升温过程中,加热中的部件(包括样品、坩埚和支持器等)所排开的空气随温度不断升高而发生膨胀,空气重量在不断减少,即浮力在不断减小。样品质量在没有发生变化的情况下,只是升温样品就在增重,引起 TG 基线的上漂,这种增重称为表观增重。消除浮力影响的方法是在相同条件下(相同的升温速度和温度范围)预先作一条空载基线,以扣除浮力效应造成的 TG 基线漂移。

(2)挥发物再凝聚的影响。在 TG 试验过程中,试样受热逸出的挥发物有可能在仪器的低温区再度凝聚,这不仅污染仪器,还会使测得样品失重偏低,待温度进一步上升后,冷凝物再次挥发而产生假失重,使 TG 曲线产生混乱,造成结果失真。为了尽量减少再凝聚的影响,可减少试样用量,选择适宜的吹扫气体流量,使用较浅的试样皿。

(3)试样器皿(也称坩埚)的影响。试样器皿要确保其在测试温度范围内保持物理和化学惰性,同时对试样、中间产物、最终产物、气氛、参比物也不能有化学活性或催化作用。常用坩埚为圆柱体,多用金属铝、镍、铂以及无机材料制成。

2)试验条件的影响

试验条件的影响包括升温速率和气氛两方面。

(1)升温速率的影响。目前商品热分析仪的升温速率可在 0.1~500℃/min 选择,常用范围为 5~30℃/min。提高升温速率,热滞后效应增加,会使 TG 曲线的起始分解温度和终止分解温度都有所提高,DSC 曲线峰峰顶向高温方向移动,峰面积变宽。升温速率过快,分辨率会降低,TG 曲线上本来应出现平台的曲线将变为折线或更加平滑的曲线,在 DSC 曲线上小峰被大峰所掩盖。升温速率越低分辨率越高,但太慢又会降低试验效率,在高分子热分析中,升温速率一般选择在 5~10℃/min。对共聚物与共混物等复杂结构的分析,采用较低的升温速率可观察到多个分解过程。

(2)气氛的影响。气氛的化学活性对 TG、DSC 曲线有很大影响。常用于聚合物热分析的气氛有 N_2、Ar 和空气三种,样品在惰性气体 N_2、Ar 中的热分解过程一般是单纯的热分解过程,反映的是热稳定性;而在空气(或 O_2)中的热分解过程是热氧化过程,氧气可能参与反应。对于易氧化的样品应采用惰性气体,排除氧化反应的影响。

试验中气氛有两种存在方式,一种是静态气氛,即采用封闭系统;另一种是动态气氛,即及时带走分解产物。静态气氛对于有气体产物放出的样品会起到阻碍反应向产物方向进行的作用,故采用动态气氛更佳,而动态气氛会带走部分热量,从而对 DSC 曲线的温度和峰大小有一定影响。

3)样品状况的影响

(1)试样量的影响。在灵敏度足够的情况下,试样量应尽可能少,目前常用的试样量为 1~6mg。试样过多,由试样内传热较慢所形成的温度梯度会显著增大,热滞后明显,从而造成峰形扩张、分辨率下降,同时 TG 与 DSC 曲线拐点均向高温方向移动。当需要提高灵敏度或扩大样品差别时,可适当增大样品量。

(2)试样粒度的影响。试样粒度越大,热滞后越明显,TG 曲线与 DSC 曲线转变温度向高温移动。通常小粒子比大粒子更容易反应,因为小粒子有更大的比表面积与更多的缺陷,边角比例更大,从而增加了活性部位。一般粒径越小,反应峰面积越大。在热分析时,应注意保持试样粒度的均匀性。

(3)试样装填方式的影响。试样装填越紧密,试样间接触越好,越有利于热传导,热滞后效应越小。但是过于紧密则不利于气体逸出和扩散,致使反应滞后,同样会带来试验误差。因此,在装填样品时,应该轻轻振动以增大样品与坩埚的接触面,并尽量保持每一次装填情况一致。

2.6.2　热分析在塑料分析研究中的应用

1. 塑料的热稳定性研究

塑料的热稳定性或热氧稳定性可用 TG 法分别在惰性气体或空气(O_2)中进行测定。图 2.19 为几种聚合物的热失重曲线。其中,PVC 在 300℃左右失重约 60% 后趋于稳定,当温度升至 400℃左右后有逐渐分解,PMMA、LDPE、PTFE 分别在 400℃、500℃、600℃左右彻底分解,失重几乎 100%,而 PI 在 650℃左右彻底分解,失重仅为 40%,由此可见 PI 的热稳定性最好。

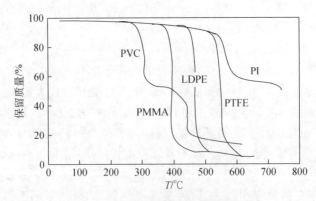

图 2.19　几种聚合物的热稳定性比较

2. 鉴别塑料种类

利用塑料的特征热谱图可以对其进行鉴别,常见聚合物的 TG 谱图可以从相关手册或文献中查到。如果是热稳定性差异非常明显的聚合物的同系物,如两种塑料的共聚物,通过 TG 则很容易区别,共聚物的热解曲线一般介于两种共聚物之间。董芃等通过研究典型塑料的 TG 热解曲线发现,HDPE 出现最大热解速率的温度分别为 434℃、445℃和 456℃;LDPE 出现最大热解速率的温度分别为 421℃、433℃和 450℃;PP 出现最大热解速率的温度分别为 399℃、425℃和 434℃;PS 出现最大热解速率的温度分别为 380℃、400℃和 415℃。PVC 有两个明显的热解速率的极值温度,第一阶段热解速率的极值温度分别为 275℃、289℃和 304℃,第二阶段热解速率的极值温度分别为 427℃、440℃和 451℃[60]。

3. 塑料玻璃化转变温度 T_g 的测定

T_g 是无定形聚合物(包括结晶型聚合物中的非结晶部分)由玻璃态向高弹态或者由后者向前者转变的温度,是无定形聚合物大分子链段自由运动的最低温度。在此温度以上,高聚物表现出弹性;在此温度以下,高聚物表现出脆性。

物质在玻璃化转变温度 T_g 前后发生比热容的变化,DSC 曲线通常向吸热方向转折,或呈阶段状变化,偶呈现出较小的吸热峰,可依此按经验做法确定玻璃化转变温度。

T_g 的确定方法如图 2.20 所示,可分别取中点玻璃化转变温度(T_{mg})、外推玻璃化转变起始温度(T_{ig})、外推玻璃化转变终止温度(T_{eg})作为玻璃化转变温度。

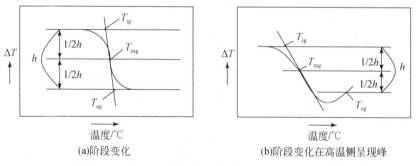

图 2.20　玻璃化转变温度的确定

由于玻璃化转变是一种非平衡过程,操作条件和样品状态会对试验结果有很大影响。样品的热历史对 T_g 也有明显影响,因此需要消除热历史才能保证同类样品玻璃化转变温度的可比性。

对于聚乙烯,由于分子支化程度、结晶度和密度不同,玻璃化温度并不一致,而是有一系列的数据,如$-65℃$、$-77℃$、$-81℃$、$-93℃$、$-105℃$、$-120℃$等,因此在鉴别 PE、PP 等结晶性塑料时,T_g 的用处不大。此外,用 DSC 测定 PE、PP 等结晶性塑料的 T_g 存在一定困难,一般常用来对非晶态聚合物进行分析。

4. 塑料熔融温度 T_m 的测定

熔融温度 T_m 是指结晶聚合物分子的热运动能增大,导致结晶破坏,物质由晶相变为液相时的温度。

T_m 通过程序升温而测定。在 DSC 曲线上,结晶性塑料通常在升温熔化时并不是出现一个明确的熔点,而是出现一个覆盖一定范围的熔程,其中开始吸热的温度被认为是开始熔化的温度,而曲线重新回到基线的温度为熔融结束温度。

T_m 的确定方法如图 2.21 所示,可分别取熔融峰温(T_{pm})、外推熔融起始温度(T_{im})、外推熔融终止温度(T_{em})作为熔融温度,一般情况下常取 T_{pm} 或 T_{em} 作为熔融温度。但在以下两种情况下易将 T_{pm} 作为熔点:一是聚合物的熔融终点因拖尾太长而无法辨认;二是两个独立的熔融峰相连而使 T_{em} 无法辨认。熔融温度亦容易受到升温速率和热历史的影响,应注意消除。

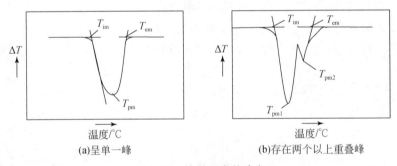

图 2.21 熔融温度的确定

对于结晶型塑料,熔融温度是比玻璃化温度更重要的温度。影响 T_m 的主要因素是支化度,支化度增大,密度降低,熔融温度降低,分子量对聚乙烯的熔融温度基本上无影响。根据测定,LDPE 的 T_m 为 $108\sim126℃$,MDPE 的 T_m 为 $126\sim134℃$,HDPE 的 T_m 为 $126\sim137℃$,PP 的 T_m 高达 $164\sim176℃$,PE-WAX 的 T_m 为 $95℃$,PP-WAX 的 T_m 在 $110\sim115℃$。由于熔融温度的特征性,可通过 T_m 对不同塑料进行鉴别,甚至推导塑料的成分、结晶性能、分子结构等信息。

5. 塑料结晶温度 T_c 的测定

塑料的结晶行为十分复杂,不同高聚物的结晶能力差别很大,有的则完全没有结晶能力。对于结构规整的高分子,若给予适宜的结晶条件(如温度、时间等),可以发生结晶。

应用 T_c 对塑料结晶进行分析的研究十分多元化。T_c 可通过程序降温测定。在 DSC 分析中,曲线偏离基线开始放热的温度称为开始结晶温度,同样可以得到结晶开始温度、终了温度和峰尖温度,但常用峰尖温度作为聚合物的结晶温度。

T_c 的确定方法如图 2.22 所示,可分别取熔融峰温(T_{pc})、外推结晶起始温度(T_{ic})、外推结晶终止温度(T_{ec})作为结晶温度。

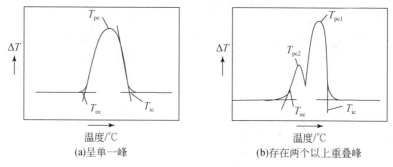

(a)呈单一峰　　　　　　　　(b)存在两个以上重叠峰

图 2.22　结晶温度的确定

6. 塑料熔融焓 ΔH 与结晶度 W_c 的测定

熔融焓是塑料等高聚物结晶部分熔融所吸收的热量,可从 DSC 熔融峰面积计算得到,并可用来衡量聚合物结晶度的大小,峰面积的求法如图 2.23 所示。

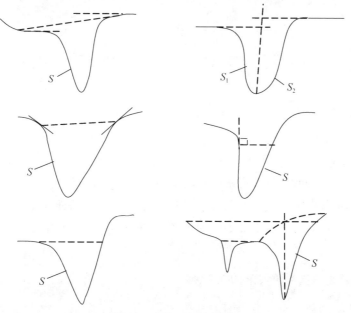

图 2.23　峰面积的求法

用 DSC 测定熔融焓时,常用表 2.18 所列的纯物质对试样的转变热进行标定,这些物质的纯度在 99.99% 以上。试验时,应选用熔点与试样的转变温度相近的纯物质,试验条件应与试样一致,此时试样的熔融焓可按式(2.5)计算。

表 2.18　纯物质的熔点与熔融焓

纯物质名称	熔点/℃	熔融焓/(kJ/kg)	纯物质名称	熔点/℃	熔融焓/(kJ/kg)
苯甲酸	122.4	142.04	铅	327.4	22.92
铟	156.4	28.45	锌	419.5	102.24
锡	231.9	59.50	…	…	…

$$\Delta H = \frac{AW_S}{A_S W} \Delta H_S \tag{2.5}$$

式中:ΔH 为试样的熔融焓,kJ/kg;ΔH_S 为纯物质的熔融焓,kJ/kg;A 为试样的峰面积,cm²;A_S 为纯物质的峰面积,cm²;W 为试样的质量,mg;W_S 为纯物质的质量,mg。

一般来说,结晶高聚物中晶区与非晶区是共存的,两者没有明确的界限,晶区的有序程度也不尽相同,这使得高聚物的结晶度没有明确的物理意义,但其概念对高聚物性能、结构、制作工艺等却有重要的意义。

聚合物的结晶度对其物理性质,诸如模量、硬度、透气性、密度、熔点等有极其显著的影响。聚合物的结晶度可由聚合物结晶部分熔融所需的热量与 100% 结晶的同类试样的熔融热之比求得

$$W_c = \frac{\Delta H_{m试样}}{\Delta H_{m标准}} \times 100\% \tag{2.6}$$

式中:$\Delta H_{m试样}$ 为试样的熔融焓,J/g;$\Delta H_{m标准}$ 为相同化学结构 100% 结晶材料的熔融焓,J/g。

7. 塑料共混物组成的测定

对于某些熔融温度明显不同的结晶聚合物(如 PE 和 PP),在 DSC 曲线上将出现各自的熔融峰,可通过测定其熔融热(峰面积)来确定共混组成。但先要用已知共混比例的聚合物制作横坐标为熔融吸热峰面积比、纵坐标为共混物质量比的工作曲线。测定共混物组成比例的准确度取决于工作曲线的准确度得到,而工作曲线需要经过大量试验才得以准确得到,工作量较大,限制了其在研究中的应用。若通过文献查阅到已知工作曲线,就可以确定出共混物的组成。

2.6.3　生活废旧塑料改性剂的热分析

为了从不同角度对造粒废旧塑料和裂化废旧塑料的组成及分子结构差别进行

分析确认,在红外光谱分析基础上,应用热分析对 RPⅠ、RPⅡ、RPⅢ、RPⅣ 四种废旧塑料裂化前后的组分和分子结构进行分析。

试验所采用的热分析仪为德国耐驰公司(NETZSCH)生产的 STA 499C 型综合热分析仪,可直接得出 TG-DSC 曲线,坩埚为圆形氧化铝坩埚。试验气氛为空气,同时为静态气氛,不能排除氧化反应影响。样品为粒度均匀的粉碎小颗粒,总重约 5mg,以轻轻振落的方式装填。热分析仪从室温升温至 450℃,升温速率为 10℃/min。由于塑料在加工过程中的热历史基本一致,为简化试验,未采用升降温程序。

1. 塑料颗粒的 TG-DSC 分析

未裂化废旧塑料颗粒 RPⅠ、RPⅡ、RPⅢ、RPⅣ 的 TG-DSC 分析谱图如图 2.24 所示,TG 曲线位于谱图上方,DSC 曲线位于谱图下方。

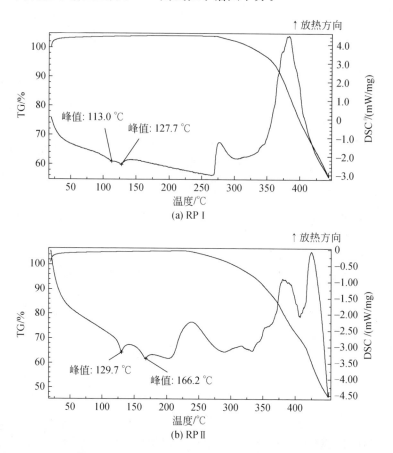

(a) RPⅠ

(b) RPⅡ

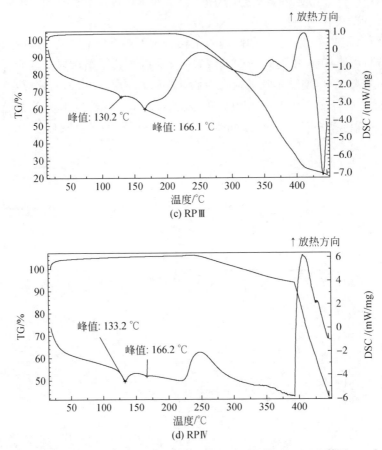

图 2.24　塑料颗粒 RPⅠ、RPⅡ、RPⅢ、RPⅣ的 TG-DSC 谱图

1)TG 曲线的热稳定性分析

从图 2.24 RPⅠ、RPⅡ、RPⅢ、RPⅣ的 TG-DSC 曲线可以看出:

RPⅠ从室温升至 275℃开始有明显失重,失重速率呈稳步上升趋势,没有明显的拐点,温度达到 360℃后失重约 6%,在 360~450℃的失重速率达最大值,至 450℃反应结束时总失重约 44%。

RPⅡ从室温升温至 225℃开始有明显失重,失重速率呈稳步上升趋势,没有明显的拐点,温度在 345~410℃失重速率基本保持不变,至 410℃时失重约 35%后失重速率略有增大,410~450℃失重速率为最大值,到测试结束时共失重 54%。

RPⅢ从室温升温至 220℃开始有明显失重,TG 曲线陡然下降,失重速率明显大于另外三种再生塑料颗粒,在 250~340℃失重速率基本保持不变,升温至 340℃时失重约 38%,在温度区间 340~420℃失重速率达到最大值,温度进一步升至

420℃时失重约74%,之后失重速率回落到250℃之前的水平,反应终了时失重约78%。

RPⅣ从室温升温至250℃开始有明显失重,失重速率随即稳定在某一值,直到400℃左右失重速率明显提升,出现一个明显的拐点,这是以上三种再生塑料颗粒所没有的,此时失重率约9%,400～450℃时的失重速率一直保持为最大值,至450℃失重约59%。

从以上分析可知,四种塑料颗粒的热稳定性不同,RPⅢ热稳定性最差,其次是RPⅣ,RPⅠ的热稳定性最好。

根据文献[60]的分析:"HDPE 发生最大热解速率的温度在 445℃左右;LDPE 发生最大热解速率的温度在 433℃左右;PP 发生最大热解速率的温度在 425℃左右;PS 发生最大热解速率的温度在 400℃左右;PVC 有两个明显的热解速率的极值温度,第一阶段极值温度在 289℃左右,第二阶段的极值温度在 440℃左右。"与图 2.24 的分析结果对比不同,表明文献[60]的分析仅适用于纯种塑料,而对于混合塑料不再适用,对于成分复杂的废旧塑料成分鉴别还应结合 DSC 谱图进行分析。

2)DSC 曲线的 PRG 熔点分析及成分鉴别

已知 LDPE 的 T_m 为 108～126℃;MDPE 的 T_m 为 126～134℃;HDPE 的 T_m 为 126～137℃;PP 的 T_m 为 164～176℃;PVC 的 T_m 为 212℃,而工业 PVC 主要为非晶态结构而无固定熔点;PC 也无明显熔点,在 220～230℃呈熔融状态;PS 的 T_m 约为 240℃,但通常情况下 PS 为非晶态,亦无固定熔点。因此,熔点分析主要用于鉴别 PE 与 PP。

从图 2.24 可以得到以下结论。

RPⅠ图谱曲线(a)有 113.0℃和 127.7℃两个熔点,其中 127.7℃处熔融峰面积稍大,但两熔融峰面积相差甚小。对比不同塑料的熔点可知,113.0℃处峰为 LDPE 结晶熔融峰,127.7℃处峰为 HDPE 结晶熔融峰。根据 MDPE 的定义:一种称为双峰树脂,相当于 LDPE 与 HDPE 的混合物;另一种是由于 LLDPE 与 MDPE 的制备方法相同,有时将 LLDPE 归为 MDPE。故可推断 RPⅠ的主要成分为 MDPE,为 HDPE 与 LDPE 的混合物,这与红外分析结果 RPⅠ的主要成分为 PE 一致,并排除了 PP 的存在。

RPⅡ的图谱曲线(b)中有 129.7℃和 166.2℃两个熔点,峰面积相差不大。对比不同塑料的熔点可知,129.7℃处峰为 HDPE 的结晶熔融峰,166.2℃处峰为 PP 的结晶熔融峰。结合 RPⅡ的来源为随机混杂的废旧塑料,成分本就复杂,故可推断 RPⅡ为 HDPE 和 PP 的复杂混合物。

RPⅢ的图谱曲线(c)中有 130.2℃和 166.1℃两个熔点,其中 166.1℃处的熔融峰面积明显大于 130.2℃处熔融峰面积。由于 130.2℃峰为 HDPE 结晶熔融峰,

166.1℃峰为 PP 结晶熔融峰,可以得出 RPⅢ塑料颗粒的主要成分为 PP,同时含有少量 HDPE。与红外分析结果 RPⅢ塑料颗粒主要成分为 PP 一致,并进一步确定其中含有的 PE 为 HDPE。

RPⅣ的图谱曲线(d)中有 133.2℃和 166.2℃两个熔点,其中 133.2℃处的峰面积明显大于 166.2℃处的峰面积。根据 133.2℃峰为 HDPE 结晶熔融峰,166.2℃峰为 PP 结晶熔融峰,可以得出 RPⅣ塑料颗粒的主要成分为 HDPE,同时含有少量 PP。

2. 裂化废旧塑料的 TG-DSC 分析

四种废旧塑料颗粒裂化后的 TG-DSC 热分析谱图如图 2.25 所示,位于谱图上方的为 TG 曲线,位于谱图下方的为 DSC 曲线。

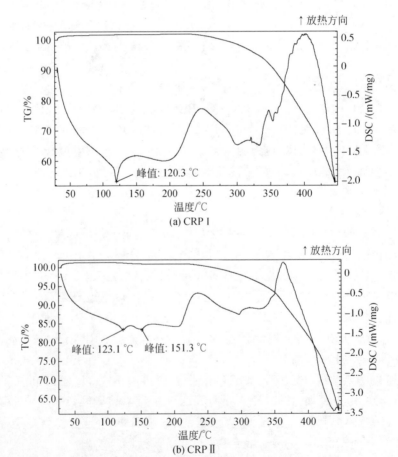

(a) CRP Ⅰ

(b) CRP Ⅱ

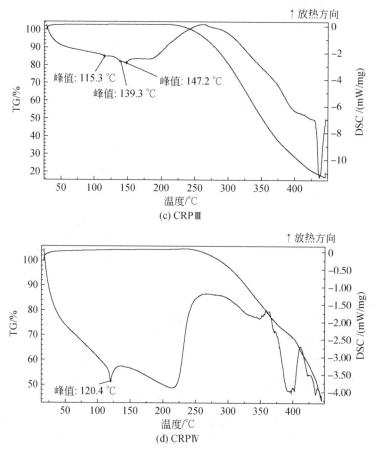

图 2.25　裂化废旧塑料的 TG-DSC 谱图

1)基于 TG 曲线的裂化塑料热稳定性及化学活性分析

图 2.25 中,CRPⅠ的 TG 曲线(a)表明:CRPⅠ从室温升温至 230℃开始有明显失重,失重速率呈稳步上升趋势,没有明显的拐点,温度达到 350℃后失重约 10%,在 350~450℃失重速率基本保持不变,此时为最大值,至 450℃反应结束时总失重约 48%。与未裂化的 RPⅠ相比,裂化前后的 TG 曲线基本一致,但 CRPⅠ的开始失重温度低,升温结束时失重率略高,热稳定性略差。

图 2.25 中,CRPⅡ的 TG 曲线(b)表明:CRPⅡ从室温升温至 225℃开始有明显失重,失重速率呈稳步上升趋势,升温至 350℃时失重约 7.5%;之后失重速率略有增大,并在 350~410℃保持稳定,达到 410℃时失重约 25%;410~450℃时失重速率为最大值,直至结束时共失重约 38%。与未裂化前的 RPⅡ相比,两者的开始失重温度一致,但 CRPⅡ的失重速率曲线较为平缓,到 450℃时 CRPⅡ较裂化前

RPⅡ总失重小 16%，裂化后热稳定性更好。

图 2.25 中，CRPⅢ的 TG 曲线(c)表明：CRPⅢ从室温升温至 220℃开始有明显失重，TG 曲线陡然下降，在 275～355℃失重速率基本保持不变，此时为最大值；355℃失重约 60%，之后失重速率缓慢下降，直至反应终了时总失重约 84%。与裂化前的 RPⅢ相比，RPⅢ裂化前后的 TG 曲线基本一致，开始失重温度一致，但 CRPⅢ升温结束时的总失重率略高，热稳定性较裂化前略差。

图 2.25 中，CRPⅣ的 TG 曲线(d)表明：CRPⅣ从室温升温至 240℃开始有明显失重，失重速率稳步上升，在 300～400℃速率基本稳定，400℃失重约 34%，之后失重速率进一步提高，400～450℃的失重速率一直保持为最大值，至 450℃时总失重约 56%。与裂化前的 RPⅣ相比，CRPⅣ的 TG 曲线没有一个失重速率明显提高的拐点温度，曲线更为平滑，但两者开始失重温度与结束时的总失重率相差无几，CRPⅣ的开始失重温度略低，升温结束时失重率略高，热稳定性略差。

根据四种裂化废旧塑料的开始失重温度、失重速率以及总失重量可知，四种裂化塑料的热稳定性为 CRPⅡ＞CRPⅠ＞CRPⅣ≥CRPⅢ，其中，CRⅢ与 CRPⅣ的热稳定性相差不大。与裂化前相比，除 CRPⅡ的热稳定性比裂化前有较大幅度提高外，其余三种塑料裂化后的热稳定性均较裂化前有所下降，CRPⅡ热稳定性特点可能与其成分的复杂性有关。

塑料的热稳定性与塑料分子的化学活性呈正相关，化学活性主要取决于分子中化学键的强弱，化学键越弱越有利于发生化学反应。因此不饱和键、极性基团越多，越有利于提供电子，发生氧化还原反应。通过 TG 分析可知，裂化处理后的塑料热稳定性有所降低，分子中的不饱和键增多，同时形成了更多的极性基团，分子中的化学键变得更加活泼，更容易给出电子，氧化还原反应更易发生，因此裂化后的塑料化学活性更强。

2)基于 DSC 曲线的裂化塑料熔点及成分分析

从图 2.25 的 DSC 曲线可以看出，四种塑料裂化前后的谱图有明显差别，说明裂化前后的塑料成分已不尽相同。200～350℃的放热峰由塑料再结晶、氧化放热所致，或受热历史影响，350℃以上的吸热峰由塑料分解所致。由于裂化塑料的制作与聚烯烃蜡的制作方法类似，在分析裂化塑料的熔点时可参考聚烯烃蜡的熔点：PE-WAX 的 T_m 为 95℃左右，PP-WAX 的 T_m 为 110～115℃。

图 2.25 中，在 CRPⅠ的 DSC 曲线(a)中有 120.3℃一个熔点，熔融峰的面积较 RPⅠ明显降低，但仍在 LDPE 的熔点范围内。而 RPⅠ的曲线上却有 113.0℃、127.7℃两个面积几乎完全相等的熔融峰，分别在 LDPE 与 HDPE 的熔点范围内。

图 2.25 中，在 CRPⅡ的 DSC 曲线(b)中有 123.1℃、151.3℃两个熔点，前者落在 LDPE 的熔点范围内，后者小于 PP 的熔点范围，两个熔融峰面积相差不大，峰形较为平滑，熔融峰总面积较 RPⅡ明显降低。而 CRPⅡ的熔点为 129.7℃与

166.2℃,前者为 HDPE 熔点,后者为 PP 熔点。

图 2.25 中,在 CRPⅢ的 DSC 曲线(c)中有 115.3℃、139.3℃、147.2℃三个熔点,峰形较为平滑,其中 115.3℃处熔点居中落在 LDPE 熔点范围内,并与 PP-WAX 的熔点接近。139.3~147.2℃可以作为一个熔融峰,远低于 PP 熔融温度,该处峰比 115.3℃处峰面积大。而 PC 仅有 130.2℃、166.1℃两个熔点,分别为 HDPE 与 PP 熔点,熔融峰形较 CRPⅢ更为尖锐。

图 2.25 中,在 CRPⅣ的 DSC 曲线(d)中有 120.4℃一个熔点,熔融峰的面积较 RPⅣ明显减小,并落在 LDPE 熔点范围内。而 RPⅣ却有 133.2℃、166.2℃两个熔点,分别为 HDPE 与 PP 的熔融峰。

裂化塑料是塑料颗粒(原状塑料)经裂解制得的,通过 T_m 分析可进行如下推断,裂解后的 CRPⅠ原料中的两种 PE 已向 LDPE 或 PE-WAX 的性质靠近;CRPⅡ中的 PE 与 LDPE 或 PE-WAX 性质接近,PP 与 PP-WAX 的性质接近;CRPⅢ中的 PP 最有可能具备了 PP-WAX 的某些性质,此外成分中的 HDPE 也与 LDPE 或 PE-WAX 的性质更为接近;CRPⅣ原成分中的 PE 与 PP 均成为与 LDPE 或 PE-WAX 性质接近的物质。但四种裂化塑料都还不能算是真正的聚烯烃蜡。

3)基于 DSC 曲线的裂化塑料结晶度分析

熔点分析表明:裂化后塑料的熔点普遍较裂化前有所降低(峰值向低温方向移动)、熔限相对变宽(曲线变平滑),说明加热裂化材料使塑料的结晶性遭到破坏,结晶度较裂化前明显下降。

由于废旧塑料并非纯物质,其成分十分复杂,结晶能力受到多种杂质的影响而无法形成结构统一的晶体,裂解后的塑料成分中含有了更为复杂的新物质,因此在对裂解塑料的结晶度进行分析时,没有一种相同化学结构 100%结晶材料可用于对比,无法求得准确结晶度,而只能定性比较。从图 2.25 中可以得出四种裂化塑料的结晶熔融峰面积为 CRPⅣ≥CRPⅠ>CRPⅡ>CRPⅢ,其中 CRPⅠ与 CRPⅣ的熔融峰面积最为相近。根据塑料的结晶度与结晶熔融峰面积成正比,可推断四种裂解塑料的结晶度大小顺序为 CRPⅣ≥CRPⅠ>CRPⅡ>CRPⅢ,其中 CRPⅠ与 CRPⅣ的结晶能力较为接近。

4)基于 DSC 曲线的裂化塑料分子结构分析

结晶度主要与高分子的两个性质有关。一是内聚能,内聚能越大,结晶度越高;而内聚能主要由分子量大小决定,分子量越大,内聚能越大,另外,内聚能也受高分子链上的极性基团影响,极性基团越多,内聚能越大;二是链的柔顺性,高分子链段的柔顺性越好越有利于结晶,柔顺性主要受支化程度、交联程度影响,支链越多、交联越多越不利于结晶,另外,柔顺性也与链长有关,链长越长,柔顺性越好,反之则差。

从 DSC 分析可知,塑料经裂化处理后结晶度下降,原因是裂化处理使塑料的分子量下降,分子量分布变宽,内聚能变小。PE、PP的裂解反应为无规断链反应,反应时,分子链可以从任意薄弱环节断裂,生成大小不等的低分子产物,分子量分布随之变宽,相对分子量迅速下降,甚至有极少单体产生,内聚能降低。虽然在空气条件下反应还可能生成少量极性基团,有助于提高内聚能,但相对于分子量对内聚能的影响,极性基团的影响极小,以至于不反映到熔点变化上来。其次,裂化处理使塑料高分子链的柔顺性下降,表现为高分子链长变短,支化程度变大,生成了一定的活泼基团而容易发生交联。因此,塑料裂化前后的分子结构已明显不同,裂化后的塑料分子量分布更宽,相对分子量更小,高分子链长更短,且带有更多的支链,高分子链柔顺性下降,内聚能降低,分子中具有更多的不饱和键以及极性基团,具有更高的化学活性,使裂化后的塑料结晶能力明显下降。

2.7 小　　结

(1)在了解塑料的分类、性能、应用以及生活废旧塑料的鉴别与回收再利用方法基础上,介绍了生活废旧塑料制作改性剂的两种方法:

①把分拣后的废旧塑料粉碎或造粒作为改性剂,直接添加到沥青中对沥青进行改性。

②把分拣后的废旧塑料粉碎或造粒后在高温和裂化剂条件下进行裂化处理制作成改性剂,然后添加到沥青中对沥青进行改性。

(2)研究了裂化前后的生活废旧塑料改性剂性能和分子结构变化,得出以下结论:

①为了解裂化前后塑料物理化学性能和分子结构的变化,应用红外光谱分析研究了四种生活废旧塑料裂化前后的理化性质,得出了四种原状废旧塑料(塑料颗粒)的主要成分以及裂解后的性质,塑料裂化前后在分子量、分子量分布、分子结构、热稳定性以及化学活性上的差异:塑料裂化后的分子量变低、分子量分布变宽、分子结构支链增多、热稳定性降低。裂解后的塑料是一种性能介于聚烯烃与聚烯烃蜡之间的聚合物,不是真正意义上的聚烯烃蜡。

②用差热分析方法研究了四种生活废旧塑料裂化前后的熔点或熔限,根据熔点分析了塑料裂化前后结晶度的变化,表明塑料裂化后的结晶度比裂化前明显下降,分析了结晶度变化的原因。

③根据对四种生活废旧塑料裂化前后的红外光谱和综合热分析,确定了所用的四种废旧塑料的主要原状废旧塑料(塑料颗粒)的成分:RPⅠ和RPⅣ及其裂化后样品的主要成分是PE;RPⅢ及其裂化后样品的主要成分是PP;RPⅡ及其裂化后样品的主要成分是PE/PP复杂混合类。

第3章　生活废旧塑料改性沥青的储存稳定性

储存稳定性是指聚合物改性沥青在热储存过程中不发生离析的性能。沥青分子和聚合物改性剂分子的差异很大,两者往往不能很好地相容,导致改性沥青在热态储存时,发生改性剂颗粒凝聚、结皮、沉淀等现象,即离析。离析会使改性沥青性能变差,影响沥青的使用性能,给改性沥青的生产和路面施工带来不便,影响路面质量。因此研究生活废旧塑料改性沥青储存稳定性对于生活废旧塑料改性沥青的推广应用具有十分重要的现实意义。

3.1　沥青的组成

沥青是由多种化合物组成的混合物,其成分很复杂,但从化学元素分析,主要由碳(C)、氢(H)两种元素组成,也称为碳氢化合物。沥青中 C 和 H 的含量占 98%～99%,其中,C 的含量占 83%～87%,H 的含量占 11%～14%。此外还含有少量的硫(S)、氮(N)、氧(O)及一些金属元素,如铜、镁、镍、钙等,这些少量的元素以无机盐或氧化物的形式存在。沥青中 C/H 的比例可以很大程度上反映沥青的化学成分,C/H 越大,表明沥青的环状结构越多,尤其是芳香结构越多。沥青的组分还随炼制沥青的油源不同而有所不同,在炼制过程中炼制工艺也会使沥青的组分发生变化。

由于沥青的组成极其复杂,并存在有机化合物的同分异构现象,许多沥青的化学元素组成虽然很相似,但它们的性质往往差别很大,使沥青的化学元素的含量与沥青性能之间不能建立起直接的相关关系。在研究沥青的化学组成时,可利用沥青对不同溶剂的融合性,把沥青分离成化学成分和物理性质相似的几个部分,这些化学成分和物理性质相似的部分即成为沥青组分。根据试验方法和分离物的物理化学性质的不同,沥青可以分成以下组分:

(1)二组分,将沥青分为沥青质和可溶质(软沥青质)两种组分。

(2)三组分,将沥青分为沥青质、油分和树脂三种组分。

(3)四组分,将沥青分为沥青质、饱和酚、芳香酚和胶质四种组分。

(4)五组分,用罗斯特勒提出的分离方法,将沥青分为沥青质、氮基、第一酸性分、第二酸性分和链烷分五种组分。

沥青中各组分的含量对沥青的黏度、感温性、黏附性等物理化学性质有直接影响。我国目前广泛采用四组分分析法将沥青分离成沥青质、胶质、饱和酚分和蜡分四种组分,四组分的特性如下。

1.沥青质

沥青质是深褐色至黑色的无定形物质,相对密度大于1,不溶于乙醇、石油醚,易溶于苯、四氯化碳、氯仿等溶剂,是复杂的芳香酚物质,有很强的极性,分子量1000~10000,颗粒的粒径为5~30nm,C/H原子比为1.16~1.28,在沥青中的含量为5%~25%。

沥青质对沥青中的油分有憎液性,但对胶质有变液性。因此,沥青是胶质包裹沥青质而呈胶团悬浮在油分中形成的胶体溶液。所以,沥青质含量多少对胶体体系的性质有很大影响。

当沥青中的沥青质含量增加时,沥青稠度提高,软化点上升,因此,沥青质的存在对沥青的黏度、稠度、流变性和温度稳定性都有很大影响,优质沥青中必须含有一定数量的沥青质。

2.胶质

胶质也称为树脂或极性芳烃,是半固体或液体状的黄色至褐色的黏稠物质,有很强的极性和很好的黏结力。胶质的相对密度为1.0~1.08,C/H原子比为1.56~1.67,分子量为600~1000,在沥青中的含量为15%~30%。溶于石油醚、汽油和苯等有机溶剂。

胶质是沥青的扩散剂或胶溶剂,胶质与沥青质的比例在一定程度上决定沥青是溶胶还是凝胶的特性。

3.饱和酚

饱和酚是一种由直链烃和支链烃所组成的非极性稠状油类,C/H原子比为2左右,平均分子量为300~600,在沥青中占5%~20%,对温度较为敏感。

芳香酚和饱和酚都作为油分,在沥青中起润滑和柔软作用,油分含量越高,沥青的软化点越低,针入度越大,稠度越低。油分经丁酮-苯脱蜡,在−20℃时冷冻,会分离出固态的烷烃,即为蜡。

4.蜡分

蜡的化学组成以纯正构烷烃或其熔点接近纯正构烷烃的其他烃类为主。

蜡有石蜡和地蜡之分,地蜡是微晶蜡,沥青中的蜡主要是地蜡。在常温下,蜡都以固体形式存在,蜡对沥青的性能有较大影响。

1)对沥青流变性的影响

在沥青中,蜡主要溶解在油分中,当它以溶解状态存在时会降低分散相的黏度,当以结晶状态存在时,会使沥青具有屈服应力的结构;以松散粒子存在时,类似于在沥青中加入矿粉而使沥青黏度增加。沥青中的蜡含量增加,会使沥青在常温下的黏度增大,但当接近蜡的熔化温度(50℃)时,蜡含量增加,使沥青的黏度降低。因此,蜡含量高的沥青具有较强的温度敏感性。

2)对沥青低温性能的影响

低温条件下,高蜡含量沥青的结晶结构网增加了沥青的刚性,表现出较高的弹性和黏性,但随着蜡含量的提高,沥青的脆性增大。

3)对沥青界面性质的影响

当沥青与石料接触时,蜡会降低沥青与石料界面间的黏附性。同时,蜡会集中在沥青表面而使沥青失去光泽,并影响路面的抗滑性能。

4)对沥青胶体结构的影响

蜡的结晶网会使沥青向凝胶型胶体结构变化,但胶体系统不稳定而具有明显的触变性。

沥青是一种胶体分散体系,以固态微粒的沥青质为分散相,液态的饱和酚与芳香酚为分散介质,若干沥青质聚集在一起吸附了极性半固态的胶质形成胶团。石油沥青作为一种成分多样、结构极其复杂的混合物,黏度、流变性、高温、低温性能等不仅取决于它的化学组分,而且与它的胶体结构密切相关。沥青中的各组分按其化学组成不同、含量比例及流变特性不同,可以形成不同的胶体结构,通常可以分为溶胶、溶-凝胶和凝胶三种类型,如图 3.1 所示[61]。

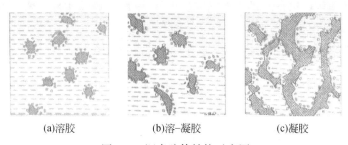

(a)溶胶　　　　(b)溶-凝胶　　　　(c)凝胶

图 3.1　沥青胶体结构示意图

3.2　聚合物改性沥青的相容性及影响因素

3.2.1　聚合物改性沥青的相容性

聚合物改性沥青的储存稳定性是由聚合物与沥青的相容性决定的,相容性越好,改性沥青的储存稳定性越好。所谓相容性在热力学上的意义是指两种或两种以上的物质混合后能形成均匀体系的能力。然而能完全满足热力学混溶条件的材料是极少的,热力学不相容却是常见情况。对聚合物改性沥青而言,改性剂与沥青之间存在分子量、化学结构、溶解度参数等差异,是微观或亚微观上的多相体系,倾向于形成热力学不相容体系。因而聚合物改性沥青的相容性有其独特的定义,是指改性剂以微细的颗粒均匀、稳定地分布在沥青介质中,不发生分层、凝聚或者互相分离的现象,并不是热力学意义上的完全相容。它取决于改性剂和沥青的溶解度参数、两种不同相界面上的相互作用、体系的胶体结构,相容性的好坏直接关系着沥青改性效果的优劣。

同一种改性剂对不同的基质沥青相容性不同;同一种基质沥青选择不同的改性剂相容性也有所区别。改性剂与沥青之间存在一定的配伍作用。总之,改性沥青的相容性取决于改性剂的性质、基质沥青性质、两者的配伍性以及改性沥青加工工艺。

进行改性沥青设计时,改性体系首先应满足相容性的要求,一种聚合物能否用做改性剂,主要看它是否满足以下几个要求:

(1)与沥青的相容性。

(2)在沥青混合温度条件下不分解。

(3)易加工和批量生产。

(4)使用过程中始终能保持原有性能。

(5)经济合理,不显著增加工程投资。

在上述要求中,相容性是改性沥青的首要条件,是影响改性沥青性能的主要因素。改性效果在很大程度上取决于聚合物的掺量、分子重量、化学成分、分子排列和所采用的基质沥青。聚合物与沥青的相容性是决定聚合物改性沥青性能的关键因素,当一种聚合物加入到两种不同的基质沥青中时,改性的效果可能会差别很大,聚合物在沥青中呈连续网状结构时改性效果最为明显。

3.2.2　基质沥青的选择

沥青的原油基属、组分构成及沥青标号对沥青的相容性和改性效果有很大影响,其中组分构成对相容性影响最为显著。沥青中的芳香油分在聚合物剂量很小的情况下可以溶解聚合物,而饱和油分对改性效果起很大作用,沥青质含量较大的沥青与聚合物的相容性较差。当沥青的组分比例在以下范围时,它与聚合物的相容性较好:

(1)饱和油分 8%～12%。

(2)芳香油分及树脂 85%～89%。

(3)沥青质 1%～5%。

沥青的标号不仅影响聚合物与沥青的相容性,而且影响改性沥青的性能,一般随着针入度的减小,相容性降低,形成网状结构所需的聚合物增加,温度敏感性也提高,因此改性沥青宜采用高标号的沥青。这样高分子聚合物可以改善沥青的高温抗变形能力,同时低黏度的沥青有较好的低温柔性,从而达到同时改善高、低温性能的效果。为使改性沥青达到较好的高温稳定性效果,沥青标号也不宜选择过大,应结合路面使用温度范围而定。

3.2.3　影响聚合物与沥青相容性的因素

1. 基质沥青的影响

1)基质沥青组分的影响

道路沥青的组成常用科尔贝特(Crobett)四组分分析法进行分类。将沥青分为四个组分,即饱和酚、芳香酚、胶质、沥青质,通常以 S、A_r、R、A 表示。

沥青的组成与聚合物改性沥青的相容性有很大关系,有关文献认为沥青中芳香酚含量很小时可以溶解聚合物,同时饱和酚对改性沥青的影响很大,沥青质含量较多的沥青与聚合物的相容性较差。并认为基质沥青组成中饱和酚占 8%～12%,芳香酚与树脂占 85%～89%,沥青质占 1%～5%时,改性剂与沥青的相容性较好[1]。芳香酚、饱和酚等轻质组分含量高的基质沥青有利于 PE 微粒的溶胀、分散。

另外,沥青中蜡的存在对道路沥青的性能有不利影响,它使沥青高温变软低温变脆。但普遍认为石蜡基原油生产的沥青与 PE 相容性较好,奥地利 RF 公司试验表明聚乙烯改性多蜡沥青效果明显,这也从侧面说明了聚乙烯与多蜡沥青的相容性较好[12]。

2)基质沥青结构的影响

胶体结构理论认为,沥青的胶体结构以固态微粒的沥青质作为分散相,液态的芳香酚、饱和酚作为分散介质,半固态的胶质作为胶溶剂。若干沥青质微粒聚集在一起,吸附极性的胶质,形成胶团,胶溶于分散介质中,形成稳定的胶体。因为沥青质分子量高,极性很强,所以不能直接胶溶于分子量低、极性弱的芳香酚与饱和酚组成的分散介质中,尤其是饱和酚的胶凝作用会阻碍沥青质的胶溶,而极性较强的胶质则在两者中间起过渡作用。因此在沥青的胶体结构中从沥青质到胶质,乃至芳香酚、饱和酚,极性逐步递减,各组分的含量必须相匹配才能形成稳定的胶体。根据沥青中各组分的化学组成和相对含量的不同,胶体结构可分为三种类型——溶胶结构、溶-凝胶结构和凝胶结构(见图 3.1)。对于 PE 改性沥青,沥青质含量低、芳香酚与饱和酚含量高的基质沥青越有利于 PE 颗粒的溶胀与分散,溶胶结构沥青最适宜用做被改性沥青,溶-凝胶结构沥青其次,凝胶结构沥青最不适合用于改性。

高分子溶液理论认为,沥青是一种以高分子量沥青质为溶质,以低分子量软沥青质为溶剂的一种高分子溶液。溶液的稳定性决定于沥青质的含量、沥青质与软沥青质之间溶解度参数的差异[62,63]。改性剂的溶解度参数 δ 与基质沥青中的软沥青质(沥青烯)溶解度参数 σ 越接近,两者的相容性就越好。

高分子聚合物的溶解度参数 δ 可按 Small 公式计算:

$$\sigma = \frac{\sum F}{V} = \frac{\sum F \times \rho}{M} \tag{3.1}$$

式中:F 为化学分子团的引力常数;V 为分子容积;ρ 为密度;M 为分子量。

高分子溶液理论可用石蜡基沥青与 PE 相容性好这一点所证实。当温度超过 70℃时,PE 可溶于蜡中,PE 的溶解度参数为 7.9,沥青中蜡的溶解度参数为 7.24,两者的溶解度参数接近,故相容性较好[12]。

2. 改性剂的影响

1)改性剂结构和性质的影响

从化学键考虑,若改性剂分子链上具有活性官能团,能与沥青中的某些组分发生化学反应而形成稳定的化学结构,则储存稳定性会由于化学键的存在而大幅度提高。从物理结构考虑,改性剂的分子结构越致密,沥青小分子则越不易向改性剂分子链内渗透,两者的相容性较差,因此,改性剂的结构越疏松越有利于提高储存稳定性。对结晶高聚物而言,结晶度越低越有利于相容。

研究发现,聚烯烃类改性剂与饱和酚含量高的沥青相容性较好,而橡胶类改性剂(如 SBR)或热塑性橡胶类改性剂(如 SBS)则与芳香酚含量高的沥青相容性较好。改性剂的物理化学性质直接关系着与沥青的相容性。

2)改性剂的剂量与粒度的影响

一般来说,改性剂的剂量越少,粒度越小,越有利于提高储存稳定性。为了追求良好的改性效果,改性剂的剂量不能过小,随着剂量的增加,改性效果逐渐增大,而当剂量达到某一临界值时,沥青的高、低温性能将随之大幅度改善,进一步增加剂量后改性效果又将降低。然而剂量越大越不经济,通常改性剂的剂掺量均通过技术经济比较来确定。

聚合物的颗粒越细,与沥青的相互作用越强,改性效果越好。对于橡胶类聚合物,存在一个最佳粒子尺寸,低于此尺寸则分布的橡胶相将会失去引发银纹的能力[63],改性效果反而更差。

3. 改性剂与沥青的配伍性影响

要使改性沥青达到良好的相容,改性剂与基质沥青之间必须具有较好的配伍性,使不同组分的特性能够互相补充。目前常用于描述改性剂与沥青配伍性的有界面理论与溶解度理论,这两种理论分别基于胶体理论与高分子溶液理论。此外还有王仕峰、马丕明、欧阳春发等提出的密度差理论等[22,26]。

界面理论认为,改性沥青的储存稳定性除与改性剂和沥青的相容性有关以外,还取决于改性剂与沥青两相界面的性质,界面性质又取决于两相界面上局部扩散的深度及两相的相互作用能。只有在改性剂与基质沥青之间形成良好的界面层才能保证体系的稳定性。

聚合物加入沥青后,一般不发生化学反应,但在沥青中轻质组分的作用下,改性剂体积胀大,即发生溶胀。聚合物溶胀后表现出区别于聚合物又不同于沥青的界面性质,由于这种界面作用,两者不会发生相分离,聚合物颗粒均匀地分布于沥青中。Nahas 认为,为了保证储存稳定性,聚合物应吸收沥青中的轻质组分,体积胀大到原来的 5～10 倍。在高剂量情况下,聚合物在沥青中的溶胀程度降低,但可形成网状结构,使沥青性质发生显著的改善。只有适当地相容,又具有良好的界面性质才能得到性质优良的改性沥青[63]。

对于基质沥青,聚合物加入沥青中会使原本稳定的胶体结构受到破坏,聚合物将吸收沥青中的轻质组分溶胀来降低表面能,促使新胶体的生成,假如没有足够的轻质组分使聚合物改性剂稳定地胶溶于沥青,则聚合物会选择相互聚集来降低表面能,从而产生离析。溶胀与聚集是改性剂在沥青中的两种存在形式,溶解度的好坏取决于哪种形式占优势。良好的界面性质将起到稳定胶粒的作用,有利于溶胀。

溶解度理论认为,溶解度参数 δ 与基质沥青接近的聚合物与其相容性较好[式(3.1)]。采用溶解度参数与沥青接近的改性剂有可能形成稳定的胶溶体系,达到良好的改性效果。因此,若能够提供溶解度参数介于两种共混材料之间的第三种材料,则可在两相之间起到桥梁作用而使体系的稳定性更加平衡。由此可以推导,由于沥青组分十分复杂,各组分的溶解度参数并不相同,沥青的溶解度不是一个定值而是一个范围,若能使改性剂的溶解度参数也为一连续的数值范围,使改性剂的溶解度参数与各沥青组分的溶解度参数正相关,则可提高体系的相容性。

此外,王仕峰等认为改性剂与沥青的密度差越小,储存稳定性越好。根据 Stokes 沉降原理[式(3.2)],沉降速度与密度差、颗粒半径的平方成正比。改性剂与沥青的密度差别越小,沉降速度越小,越不易离析[22]。

$$v = \frac{2(\rho_0 - \rho_I)g r^2}{9\eta} \tag{3.2}$$

式中:ρ_0 为沥青密度;ρ_I 为聚合物颗粒密度;r 为聚合物颗粒半径;η 为改性沥青黏度。

4. 改性沥青加工工艺对相容性的影响

要提高改性沥青的储存稳定性,必须使聚合物均匀、充分地分布于沥青中,改性沥青的加工工艺至关重要,而剪切工艺的选择和参数的确定取决于原材料的性质。

1)剪切速率的影响

加工过程中剪切速率越大,改性剂微粒的破碎程度越大,与沥青的接触面积越大,增加了改性剂微粒与沥青的相互作用,有助于提高改性沥青的储存稳定性。同时,较大的剪切速率也提高了改性剂微粒的运动速度和聚集速度。当破碎与聚集速度达到平衡时,改性剂微粒的大小也达到平衡。撤去剪切力场后,改性剂微粒的聚集将占主导地位,导致离析的产生。如果改性剂与沥青溶解度参数相近,两者之间可形成良好的界面层,沥青中也存在足够的油分可溶胀胶粒,那么即使撤去剪切力场,改性剂与沥青也不会发生离析或离析程度极小。

2)剪切时间的影响

剪切时间越长,改性剂微粒越小,与沥青的接触面积越大,剪切时间增加的同时也增加了溶胀时间,提高了溶胀程度,结果提高了改性沥青的稳定性。

不同的改性剂与沥青的相容性存在差异。一般情况下,若改性剂与沥青的相容性较好,则可选择较短的剪切时间;若改性剂与沥青的相容性较差,则应选择较长的剪切时间。

3)剪切温度的影响

剪切温度一般不超过 185℃,温度过高会引起改性沥青的严重老化。适当提高剪切温度,可增大改性剂的溶胀程度,有利于改性剂的稳定分散。但温度提高过多,不仅会加重改性沥青的老化,而且会加剧改性剂微粒的聚集程度,降低改性沥青的稳定性。综合考虑沥青的老化温度与改性剂的熔点及分解温度,剪切温度一般控制在 160~180℃为宜。

4)溶胀温度与时间的影响

经过剪切后,改性剂已经被高度粉碎和分散,但改性剂与沥青的界面过渡层尚未完全形成,改性沥青整体的稳定性还较差,此时还需要一个溶胀过程用以形成界面。在溶胀过程中仍然需要一定程度的搅动,以防止离析的产生。

不同的改性沥青所需的溶胀温度和溶胀时间不同,这与改性剂和沥青的相容性有关,相容性好的改性沥青溶胀温度可稍低。一般情况下,适宜的温度必须通过试验确定,通常控制在 160℃左右。当基质沥青中轻质组分含量高、改性剂用量较少时,界面吸附层容易形成,溶胀时间相应较短[64]。

在上述各因素中,改性剂性能对其与沥青的相容性影响最大。

3.3　改性沥青储存稳定性试验方法及评价指标

一般情况下,聚合物改性沥青在生产后并不立即与集料拌和使用,而是要先打入存储罐等待使用,或经过存储运输运到拌和站的存储罐等待使用,或经过冷却、储存、运输、加热等过程后再应用,若改性沥青的存储稳定性差,在长时间的储存、运输过程中将发生离析,影响改性沥青的使用与技术性能。

不同聚合物改性沥青的离析态势有所不同。SBR、SBS 类改性沥青离析时表现为聚合物上浮;PE、EVA 类改性沥青离析时表现为向四周的容器壁吸附,同时在表面结皮。为了控制改性沥青离析程度,保证改性沥青质量,通常采用离析试验评价聚合物改性沥青的储存稳定性。我国制定了"聚合物改性沥青离析试验(T0661—2000)",并且在"聚合物改性沥青的技术要求"中确定了离析试验的指标要求,其中 SBS、SBR类与 PE、EVA 类聚合物改性沥青分别采用不同的离析试验方法。

3.3.1　SBS 类聚合物改性沥青的离析试验方法及指标要求

根据《公路工程沥青及沥青混合料试验规程》中的"聚合物改性沥青离析试验(T0661—2000)",对 SBR、SBS 类聚合物改性沥青离析试验方法按以下步骤进行:

(1)将 50g 改性沥青试样注入洗净、干燥的竖立试管(玻璃管或铝管)中,试管装在支架之上,试样高度为 180mm。

(2)将试管开口端塞上尺寸合适的塞子(最好为软木塞)密闭,然后将试管连同支架一起放入(163±5)℃的烘箱中,在不受任何扰动的情况下静置(48±1)h。

(3)加热结束后,将试管从烘箱中取出,放入家用冰箱中冷冻至少 4h,始终保持试管处于竖立状态,使沥青试样凝为固体。

(4)待沥青全部固化后将试管从冰箱中取出,用小锤将试管轻轻砸碎或事先埋入一根铁丝将沥青拔出,然后将改性沥青切成相等的三截,取顶部和底部试样分别测定软化点,计算软化点之差进行评价。

我国《公路沥青路面施工技术规范》(JTG F40—2004)中对"聚合物改性沥青的技术要求"中对聚合物改性沥青的存储稳定性要求如表 3.1 所示,表中对 SBS 类(Ⅰ类)聚合物改性沥青离析软化点之差要求不大于 2.5℃,对 SBR 类(Ⅱ类)聚合物改性沥青软化点之差没有固定要求。对 PE、EVA 类改性沥青的要求是无改性剂明显析出。且存储稳定性指标主要适用于工厂生产的改性沥青,对于现场制作的改性沥青存储指标不作要求,但必须在制作后保持不间断的搅拌或泵送循环,以保证使用前没有明显离析。

表 3.1　聚合物改性沥青的存储稳定性要求

指标	SBS 类(Ⅰ)				SBR 类(Ⅱ)			EVA、PE 类(Ⅲ)			
	Ⅰ-A	Ⅰ-B	Ⅰ-C	Ⅰ-D	Ⅱ-A	Ⅱ-B	Ⅱ-C	Ⅲ-A	Ⅲ-B	Ⅲ-C	Ⅲ-D
储存稳定性离析,48h 软化点差/℃,不大于		2.5				—			无改性剂明显析出		

3.3.2　PE 类聚合物改性沥青离析试验方法及指标要求

"聚合物改性沥青离析试验(T0661—2000)"中对 PE、EVA 类聚合物改性沥青离析试验方法按以下步骤进行:

(1)将改性沥青试样在高温状态下灌入沥青针入度试样杯中,至杯内标线处(距杯口 6.35mm)。

(2)将杯放入 135℃烘箱中,持续(24±1)h,不搅动表面。

(3)小心地从烘箱中取出样杯,仔细观察试样,经观察后,用一小刮刀徐徐地探测试样,查看表面层稠度,检查底部及四周沉淀物,这些检查都应在沥青自烘箱取出后 5min 之内进行,最后将结果记录成表 3.2 的形式。

表 3.2　热塑性树脂改性沥青离析试验及评价

记述	报告
均匀的,无结皮和沉淀	均匀
在杯边缘有轻微的聚合物结皮	边缘轻微结皮
在整个表面有薄的聚合物结皮	薄的全面结皮
在整个表面有厚的聚合物结皮(大于 0.8mm)	厚的全面结皮
无表面结皮但容器底部有薄的沉淀	薄的底部沉淀
无表面结皮但容器底部有厚的沉淀(大于 0.6mm)	厚的底部沉淀

我国《公路沥青路面施工技术规范》(JTG F40—S2004)中对 PE、EVA 类(Ⅲ类)聚合物改性沥青离析情况要求"无改性剂明显析出、凝聚"。

因此,"聚合物改性沥青离析试验(T0661—2000)"对 SBR、SBS 类与 PE、EVA 类聚合物改性沥青离析试验的差别主要在盛样容器、在烘箱中的加热温度、时间以及评价指标,如表 3.3 所示。

表 3.3　SBR、SBS 类与 PE、EVA 类改性沥青离析试验方法对比

对比项目	SBR、SBS 类	PE、EVA 类
盛样容器	玻璃试管(或铝管),直径约 25mm,长约 200mm,一端开口,带塞	针入度试样杯,内径 55mm,深 35mm
烘箱加热温度	(163±5)℃	135℃
烘箱加热时间	(48±1)h,随后在冰箱中冷冻 4h	(24±1)h,无需冷冻
评价指标	上下部软化点之差	观察、探测试样状态

盛样容器的几何尺寸、加热温度和加热时间对改性沥青离析的影响如下。

直径相对较大的盛样容器,两相分离的速度相对较快,直径相对较小的盛样容

器,两相分离的速度相对较慢。高度相对较大的盛样容器,两相分离的速度相对较慢;高度相对较小的盛样容器,两相分离的速度相对较快。

烘箱加热温度越高,改性沥青中的分子运动速度越快,更易促进沥青中的物质相互作用,朝着稳定结构发展,使聚合物进一步溶胀降低表面能,或使聚合物相互团聚而离析。

烘箱加热时间会影响改性沥青两相分离的程度:加热时间越长,改性沥青中的分子运动时间越充足,结构发展的深度越长;或使聚合物进一步溶胀;或使聚合物进一步离析。

从评价指标上看"聚合物改性沥青离析试验(T0661—2000)"对 SBS 类改性沥青储存稳定性的要求明显更为严格,对 PE、EVA 类聚合物改性沥青储存稳定性要求较宽松,且评价受主观因素影响较大。究其原因是 PE、EVA 类聚合物改性沥青极易离析,上下软化点之差往往大于 2.5℃,且两者的离析态势不同,容易观察到样品是否离析。

3.4　生活废旧塑料改性沥青的储存稳定性

3.4.1　离析试验方法

由于 PE、EVA 类聚合物改性沥青离析试验以观察离析现象为主,试验结果受人为因素的影响较大,不能定量分析离析的大小,对离析现象差别不明显的改性沥青进行对比分析时不够直观。因此,为定量评价废旧塑料改性沥青的离析程度,本研究以 SBR、SBS 类改性沥青离析试验方法和指标进行废旧塑料改性沥青的离析试验,同时考虑到废旧塑料改性沥青的离析态势,在采用玻璃试管盛样离析的同时增加了纸杯盛样离析,从多角度评价裂化前后废旧塑料改性沥青的储存稳定性,如图 3.2 所示。

图 3.2　玻璃试管和纸杯离析试样

(1)玻璃试管,长约200mm,直径约为的25mm,带塞。

(2)普通一次性纸杯,杯高80mm,顶部内径74mm,底部内径63mm,在使用时为避免加热过程中沥青从纸杯壁渗出,用胶带将纸杯完全裹覆。

选用纸杯作为试验容器是由于以下几方面的原因:

(1)纸杯直径较大,增加沥青两相分离的速度,提高离析条件。

(2)用纸杯观测试样表面和断面更加直观,且纸杯中取样简便,有利于对离析程度进行表面和断面观察。

(3)纸杯的容量大,可提供足够的试样量用作其他性能对比试验。

(4)纸杯价格低廉,对于大量对比试验较经济。

离析试验方法如下:

(1)将剪切好的改性沥青倒入纸杯(或试管)中,装样后放入(135±5)℃恒温烘箱内,在不受任何搅动的情况下静置8h或48h(对比离析时间对离析程度的影响)。

(2)加热结束后,使试样在室温下凝固并放入冰箱,将固态沥青截成相等的三段,取顶部和底部(各占样品高度的1/3)沥青制作软化点试样,并进行软化点测试。

(3)计算上下部软化点之差,对废旧塑料改性沥青的储存稳定性进行评价。

由于未裂化塑料改性沥青极易离析,试验采用纸杯盛样,未将其放入烘箱中加热,而是在室温下自然冷却。

为比较采用玻璃试管和纸杯进行离析试验的结果差异,用6%掺量的裂化废旧塑料改性沥青分别在玻璃试管以及纸杯中离析48h,结果如表3.4所示。

表 3.4　盛样容器对裂化废旧塑料改性沥青软化点差的影响对比试验

| 改性剂 | 90#基质沥青 | | | 70#基质沥青 | | | 离析容器 |
| | 软化点/℃ | | | 软化点/℃ | | | |
	上部 T_s	下部 T_x	ΔT	上部 T_s	下部 T_x	ΔT	
CRP Ⅰ	60.8	60.2	0.6	70.4	70.4	0.0	玻璃试管
	60.2	60.0	0.2	71.3	72.7	1.4	纸杯
CRP Ⅱ	62.4	63.3	0.9	57.6	59.2	1.6	玻璃试管
	64.9	63.8	1.1	57.9	58.4	0.5	纸杯
CRP Ⅲ	>90	>90	—	82.7	83.4	0.7	玻璃试管
	>90	>90	—	71.3	72.7	1.4	纸杯
CRP Ⅳ	71.0	70.8	0.2	74.0	76.1	2.1	玻璃试管
	71.8	71.5	0.3	73.2	74.1	0.9	纸杯

注:①离析时间为8h,离析温度为(135±5)℃;②样品的制作参数为加温度165℃左右,溶胀15min,剪切15min,5000r/min。

　　从表 3.4 可知:无论采用 90♯基质沥青还是 70♯基质沥青,纸杯或玻璃试管做容器的离析效果相同。特别是改性 90♯基质沥青时,纸杯和玻璃试管作为容器时的上下部软化点之差并没有明显的规律性。总体上,无论采用何种容器,改性沥青的上下部软化点之差均小于规范对 SBS 改性沥青离析 48h 上下部软化点之差小于 2.5℃的要求。因此,可以用纸杯代替玻璃试管进行废旧塑料改性沥青的离析试验。

3.4.2　废旧塑料改性沥青离析试样的制备

1. 基质沥青的性能

　　试验选用广东茂名 90♯以及中海油 70♯沥青作为基质沥青,两种基质沥青的性能检测指标如表 3.5 所示。

表 3.5　基质沥青的性能

指标	茂名 90♯基质沥青		中海油 70♯基质沥青	
	规范要求[65]	检测结果	规范要求[65]	检测结果
针入度(25℃)/ 0.1mm	80~100	89.0	60~80	76.0
软化点/ ℃　　　　不小于	45	47.2	46	48.7
60℃动力黏度 /(Pa·s) 不小于	160	200	180	210
10℃延度/ cm　　　不小于	30	49.7	15	20.3
15℃延度/ cm　　　不小于	100	137.3	100	118.7
残留针入度比(25℃)/ % 不小于	57	63	61	69
残留延度(10℃)/ cm　不小于	8	9	6	8

2. 废旧塑料改性剂

　　选用来源、性能和组分如前所述的四种废旧塑料颗粒 RPⅠ、RPⅡ、RPⅢ、RPⅣ及其裂化后的塑料块 CRPⅠ、CRPⅡ、CRPⅢ、CRPⅣ作为改性剂。

3. 废旧塑料改性沥青制备方法

　　采用高速剪切混合乳化机制备废旧塑料改性沥青,制备流程如下:
　　(1)在电子天平上称取 400~500g 基质沥青。
　　(2)根据已称沥青质量和要求外掺改性剂质量比称取废旧塑料改性剂。
　　(3)将基质沥青在电炉上预热至(160±5)℃,按设计比例加入生活废旧塑料改性剂。
　　(4)使改性剂在沥青中静态溶胀,温度保持在 160~180℃,期间用玻璃棒搅拌,直至塑料变软或者分散为小块状。溶胀的目的是防止剪切时较硬的塑料块破坏剪切仪转子,同时使改性剂剪切后更好地分散在沥青中。塑料颗粒的溶胀时间较长(40min 左右),裂化后的塑料溶胀时间较短(10min 左右),具体溶胀时间与改性剂掺量和粒径大小有关,如图3.3所示。

(5)将溶胀后的改性沥青置于高速剪切仪中剪切,剪切温度保持在160~170℃,剪切速度为2000~3000r/min。塑料颗粒的剪切时间约为30min,裂化废旧塑料改性沥青的剪切时间约10min。

(6)剪切停止后,沥青表面无层状漂浮物,用玻璃棒蘸在玻璃板表面无颗粒状改性剂,则判定剪切混合完成,改性沥青可用于下一步试验。

(a)溶胀与剪切　　　　　　　　(b)制作离析试样

图3.3　废旧塑料改性沥青制作及离析样品制样

3.4.3　生活废旧塑料改性沥青的储存稳定性

为了定量确定裂化前后废旧塑料改性沥青储存稳定性的差异,以广东茂名90♯沥青为基质沥青,分别对四种裂化前后废旧塑料改性沥青离析软化点之差进行分析。由于裂化前后塑料改性沥青的相容性有较大差异,塑料颗粒改性沥青制备后在室温下自然冷却8h;裂化塑料改性沥青制备后放入(135±5)℃烘箱中加热8h后自然冷却。为方便观察,选用纸杯作为容器。

图3.4是塑料颗粒和裂化后的塑料改性沥青经过8h离析后的表面及剖面的情况。表3.6是离析试样上下软化点差的试验结果,塑料改性剂掺量6%。

(a) RP改性沥青试样纵剖面

(b) CRP改性沥青试样纵剖面

图 3.4　塑料颗粒及裂化后其改性沥青试样断面对比

表 3.6　废旧塑料改性沥青储存稳定性试验结果(90♯基质沥青)

改性剂		软化点/℃		
		上部 T_s	下部 T_x	ΔT
塑料颗粒	RPⅠ	>90	64.2	>25.8
	RPⅡ	71.3	56.6	14.7
	RPⅢ	>90	72.1	>17.9
	RPⅣ	>90	76.8	>13.2
裂化后的塑料颗粒	CRPⅠ	61.2	60.4	0.8
	CRPⅡ	55.6	56.1	0.5
	CRPⅢ	>90	>90	—
	CRPⅣ	71.4	71.3	0.1

从图 3.4 和表 3.6 可以看出：

(1)裂化与不裂化塑料改性沥青的储存稳定性明显不同，裂化塑料改性沥青试样表面光滑、均匀，无分层现象；而塑料颗粒改性沥青试样表面凸凹不平，上部有较厚的结皮，为再次聚合的塑料，离析严重，储存稳定性差，试验过程中表现为改性沥青制作完成后，稍微降温，短时间内表面即有结皮的离析现象产生，属于厚的全面结皮离析状况，储存稳定性不满足我国聚合物改性沥青技术要求。

(2)裂化塑料改性沥青在长时间热态储存后仍然保持着均匀性，无明显离析，满足我国聚合物改性沥青技术要求中的Ⅰ类、Ⅲ类要求——"软化点之差小于2.5℃"，"无改性剂明显析出、凝聚"，储存稳定性好。

(3)裂化与不裂化塑料改性沥青储存稳定性的差别表明，塑料改性沥青必须对塑料进行裂化处理，降低内聚能和结晶度，增加支化程度和交联程度，从而避免离析。

（4）RP 改性沥青储存稳定性最差，在自然冷却条件下即产生明显的结皮离析现象，在施工中若要采用，则必须边剪切边用，同时保证有足够的储存温度并不停地搅拌。CRP 改性剂不但提高沥青软化点效果明显，而且与沥青的相容性较好，具有良好的储存稳定性，工程中应采用 CRP 改性剂。

通过观察可以看出裂化废旧塑料与基质沥青的相容性良好，表面及剖面上都没有观察到明显的离析，为进一步评价裂化废旧塑料改性沥青的储存稳定性，试验在纸杯 8h 离析试验的基础上，采用玻璃试管对其进行离析试验，如图 3.5 所示。试样在 135℃烘箱中静置 8h 和 48h，按规范要求的方法冷却，通过计算试管上下部沥青的软化点之差，参考 SBS 改性沥青上下软化点差不大于 2.5℃的离析指标评价其储存稳定性。离析 8h 是为了模拟沥青从加工温度自然冷却至常温的情况，离析 48h 是 T0661-2000 试验的离析时间。不同离析时间和不同废旧塑料掺量的改性沥青离析试验结果如表 3.7 所示。

(a)　　　　　　　　　　　(b)

图 3.5　试管离析试样的上下部剖面

表 3.7　裂化废旧塑料改性沥青离析试验结果

试样参数			上下部软化点之差（ΔT）/℃											
沥青	掺量	时间	CRP I			CRP II			CRP III			CRP IV		
			T_s	T_x	ΔT	T_s	T_x	ΔT	T_s	T_x	ΔT	T_s	T_x	ΔT
90#	6%	8h	60.5	60.3	0.2	57.7	56.3	1.4	>90	>90	—	70.8	71.2	0.4
		48h	60.2	60.0	0.2	64.9	63.8	1.1	>90	>90	—	71.8	71.5	0.3
	8%	8h	63.9	63.8	0.1	58.3	56.8	1.5	>90	>90	—	74.6	73.2	1.4
		48h	68.1	67.0	1.1	62.1	60.4	1.8	>90	>90	—	76.1	74.7	1.4
70#	6%	8h	62.7	60.3	1.4	53.9	53.3	0.6	78.8	80.3	1.5	71.1	70.8	0.3
		48h	71.3	72.7	1.4	57.4	57.9	0.5	83.6	83.6	0.0	73.2	74.1	0.9
	8%	8h	64.2	64.7	0.5	55.3	54.5	0.8	>90	>90	—	80.1	80.7	0.6

从表 3.7 可以看出：

（1）烘箱中静置 8h 还是 48h，CRP 改性 90# 沥青的上下部软化点之差均小于 2.5℃，满足我国聚合物改性沥青技术要求。

(2)无论 6％掺量还是 8％掺量,CRP 改性沥青的软化点都显著高于基质沥青软化点,CRP 提高沥青高温性能的效果显著,沥青标号或类型对离析的影响不明显。

(3)不同掺量、不同离析时间、不同标号沥青的离析软化点差都小于 2.5℃,表明 CRP 改性沥青的离析性能满足沥青路面施工技术规范的改性沥青离析要求。

通过不同试验方法,对生活废旧塑料改性沥青储存稳定性得到以下结论:

(1)原状 RP 改性沥青在停止搅拌和温度下降后的短时间内即产生严重离析,试样表面结皮,上下部软化点之差大于 2.5℃,不满足我国聚合物改性沥青技术要求;CRP 改性沥青在(135±5)℃的烘箱里离析 48h 后冷却,上下部软化点之差小于 2.5℃,满足我国聚合物改性沥青技术要求。CRP 改性沥青的储存稳定性远优于 RP 改性沥青。

(2)CRP 改性沥青的储存稳定性良好,改性剂掺量、基质沥青种类对离析没有明显影响。

(3)RP 与沥青没有形成稳定的互溶体系,在 RP 颗粒聚集与分子结晶的共同作用下产生离析。而 CRP 分子变小、相对分子量减小、分子结构较为松散,有利于被沥青中的轻质组分所分散;CRP 分子量分布更宽、溶解度参数范围较广,更多的沥青组分能够将其溶胀;CRP 分子极性更强,与沥青中的极性组分(沥青质)的相互作用更强,能在沥青各组分当中起到胶溶作用;CRP 的结晶能力降低,避免了CRP 因为结晶而相互聚集。这些分子结构的变化使 CRP 与沥青有良好的相容性而不离析。

(4)为保证改性沥青性能,从而保证混合料拌和摊铺施工质量,工程中应采用CRP 型废旧塑料作为改性剂。

第4章 生活废旧塑料改性沥青的性能及机理

4.1 道路沥青改性剂的类型与特点

改性沥青是指掺加橡胶、树脂、高分子聚合物、磨细橡胶粉或其他外掺剂,或采取轻度氧化加工等措施,使沥青或沥青混合料性能得以改善而制成的沥青结合料。道路改性沥青的改性剂类型很多,但归纳起来主要有热塑性橡胶类、橡胶类、树脂类、天然沥青等,这些改性剂及改性沥青的特点如下。

1. 热塑性橡胶类

主要是苯乙烯类嵌段共聚物,如苯乙烯－丁二烯－苯乙烯(SBS)、苯乙烯－异戊二烯－苯乙烯(SIS)、苯乙烯－聚乙烯/丁基－聚乙烯(SE/BS)等嵌段共聚物。由于它兼具橡胶和树脂两类改性剂的结构与性质,因此也称为橡胶树脂类。SBS是一种热塑性弹性体,是以丁二烯和1,3-苯乙烯为单体,采用阴离子聚合制得的线形或星形嵌段共聚物。由于SBS具有良好的弹性,已成为目前常用的道路沥青改性剂,评价SBS性能的技术指标主要有结构、嵌段比S/B、充油率、拉伸强度、300%定伸应力、断裂伸长率、永久变形、硬度、防老剂熔体流动速率、总灰分和挥发分等。其改性沥青的效果主要用针入度、软化点、黏度、脆点弹性恢复率等指标描述。沥青的组分对SBS与沥青的配伍性有重要影响,芳香酚含量越高,改性加工越容易,改性效果越好[12]。

2. 橡胶类

橡胶类包括天然橡胶(NR)、丁苯橡胶(SBR)、丁二烯橡胶(BR)、异戊二烯(IR)、氯丁橡胶(CR)等,天然橡胶可以增加混合料的黏结力,有较低的低温敏感性,与集料有较好的黏附性;氯丁橡胶(CR)常掺入煤沥青中对煤沥青进行改性;丁苯胶乳SBR能增加弹性、黏聚力,减小感温性,显著提高沥青的延度,增加沥青的低温抗裂性能,但其热稳定性较差。按加工工艺,橡胶改性沥青可以分为母体法(溶剂法)SBR改性沥青和SBR胶乳改性沥青两类。母体法(溶剂法)SBR改性沥青是将固体的丁苯橡胶切片,用溶剂使其溶解(溶胀)变成微粒,液态与热沥青共混,再回收溶剂,制成固体成分含量达20%的高浓度SBR改性沥青母体成品,工程应用时将固体形态的母体切碎,按要求的比例投入热态沥青中,用搅拌机搅拌1～

2h 使之混合均匀制成改性沥青,然后再喷入拌和锅与集料拌和成混合料,这种改性方法的缺点是制造母体时需要回收溶剂,并有残留,成本较高。SBR 胶乳改性沥青是利用合成橡胶制造过程中的中间产品胶浆,制成高浓度的胶乳,在沥青混合料拌制过程中直接把胶乳按设计比例喷入拌和锅中与沥青混合料搅拌均匀,从而对沥青改性,改善沥青混合料性能的改性沥青方法。为了避免含水的胶乳与高温加热的石料接触,必须在喷入热沥青之后再喷入胶乳。直接加入 SBR 胶乳改性沥青的特点是克服了溶剂法改性的复杂工艺工程,但由于胶乳黏度大,接触空气后挥发较快,使用过程中容易结块,堵塞设备管道,影响施工应用[12]。

3. 热塑性树脂类

热塑性树脂改性剂包括 PE、PP、聚氯乙烯、聚苯乙烯及 EVA,热塑性树脂的共同特点是加热后软化,冷却后固化变硬。热塑性树脂改性剂的最大特点是可以增加沥青的黏度,从而提高沥青的高温稳定性,但不能提高沥青的弹性。EVA 在常温下呈透明的颗粒状,有轻微的醋酸味,由于乙烯支链上引入了醋酸基团,使 EVA 比 PE 有较好的弹性和柔韧性,并且与沥青有较好的相容性。PE 呈乳白色圆柱状颗粒,无味、无毒,表面光滑,化学稳定性好。聚乙烯按密度区分可以分为 HDPE、MDPE 和 LDPE 三类,高密度聚乙烯的分子排列较规整,很少有支链,呈线形结构;低密度聚乙烯的分子量很大,可达 30 万以上,分子链也呈线形,但在主长链上还带有数量较多的烷基侧链和较短的甲基支链,呈一种多分枝的树状结构,这种分子链排列结构与沥青分子链相互交联形成网状结构,约束沥青在外力作用下的流动性,从而提高沥青在高温状态下的黏度和抗流动变形能力,提高沥青路面的高温稳定性。在众多的聚乙烯中,目前用于改性沥青的聚乙烯主要是化工厂生产的新鲜低密度聚乙烯,只有低密度聚乙烯可以用于改性沥青,而且应用时与沥青的相容性较差,冷却后容易产生离析的问题始终没有得到解决,成为阻碍 PE 类改性剂推广应用的难题[12]。

4. 天然沥青

天然沥青是石油经过历史上长达亿万年的沉积、变化,在热、压力、氧化、触媒、细菌的综合作用下,生成的沥青类物质。根据生成矿床的不同,可分为浸润型、涌出型、缝隙填充型等,通常称为湖沥青(trinidad lake asphalt,TLA)、岩沥青、海底沥青等。湖沥青与石油沥青有很好的相容性,常作为沥青的改性剂使用,由于其密度较大,掺入沥青中以后必须不停地搅拌,以免矿物成分沉淀,掺加湖沥青的沥青混合料具有良好的高温稳定性、低温抗裂性和耐久性,因此在桥面铺装的浇注式沥青混凝土、高速公路路面和机场跑道道面的沥青混凝土中得到广泛应用。岩沥青生成于岩石夹缝中,产品为粉末状,化学结构与沥青相近,但含氮量高,黏度大,抗氧化性强,与集料有很好的黏附性和抗剥落性,具有抗剥落、耐久、抗高温车辙和抗老化四大特点,施工时可以直接投入拌和锅与集料拌和,也可以在高温条件下与沥青搅拌预混制作成改性沥青,再喷入拌和锅与集料搅拌混合[12]。

5. 其他改性剂

1)硫黄颗粒改性剂

硫黄颗粒为硫黄沥青改性剂(sulphur-extended asphalt modifier,SEAM)的缩写,是在硫黄生产过程中添加了烟雾抑制剂和增塑剂成分而制成的颗粒。利用硫来改善沥青路用性能的历史可以追溯到 1900 年,之后硫价格高涨,以及硫改沥青混合料在生产过程中释放 H_2S 等含硫气体的问题,制约了硫改性沥青技术发展。SEAM 颗粒制作简单,易于在热拌沥青混合料中熔化,SEAM 改性沥青混合料具有较好的抗车辙性能。应用时,SEAM 可以直接投入拌和锅与沥青混合料进行拌和,添加简便。由于硫在 150℃ 以上就产生挥发,因此施工拌和与室内制作试件拌和时温度不应高于 150℃,室内拌和试验时,应注意通风防止中毒。应用过程中的气体挥发及对环境的影响是这种改性剂应用时需要考虑的问题。

2)Sasobit

是一种聚烯烃蜡类的聚合物。这种新型的沥青改性剂,在加热条件下,仅需简单机械搅拌,即可稳定地分散于沥青之中。因此,这种改性剂的特点是可以直接在混合料拌和过程中添加对沥青改性,拌和简单,不离析,无需增加特殊设备。Sasobit 改性剂可以显著提高沥青的高温性能,降低感温性,明显提高软化点,降低针入度,从而提高沥青混合料的高温稳定性,提高路面的抗变形、抗车辙能力;可显著降低沥青在 135℃ 以上时的黏度,提高沥青在 60℃ 条件下的黏度,从而降低施工温度要求,扩大施工温度区间,提高工效,降低能耗。Sasobit 改性剂拌和温度不低于 120℃,最佳为 140~170℃,添加时应尽量逐渐添加,以免一次性整袋投入造成沥青裹覆结团,搅拌不均匀;若采用 Sasobit 与其他改性剂复合改性,则拌和温度应比制备普通聚合物改性沥青混合料时稍低。Sasobit 改性沥青混合料可用做路面中层或表面层。目前这种新型改性剂在我国各等级公路沥青路面中正逐渐得到应用。

这些沥青改性剂的物理化学性能不同,改性沥青的机理及性能也不同,在应用过程的改性工艺、添加改性设备也不同,就改性剂的添加方式而言,可以分为机械剪切混合添加改性、机械搅拌混合添加及直接投入混合料拌和锅中改性三大类;不同类型改性剂与沥青的相容性不同,应用过程中存在的主要问题是改性剂与沥青混合的均匀性和稳定性,存储运输过程中是否离析是影响改性剂能否得到推广应用的一个重要因素。SBS 与沥青的相容性已得到解决,而 PE 类聚合物改性沥青的离析仍然没有得到解决,成为限制 PE 类聚合物改性沥青推广应用的重要因素;

能直接投入拌和锅与混合料混合的改性剂解决了离析的困扰,但仍存在对沥青性能指标改善程度的评价方法,只能通过混合料的性能变化进行评价,这种评价方法难以排除集料的影响。不同类型改性剂改性沥青有不同的高温、低温性能和耐久性,适用的自然环境条件也不同,选择时应根据交通条件和气候环境条件,结合生产加工条件,最大限度地发挥各类改性剂的优势,使改性沥青效果和工程投资达到最佳。

4.2　聚合物改性沥青的性能指标

由于各国自然环境条件和施工水平不同,所制定的改性沥青技术指标和要求也不同,改性剂不同,改性沥青中改性剂对基质沥青的改性机理不同,对各种沥青性能改善也有所不同(见表 4.1)。因此,目前国际上还没有一个统一的关于改性沥青性能评价指标和方法,但总体上对改性沥青性能的评价方法有三种:

表 4.1　几种聚合物改性沥青的效果

聚合物	高温稳定性	低温柔韧性	温度敏感性	弹性	黏韧性	耐久性
SBS(星形)	优	优	优	优	优	优
SBS(线形)	优	中	中	中	优	优
EVA	优	中	中	中	中	中
PE	优	差	中	差	差	中

(1)采用沥青性能指标的变化程度来评价,如针入度、软化点、延度、黏度、脆点的变化程度。这些指标都是表征沥青性能的常规指标,测定方法简单,意义明确,容易接受,所以仍然是目前最常用的方法。

(2)针对改性沥青特点开发的试验方法和指标,如弹性恢复试验、测力延度试验、黏韧性试验、冲击板试验、离析试验等。

(3)美国战略公路研究计划(SHRP)提出的沥青结合料性能规范的方法。

在常规沥青试验指标中,针入度和软化点都是条件黏度指标,针入度为等温黏度,软化点为等黏温度,沥青黏度的提高说明沥青材料在高温条件下具有较强的抗剪切能力,故针入度和软化点在一定程度上表征了沥青材料的高温性能。我国沥青路面施工技术规范对聚合物改性沥青技术要求如表 4.2 所示,SBS 类(I 类)主要评价指标为针入度、软化点、延度、离析、弹性恢复(25℃)等;EVA、PE(Ⅲ类)主要评价指标为针入度、软化点、延度、离析等。表 4.3 是美国对改性沥青技术标准的要求[61]。本研究以我国对聚合物改性沥青技术规范对 EVA、PE(Ⅲ类)改性沥青的性能评价指标为依据,结合废旧塑料改性剂的特点,在离析试验基础上,对废旧塑料改性沥青的针入度、软化点、延度、黏度、老化、低温弯曲等技术性能进行研究和评价。

表 4.2 我国聚合物改性沥青技术要求

指标	SBS 类(I)				SBR 类(II)			EVA、PE 类(III)			
	I-A	I-B	I-C	I-D	II-A	II-B	II-C	III-A	III-B	III-C	III-D
针入度(25℃,100g,5s)/0.1mm	>100	80~100	60~80	40~60	>100	80~100	60~80	>80	60~80	40~60	30~40
针入度指数 PI,不小于	−1.2	−0.8	−0.4	0	−1.0	−0.8	−0.6	−1.0	−0.8	−0.6	−0.4
延度(5℃,5cm/min)/cm,不小于	50	40	30	20	60	50	40	—			
软化点 $T_{R\&B}$/℃,不小于	45	50	55	60	45	48	50	48	52	56	60
运动黏度(135℃)/(Pa·s),不大于	3										
闪点/℃,不小于	230				230			230			
溶解度/%,不小于	99				99			—			
弹性恢复（25℃）/%,不小于	55	60	65	75							
黏韧性/(N·m),不小于	—				5						
韧性/(N·m),不小于	—				2.5						
储存稳定性离析,48h 软化点差/℃,不大于	2.5				—			无改性剂明显析出、凝聚			
TFOT(或 R TFOT)后残留物											
质量变化/%,不大于	±1.0										
针入度比(25℃)/%,不小于	50	55	60	65	50	55	60	50	55	58	60
延度(5℃)/cm,不小于	30	25	20	15	30	20	10	—			

表 4.3 美国 AASHTO-AGC-ARTBA 改性沥青建议标准(1995 年版)

指标		SBS 类(I)				SBR 类(II)			EVA、PE 类(III)				
		I-A	I-B	I-C	I-D	II-A	II-B	II-C	III-A	III-B	III-C	III-D	III-E
针入度(25℃,100g,5s)/0.1mm	min	100	75	50	40	100	70	80	30				
	max	150	100	75	75				130				
针入度(4℃,200g,60s)/0.1mm	min	40	30	25	25				48	35	28	18	12

续表

指标		SBS类（I）				SBR类（II）			EVA、PE类（III）				
		I-A	I-B	I-C	I-D	II-A	II-B	II-C	III-A	III-B	III-C	III-D	III-E
延度（4℃，5cm/min）/cm	min						50	25					
黏度（60℃）/P	min			1000	2500	5000	5000	800	1600	1600			
黏度（135℃）/cst	min	—				—					150		
	max	2000				2000					1500		
软化点 $T_{R\&B}$/℃	min	43	49	54	60	45	48	50	52	54	57	60	
闪点/℃	min	218		232		232			218				
溶解度/%	min	99				99			—				
离析软化点差/℃	max		4										
黏韧性（25℃）/in-lbs	min	—				75	110		—				
韧性（25℃）/in-lbs	min	—				50	75		—				
TFOT（或 R TFOT）后残留物													
质量损失/%	max										1.0		
弹性恢复（25℃）/%	min	45		50									
针入度（4℃，200g，60s）/0.1mm	min	20	15	13	13	50	55	60	24	18	13	69	
黏度（60℃）/P	min					4000	8000						
延度（4℃）/cm	min					25		9	—				
黏韧性（25℃）/in-lbs	min							110					
韧性（25℃）/in-lbs	min							75					

4.3　生活废旧塑料改性沥青的针入度、软化点和延度

　　废旧塑料改性沥青的制作方法、采用的基质沥青与离析试验的改性沥青相同，四种废旧塑料裂化前后改性沥青的基本性能及其与 SBS 改性沥青性能的对比测试结果如表 4.4 和表 4.5 所示。

表 4.4 CRP 和 RP 改性沥青的基本性能指标测试结果

改性剂类型及代号	添加比例	中海油 70♯基质沥青			茂名 90♯基质沥青		
		针入度(25℃,5s,100g)/0.1mm	软化点/℃	延度(15℃)/cm	针入度(25℃,5s,100g)/0.1mm	软化点/℃	延度(15℃)/cm
基质沥青	0	76.0	48.7	118.7	89	47.2	137.3
CRPⅠ	6%	57	61.7	48.5	63	60.2	50.7
	8%	48	67.8	33.5	57	62.5	46.6
CRPⅡ	6%	62	57.8	54.3	65	58.3	53.9
	8%	54	61.3	42.7	59	60.1	50.1
CRPⅢ	6%	47	80.4	33.1	57	>90	27.0
	8%	44	>90	21.1	53	>90	21.3
CRPⅣ	6%	47	73.7	30.9	51	68.3	39.7
	8%	41	81.2	23.1	48	73.4	26.8
RPⅠ	6%	38	61.0	17.5			
RPⅡ	6%	42	59.4	20.0			
RPⅢ	6%	40	74.9	11.4			
RPⅣ	6%	43	69.8	14.9			
沥青路面施工技术规范的指标要求		40~60	≥56				

表 4.5 CRPⅢ废旧塑料与 SBS 改性沥青的基本性能指标对比

指标	基质沥青	CRPⅢ废旧塑料改性沥青				SBS 改性沥青			
		掺量/%				掺量/%			
		4	5	6	7	3	4	5	6
针入度/0.1mm	64	38	37	35	34	40	42	38	35
软化点/℃	53.8	69.4	76.7	89	≥90	70.7	74.6	79.4	83.9
延度(15℃)	>120	80.8	32	30	22	22	20	12	9
135℃旋转黏度/(Pa·s)	0.415	2.882	2.85	6.582	15.186				

从表 4.4 和表 4.5 可以看出：

(1)在 6%掺量条件下,CRP 提高沥青软化点的效果总体上好于 RP 改性沥青,并且与塑料组分有关,以 PE 为主的 RPⅠ、RPⅡ与 CRPⅠ、CRPⅡ改性沥青的软化点相近,无论裂化与否,以 PP 为主的 RPⅢ和 CRPⅢ改性沥青的软化点都显著高于 PE,同时 CRPⅢ改性沥青的软化点显著高于 RPⅢ,表明废旧塑料 PP 的改性效果好于 PE,而裂化处治后的 PP 改性效果最好,软化点达 80℃以上。因此,采用废旧塑料改性沥青时,最好采用裂化处理的 PP 废旧塑料。

(2)废旧塑料改性沥青提高沥青软化点的效果与沥青标号和废旧塑料类型有关,改性 70♯沥青的效果好于 90♯沥青,PP 废旧塑料改性 90♯沥青的效果与改性 70♯沥青相同,进一步证明裂化 PP 废旧塑料改性沥青的效果最好。

(3)对比 RP 和 CRP 两类废旧塑料改性沥青的针入度和延度可以看出,废旧塑料颗粒改性沥青的针入度和延度低于裂化废旧塑料改性沥青,这主要是由于废旧塑料颗粒改性沥青的严重离析,改性剂分散不均匀,沥青的均匀性差。

(4)在掺量相同的条件下,CRPⅢ改性沥青的软化点略低于 SBS 改性沥青,要使 CRPⅢ型废旧塑料改性沥青性能与 SBS 相当,就软化点和针入度指标而言,6%掺量的 RP 和 CRP 的改性效果与 4%~5%SBS 改性效果相近,CRP-Ⅲ和 CRP-Ⅳ的改性效果好于 SBS,在达到相同改性效果条件下,CRP 改性剂的掺量应比 SBS 掺量大 0.5%~1%。

(5)CRP 掺加量从 6%提高到 8%时,改性沥青的软化点提高不明显,提高率仅为 3.1%~11.9%,考虑到性价比,建议 CRP 改性沥青的最佳掺量 5%,最大掺量为 6%。

4.4　生活废旧塑料改性沥青的黏度

4.4.1　沥青的黏度

沥青的黏滞性(简称黏性)是沥青在外力作用下抵抗剪切变形的能力,是与沥青路面力学行为密切联系的性能,通常用黏度表示,是沥青等级划分的主要依据。黏度的表达方式有以下几种[61,66,67]。

1. 牛顿型流体沥青黏度

溶胶型沥青或高温条件下的沥青可视为牛顿型流体,设在两金属板中间夹一层沥青(见图 4.1),按牛顿内摩擦定律可以推得牛顿型流体沥青的黏度:

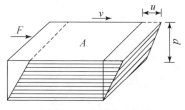

图 4.1　沥青黏度参数

$$\eta = \frac{\tau}{\gamma} \qquad (4.1)$$

式中:η 为动力黏度系数(黏度),Pa·s;τ 为剪应力,Pa;γ 为剪切应变速率(简称剪变率),s。

当流体层间速度梯度(剪变率)为单位 1 时,每单位面积所受到的摩擦力称为动力黏度,动力黏度的计量单位按 SI 单位制为帕·秒(Pa·s)。按 CGS 制单位为泊(P)。

在运动状态下测定沥青黏度时,考虑到密度的影响,动力黏度还可以用另一种量描述,即沥青在某一温度下的动力黏度与同温度下沥青的密度之比,称为运动黏度,用式(4.2)表示:

$$v_T = \frac{\eta}{\rho} \tag{4.2}$$

式中:v_T 为运动黏度,$10^{-4} m^2/s$;η 为动力黏度,Pa·s;ρ 为密度,g/cm^3。

运动黏度的计量单位按 SI 单位制为米^2/秒(m^2/s),按 CGS 制单位为斯托克斯(St),$1St = 1 \times 10^{-4} m^2/s$。

2. 非牛顿型流体沥青黏度

沥青是一种复杂的胶体物质,只有在高温时才接近于牛顿流体。在路面使用温度条件下,沥青均表现为黏弹性体,在不同剪切速率时表现出不同的黏度。因此沥青的剪应力和剪应变率呈非线性关系,通常以表观黏度(视黏度)表示:

$$\eta_a = \frac{\tau}{\gamma^c} \tag{4.3}$$

式中:η_a 为表观黏度,Pa·s;c 为沥青的复合流动系数,是评价沥青流变性质的重要指标,$c = 1.0$ 为牛顿流型沥青,$c < 1.0$ 为非牛顿流型沥青,c 值越小,表示非牛顿性越强;τ、γ 意义同前。

沥青黏度的测定法可以分为两类,一类为绝对黏度法;另一类为相对黏度(或称条件黏度)法,针入度、软化点属于条件黏度法范畴。针入度是在规定温度下测定沥青的条件黏度,软化点是沥青达到规定条件黏度时的温度。

4.4.2 沥青的感温性

沥青的感温性与沥青路面施工的拌和、摊铺、碾压和使用中的高温稳定性和低温抗裂性密切相关,是评价沥青技术性能的一个重要指标。沥青的感温性采用黏度随温度而变化的行为黏-温关系来表达,最常用的方法是针入度指数法。针入度指数法(PI)是评价沥青感温性的指标,建立这一指标的基本思路是沥青的针入度的对数 $\lg P$ 随温度 T 呈线性关系变化,即

$$\lg P = AT + K \tag{4.4}$$

式中:K 为截距(常数);A 为直线斜率。

$A = d(\lg P)/dT$,表征沥青针入度的对数随温度的变化率,称为针入度-温度感应性系数。若已知针入度 $P_{25℃,100g,5s}$(0.1mm)和软化点 $T_{R\&B}$,并假设软化点时的针入度为 $800(0.1mm)$,由此可绘出针入度-温度感应性系数图,并建立针入度-温度感应性系数 A 的基本公式:

$$A = \frac{\lg 800 - \lg P_{25℃,100g,5s}}{T_{R\&B} - 25} \tag{4.5}$$

按式(4.5)计算得到的 A 均为小数,为使用方便,普费等进行了一些处理,改用针入度指数 PI 表示,即

$$A = \frac{20 - \mathrm{PI}}{10 + \mathrm{PI}} \times \frac{1}{50} \tag{4.6}$$

$$\mathrm{PI} = \frac{30}{10 + 50A} - 10 \tag{4.7}$$

将式(4.5)代入式(4.7)得

$$\mathrm{PI} = \frac{30}{10 + 50\left(\dfrac{\lg800 - \lg P_{25℃,100g,5s}}{T_{R\&B} - 25}\right)} - 10 \tag{4.8}$$

针入度指数是评价沥青感温性的常用指标,针入度指数 PI 值越大,表示沥青的感温性越低,通常认为,PI>2 的沥青为凝胶型沥青,其耐久性较差,虽然低温脆性小,但与牛顿流动特性偏差较大,在大变形或低变形速率条件下,抗裂性能差。PI<−2 的为溶胶型沥青,这类沥青对温度敏感性过高,不适于铺筑路面。PI 值介于−2～+2 的沥青为溶凝胶型,其感温性适于作道路沥青,理想的道路沥青针入度指数 PI 的范围是−1～+1。

此外表征沥青感温性的指标还有针入度黏度指数(pen- vis number,PVN)和黏温指数(viscosity- temperature susceptibility,VTS):

$$\mathrm{VTS} = \frac{\lg\lg(\eta_1 \times 10^3) - \lg\lg(\eta_2 \times 10^3)}{\lg(T_1 + 273.13) - \lg(T_2 + 273.13)} \tag{4.9}$$

式中:η_1、η_2 分别为 T_1、T_2 时的黏度,Pa·s;T_1、T_2 一般为 60℃和 135℃。

4.4.3　生活废旧塑料改性沥青的旋转黏度

为研究废旧塑料对沥青黏度的影响及不同类型废旧塑料改性沥青的黏度变化规律,按照我国《公路工程沥青及沥青混合料试验规程》中"沥青布氏旋转黏度试验(T0625—2000)"方法,分别测定了基质沥青、四种 RP 和 CRP 改性沥青在 80℃、110℃、135℃、165℃、180℃下的黏度。

旋转黏度试验,是将少量沥青样品盛于可控温的恒温盛样筒中,一个纺锤形的转子在沥青试样中搅动,测算相应的转动阻力所反映出来的扭矩。扭矩计读数乘以仪器参数即可以得到以 Pa·s 表示的沥青黏度,该法测得剪应力与剪变率之比,即表观黏度。测出的黏度与结合料类型、剪变率和仪器参数有关,计算方法如式(4.10)~式(4.12)所示:

$$\eta = \frac{\dfrac{100}{n}k_1 k_2 T}{1000} \tag{4.10}$$

$$S = nk_3 \tag{4.11}$$

$$F=\frac{k_1 k_2 k_3 T}{10} \qquad (4.12)$$

式中：η 为黏度，Pa·s；n 为转速，r/min；k_1 为扭矩常数；k_2 为转子体积常数；k_3 为转子剪变率常数；S 为剪变率，s^{-1}；F 为剪应力，N/m²；T 为扭矩百分数，%。

在旋转黏度试验条件下，沥青多表现出非牛顿流体特性。非牛顿性流体的表观黏度不是唯一的材料性质，而是反映流体和测量系统的性质，所以旋转黏度是在某一规定条件下测得的黏度，并不能预测不同条件下的使用性能。旋转黏度试验是美国 SHRP 战略公路研究计划推荐方法，只能用于测定沥青的高温黏度，温度过低时，样品黏度过大，可能损坏旋转黏度计。

试验采用某公司生产的旋转黏度计，转子为配套的 21♯转子，转速根据仪器规定进行黏度估算后选择 80℃时转速为 1r/min，110℃时转速为 10r/min，135℃时转速为 20r/min，165℃时转速为 100r/min，180℃时转速为 150r/min。一般认为，沥青在软化点以上逐渐表现为牛顿流体，此时黏度受剪切速率影响较小。因此，在试验温度下可将沥青看做牛顿黏性体，将不同温度下的转速设定为固定值。转子和转速的确定保证了所测黏度不会受仪器参数引起的剪变率与剪应力变化影响。试验结果如表 4.6 和图 4.2 所示。

表 4.6　废旧塑料 RP 与 CRP 改性沥青的黏度试验结果

基质沥青	改性剂	添加比例	旋转黏度/(Pa·s)					黏-温关系	
			80℃	110℃	135℃	165℃	180℃	回归方程	相关系数
90♯	无添加	0%	22.130	1.776	0.451	0.136	0.076	$\eta=5\times10^{13}T^{-6.59}$	1.00
	CRPⅠ	6%		1.780	0.450	0.132	0.074	$\eta=2\times10^{13}T^{-6.41}$	1.00
	CRPⅡ			5.954	0.842	0.145	0.081		
	CRPⅢ			4.800	2.090	0.282	0.163	$\eta=3\times10^{15}T^{-7.19}$	0.97
	CRPⅣ			2.203	0.397	0.121	0.070	$\eta=5\times10^{18}T^{-8.8}$	1.00
70♯	无添加	0%	23.420	1.870	0.443	0.129	0.071	$\eta=5\times10^{13}T^{-6.59}$	1.00
	RPⅠ	6%		7.582	1.807	0.470	0.239	$\eta=1\times10^{15}T^{-6.96}$	1.00
	RPⅡ			19.240	1.463	0.255	0.158		
	RPⅢ			12.310	1.428	0.247	0.125	$\eta=1\times10^{20}T^{-9.32}$	1.00
	RPⅣ			—	2.174	0.332	0.182	$\eta=2\times10^{21}T^{-9.80}$	0.98
70♯	CRPⅠ	6%		5.250	0.614	0.157	—	$\eta=2\times10^{18}T^{-8.66}$	0.99
	CRPⅡ			3.269	0.503	0.114	0.064		
	CRPⅢ			8.063	0.654	0.143	0.086	$\eta=4\times10^{19}T^{-9.18}$	0.98
	CRPⅣ			1.705	0.351	0.106	0.060	$\eta=6\times10^{16}T^{-7.98}$	1.00

注：80℃时，RP、CRP 改性沥青黏度已超出旋转黏度计量程，故未记录。

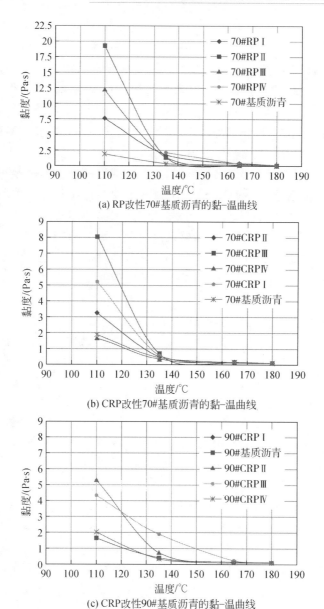

(a) RP改性70#基质沥青的黏-温曲线

(b) CRP改性70#基质沥青的黏-温曲线

(c) CRP改性90#基质沥青的黏-温曲线

图 4.2　废旧塑料 RP 和 CRP 改性沥青的黏-温曲线

从表 4.6 和图 4.2 可得:

(1)RP 及 CRP 都提高了沥青的黏度,但提高的幅度不同,RP 使沥青的黏度显著增加,在 135℃条件下,RP 改性沥青的黏度是 CRP 改性沥青的 2~3 倍,在 165~180℃条件下,CRP 改性沥青的黏度与基质沥青黏度相近,而 RP 改性沥青的黏度仍显著高于基质沥青。相同温度条件下,RP 改性沥青的黏度明显大于基质沥青和 CRP 改性沥青。

根据黏度越大感温性也越强的一般规律,RP 改性沥青具有更高的感温性,且由于原状废旧塑料 RP 具有较长的分子链而与沥青难以均匀相容,对温度变化敏感,RP 改性沥青在混溶和运输存储过程中更容易因温度的微小降低而离析,进一步说明 RP 改性沥青黏度大而且容易离析的原因。而裂化处治废旧塑料 CRP 使沥青的黏度提高,但明显低于原状废旧塑料 RP 改性沥青,温度敏感性降低,因而不易产生离析。

(2)RP 和 CRP 改性沥青在 135℃的黏度均未超过 3Pa·s,满足表 4.2 中我国Ⅲ类聚合物改性沥青技术要求,两类废旧塑料改性沥青在施工泵送和拌和时有足够的流动性,但 RP 废旧塑料改性沥青对温度较敏感,难以保证管道输送、存储、运输过程中整个容器的温度均匀性,离析难以避免。而 CRP 改性沥青不离析,拌和与压实温度与基质沥青相近,便于施工控制和节能,因此,为保证废旧塑料改性沥青路面的施工质量,应采用裂化处治废旧塑料改性沥青。

(3)RP 和 CRP 改性沥青的黏度不同。两种生活废旧塑料改性 70♯沥青时,RP 改性沥青在各温度下的黏度均高于相应的 CRP 改性沥青黏度,RP 改性沥青的黏度较大,而 CRP 改性沥青的黏度较低,且接近基质沥青,施工时,CRP 改性沥青的施工温度可以与基质沥青相同。

(4)四种废旧塑料改性沥青 110℃以上的黏-温曲线符合幂函数形式,相关系数大,相关性好,即

$$\eta = AT^{-B} \qquad (4.13)$$

式中:η 为黏度,Pa·s;T 为温度,℃;A、B 为回归系数。

在回归式中,回归系数 A 为黏度系数,A 值越大,黏度越大;回归系数 B 为感温系数,B 值越大,沥青的感温性越大[64]。

根据黏-温关系式回归系数 A、B 的变化,基质沥青黏度系数与感温系数越大,相应的改性沥青的黏度系数与感温系数也越大,RP 和 CRP 改性沥青的黏度系数与感温系数均大于基质沥青,其中 RP 改性沥青的黏度系数与感温系数普遍高于 CRP 改性沥青。聚丙烯类废旧塑料改性沥青的旋转黏度以及感温系数普遍大于聚乙烯类塑料改性沥青,因此,聚丙烯类改性沥青的拌和、压实温度应略高于聚乙烯类改性沥青混合料的拌和压实温度。

4.4.4   生活废旧塑料改性沥青的拌和与压实温度

根据 Superpave 胶结料规范要求,为了保证沥青在泵送和拌和时有足够的流动性,在用旋转黏度计测量未老化或罐中的沥青时,135℃的黏度不得超过 3Pa·s。根据 T0625—2000 中的建议,可将不同温度下的黏度绘制成黏-温曲线确定沥青混合料的施工温度,最佳拌和温度范围为黏度(0.17±0.02)Pa·s 时的温度,最佳压实

成型温度范围为黏度(0.28±0.03)Pa·s 时的温度。因此,应用黏-温关系式可计算出废旧塑料改性沥青的最佳拌和温度与最佳压实温度,如表 4.7 所示。

表 4.7　废旧塑料改性沥青的最佳拌和温度与压实温度参考值

90♯基质沥青				70♯基质沥青			
改性剂	添加比例/%	拌和温度/℃	压实温度/℃	改性剂	添加比例/%	拌和温度/℃	压实温度/℃
无添加	0	158.67	146.67	无添加	0	157.38	145.90
RP Ⅰ				RP Ⅰ		190.45	177.27
RP Ⅱ	6			RP Ⅱ	6	174.24	165.59
RP Ⅲ				RP Ⅲ		172.40	163.41
RP Ⅳ				RP Ⅳ		180.50	170.49
CRP Ⅰ		158.41	146.54	CRP Ⅰ		161.50	152.45
CRP Ⅱ	6	163.68	154.66	CRP Ⅱ	6	158.04	148.45
CRP Ⅲ		178.66	166.20	CRP Ⅲ		163.36	154.71
CRP Ⅳ		156.83	145.92	CRP Ⅳ		153.25	142.28

从表 4.7 可以看出:

(1)RP 改性 70♯沥青的最佳拌和与最佳压实温度明显高于基质沥青,提高了 15~33℃;CRP 改性沥青的最佳拌和和压实温度与基质沥青相近,表明 RP 改性沥青黏度大,拌和和压实温度应比基质沥青混合料提高 10℃以上,而 CRP 改性沥青黏度相对较低,其混合料可采用基质沥青混合料的拌和与压实温度。

(2)废旧塑料的类型不同,其改性沥青混合料的拌和与压实最佳温度也不同,RP 废旧塑料未作裂化,其 PE 改性沥青的拌和与压实最佳温度最高,而裂化后,以聚丙烯为主的废旧塑料改性沥青的拌和与压实最佳温度最高。因此在确定最佳拌和与压实温度时应考虑原废旧塑料的类型。

4.5　生活废旧塑料改性沥青的低温性能

4.5.1　小梁低温弯曲蠕变试验原理和方法

美国 SHRP 沥青结合料路用性能规范为评价沥青结合料的低温抗裂性能,提出了基于弯曲梁流变仪(bending beam rheometer,BBR)的小梁弯曲蠕变试验,在 SHRP 沥青路用性能规范中用来评价沥青的低温性能等级。

弯曲梁流变仪由简支梁弯曲蠕变装置、保温槽、加载设施、控制及数据采集四个单元组成。其中最基本的单元是弯曲蠕变装置。沥青梁试件的尺寸为 127mm（长）×6.35mm（高）×12.7mm（宽），跨径 101.6mm，采用专用的铝制试模制作，制作这样小尺寸的沥青试件要尽量减少气泡、蜂窝等缺陷。保温浴的控温精度为 0.1℃，可在不同的温度下设定为恒温，循环流动使水温均匀，温浴的液体必须在－36℃以下不冻结。

弯曲梁流变仪测量在过程中记录的弯曲蠕变曲线如图 4.3 所示，图中横坐标为加载时间，纵坐标为随时变化的跨中挠度。BBR 计算机数据系统可自动采集荷载、变形并直接计算出弯曲蠕变劲度 S 与蠕变速率 m。

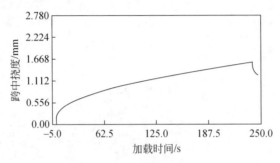

图 4.3　BBR 蠕变曲线

蠕变劲度 S（弯拉模量）由式（4.14）计算：

$$S(t) = \frac{PL^3}{4bh^3\delta(t)} \tag{4.14}$$

式中：$S(t)$ 为随时间变化的蠕变劲度，$t=60s$；P 为施加的恒定荷载，980mN；b 为小梁宽度，m；h 为小梁高度，m；L 为简支梁跨径，m；δ 为随时间 t 变化的跨中挠度，m。

m 值为蠕变劲度 $S(t)$ 的变化速率，即蠕变曲线的切线斜率。

SHRP 研究认为，若沥青材料蠕变劲度 S 太大，则沥青呈现出脆性，路面容易开裂；m 值反映沥青劲度的时间敏感性及应力松弛性，m 值越大，沥青的应力松弛性能越好，有利于应力释放。因此低温性能良好的沥青应当具有较小的 S 值、较大的 m 值，其中低温弯曲蠕变劲度模量 S 为主要指标。

理论上讲，BBR 试验温度必须在当地最低设计温度下进行，但温度太低将导致试验过久，因此试验温度按流变学原理中的时温等效换算法则修正为最低设计温度以上 10℃。在该温度下测定 60s 的劲度模量，相当于比试验温度低 10℃下 2h 的劲度模量[12]，这样就可以在较短的时间内得到试验结果。

沥青路面低温开裂通常发生在沥青路面使用一段时间之后，沥青胶结料应力松弛性能下降、极限抗拉强度减小的情况下，因此 SHRP 规范规定用经过薄膜加热试验（TFOT）和压力老化试验（PAV）后的沥青测定低温抗裂性指标，并在 Superpave 设计体系和沥青结合料路用性能规范中要求 60s 时蠕变劲度 S 不超过

300MPa，m 值不小于 0.3[68]。

4.5.2　生活废旧塑料改性沥青低温弯曲蠕变试验结果与分析

　　试验采用 Cannon Instrument Company 公司生产的弯曲梁流变仪，预载荷为
(35 ± 10)mN（用于卡紧沥青梁试件），试验荷载为 (380 ± 50)mN（用于加载），不冻
液为无水乙醇，试验温度为 -12℃，相当于最低设计温度 -22℃，试验结果取三个
试件的平均值以减少误差。试验程序和方法如下：

　　(1)将试验用铝制试模拼接成型，试模的各部件用石油类润滑剂润滑，在润滑
过的表面贴上塑料片，在试模的端模用脱模剂处理，脱模剂由甘油和滑石粉混合，
其稠度类似于糨糊。

　　(2)将制备好的废旧塑料改性沥青倒入拼接好的铝制试模中，形成一个沥青
梁，在倒的过程中应尽量避免气泡产生。

　　(3)将试样冷却 45~60min 后用刮刀将其表面刮平(见图 4.4)。

图 4.4　弯曲蠕变试件成型

　　(4)将修整后的整个模具放入无水酒精浴中浸没，然后连同酒精浴放入 -12℃
冰箱中冷冻 1h，待沥青梁变硬后取出脱模，注意不要破坏试样。

　　(5)将试样放入弯曲梁流变仪的试验浴中，设定测试温度为 -12℃，待温度稳
定后进行加载(注模后，试验应在 4h 之内完成)，如图 4.5 所示。

图 4.5　弯曲蠕变加载测试

表 4.8 是 RP 与 CRP 改性沥青的 BBR 试验结果。

表 4.8　RP 与 CRP 改性沥青的 BBR 试验结果

基质沥青标号	90#			70#		
改性剂	添加比例	劲度 S /MPa	m 值	添加比例	劲度 S /MPa	m 值
无	0%	35.6	0.511	0%	64.10	0.475
RPⅠ	6%	—	—	6%	119.00	0.390
RPⅢ		67.77	0.390		105.53	0.426
CRPⅠ	6%	47.00	0.437	6%	88.57	0.394
	8%	—	—	8%	108.00	0.500
CRPⅡ	6%	79.63	0.391	6%	109.50	0.399
CRPⅢ	6%	85.17	0.388	6%	99.45	0.432
	8%	55.70	0.413	8%	63.10	0.221
CRPⅣ	6%	73.37	0.392	6%	129.67	0.413

从表 4.8 得出的结论如下：

(1)RP 或 CRP 改性沥青的劲度 S 高于基质沥青，m 值低于基质沥青，表明 RP 或 CRP 使沥青的劲度模量变大、蠕变速率降低、应力松弛性能变差，低温性能有所降低。

(2)RP 与 CRP 改性沥青的低温性能不同，在相同掺量条件下，CRP 改性 70# 沥青的劲度 S 小于 RP，蠕变速率 m 则大于 RP 改性沥青，CRP 改性沥青的低温性能好于 RP 改性沥青。进一步证明 CRP 废旧塑料改性沥青不但不离析，而且比塑料颗粒改性沥青有较好低温性能。

(3)废旧塑料改性沥青的低温性能受温度、改性剂分子量、分子结构、分子间相互作用力、沥青组分、改性沥青胶体结构、网络结构、离析等因素的影响。其中，温度是影响低温形变能力的主要因素，在不同的温度条件下，低温性能取决于上述因素的综合作用下的主导因素。RP 改性沥青的低温性能主要受离析的影响，而 CRP 改性沥青的低温性能主要受胶体结构的影响。

4.6　生活废旧塑料改性沥青的老化性能

4.6.1　沥青的老化及影响因素

沥青老化是指沥青从炼油厂炼制出来后，在储存、运输、施工和运营过程中，由于长时间地暴露于空气中，在环境因素如受热、氧气、阳光和水的作用下，发生一系列挥发、氧化、聚合作用,导致沥青性质发生变化、路用性能劣化。沥青的老化可分为以下几个阶段。

1. 运输、储存过程中的老化

沥青自炼油厂出来至拌和混合料之前一直装在保温沥青罐内,并在储存、运输、储油罐内预热、配油釜内调配等过程中经历很长时间的老化,此时的老化温度一般为170℃,但这个时期的老化往往并不严重。此时的老化机理是:沥青中的轻质油分受热不断挥发,使沥青变硬变脆,黏结性降低;储油罐表面的沥青与空气接触,与空气中的氧气发生聚合反应,导致一定程度的老化;沥青在管道内不断运行并由储罐顶处洒落到罐内时,表面积增大也会发生氧化反应。

2. 混合料拌和、铺筑过程中的老化

沥青混合料路面最常用的施工方式是采用热拌沥青混合料施工,此时沥青会经历一个比储存过程严重得多的老化过程,通常称为热老化,该过程的老化温度一般为 160～180℃。此时,沥青以薄膜形式裹覆到热矿料的表面,其薄膜厚度一般为 5～15μm。在高温与热空气作用下,沥青中的轻质油分将迅速挥发,同时又与氧气发生化学反应,从而引起沥青严重的老化。影响这个阶段沥青老化的因素主要有加热时间、温度和沥青类型三个因素,文献[69]研究了不同加热时间、不同加热温度和不同品牌沥青的沥青烟(轻质油分)产量,水平下的沥青产烟量,具体指标水平为:加热时间为 2h、3h、4h、5h 和 7h;加热温度为 120℃、140℃、160℃、180℃ 和200℃;沥青为韩国 SK70♯沥青、中海油 70♯沥青和中石化 70♯沥青三种。沥青产烟量随加热时间、加热温度和沥青类型的变化规律试验结果如图 4.6 和图 4.7 所示。

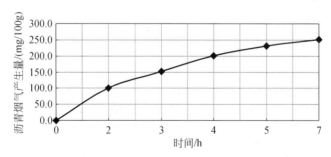

图 4.6　SK70♯沥青产烟量随加热时间的变化规律(加热温度为 180℃)

从图 4.6 和图 4.7 可以看出,在加热温度为 180℃的条件下,沥青的产烟量随着加热时间的延长而逐渐增加。其中,在加热 0～4h 内,曲线较陡,沥青的轻质油分挥发量较大,产烟量增加最快,加热 2～4h 产烟量增加了一倍,加热 4h 以后,轻质油分的挥发速率逐渐放缓,产烟量慢慢趋于稳定。

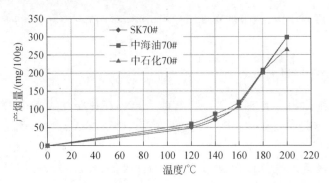

图 4.7　沥青产烟量随加热温度的变化规律(加热时间 4h)

三种不同沥青轻质油分的挥发速率随加热温度变化的规律相同,在 0～200℃,随着加热温度的升高,产烟量逐渐增加,其中 160℃为一转折点,当温度低于 160℃时,轻质油分挥发速率较小,沥青烟产量增加平缓;当温度大于 160℃时,曲线变陡,沥青中的轻质油分挥发加快,产烟速率急剧增大,产烟量快速增加。这可能是由于在温度大于 160℃时,沥青中挥发的轻组分种类急剧增多。

综合加热温度和加热时间,沥青拌和温度 160～180℃,为沥青轻质油分挥发加快的温度范围,摊铺温度较高时,增加了挥发表面,因此沥青混合料在施工过程中的沥青加热、拌和及摊铺是沥青老化最严重的阶段。

3.路面使用过程中的老化

沥青在使用过程中由于环境因素及荷载因素,特别是在水分、太阳紫外线、氧气的长期作用下,也会引起老化。此时的老化过程是一个缓慢的长期过程,在路面开放交通 2～3 年间稍快一些,以后变慢。由于环境的复杂性,这一阶段的老化过程是一种非常复杂的现象[70]。国内外大量试验证明,老化后的沥青与原来未经老化的沥青相比,其化学组分有很大差别,主要表现为沥青质明显增加,饱和酚、芳香酚含量变化不大,胶质含量有所降低,沥青老化时的化学组分变化主要是胶质向沥青质的转化。表 4.9 和表 4.10 是沥青老化前后的组分变化测试结果[61]。

表 4.9　两种沥青老化前后的组分变化

组分	胜利 100#沥青		单家寺 100#沥青	
	老化前	老化后	老化前	老化后
饱和酚/%	11.6	11.8	17.5	17.8
芳香酚/%	30.7	28.7	26.3	26.8
胶质/%	37.8	30.9	38.8	31.5
沥青质/%	19.5	26.0	17.0	22.7

表 4.10　沥青组分在使用过程中的变化

试样		饱和酚/%	芳香酚/%	胶质/%	沥青质/%
原沥青		17.3	45.2	26.1	13.0
距路表面深度/cm（使用 3 年后）	0~0.5	11.8	37.5	27.7	23.0
	0.5~2.5	12.4	43.5	22.9	20.7
	2.5~4.5	12.9	41.5	23.4	22.0

根据使用环境条件,引起沥青路面老化的因素有以下几方面:

(1)热的影响。热能加速沥青分子的运动,能促进沥青化学反应的加速,引起沥青的轻质油分挥发,尤其是在 160~180℃ 的沥青混合料拌和施工温度时,沥青的轻质油分大量挥发,同时由于有空气中的氧参与作用(用旋转薄膜烘箱老化试验可以看到老化后沥青的质量不降反增),会使沥青严重老化,导致沥青技术性能下降。

(2)氧的影响。在加热条件下空气中的氧能促使沥青组分对其吸收并产生脱氢作用,使沥青的组分发生移行,如芳香分转变为胶质,胶质转变为沥青质等。

(3)光的影响。太阳光(特别是紫外线)对沥青照射后能产生光化学反应,使氧化速率加快,使沥青中的羟基、羧基和碳氧基等基团增加。

(4)水的影响。水在与光氧和热共同作用时,能起催化剂作用[61]。

4.6.2　沥青老化的评价方法

沥青混合料的老化分为短期老化和长期老化两个阶段,松散混合料的短期老化是指沥青混合料在施工现场拌和、摊铺过程中的老化;长期老化是指混合料在它服务使用过程中受温度、水、阳光、车辆荷载等外界条件作用下的老化。由于沥青路面在使用过程中逐步老化,随着老化的发展,沥青路面在使用过程中的不同时期将产生不同的病害,对沥青路面的性能将产生不同的影响。短期老化和长期老化的过程与原因不同,对路面的性能影响也不同,因此对沥青老化的评价方法也不同。

1. 短期老化性能的评价方法

沥青混合料短期老化的评价方法应体现松散沥青混合料在拌和、运输、摊铺过程中沥青的挥发和氧化效应,试验应能模拟沥青混合料施工阶段的老化特点。SHRP 根据以往沥青短期老化试验方法的研究结果,提出了三种新拌沥青混合料的加速老化试验方法:

(1)烘箱加热法,将拌和的沥青混合料放在烘箱中一定时间,使之老化。

(2)延时拌和法,延长拌和时间,使之老化。

（3）微波加热法，用微波对沥青混合料进行加热，使之老化。

根据模拟施工条件、使用复杂程度、设备费用、可靠性或准确性、对混合料性能变化的敏感性，对这三种老化方法的老化结果进行评估，认为烘箱加热法的模拟施工条件好、试验简单、设备费用低，因而是室内模拟沥青混合料短期老化试验最有效的方法。

用烘箱加热法进行短期老化试验时，温度和时间效应是控制沥青混合料老化程度的重要条件，SHRP将该条件下的烘箱老化拟定为沥青混合料的短期老化试验方法，它包括沥青在拌和过程中的老化和在烘箱中的继续老化两个过程，以模拟沥青混合料从初始拌和到施工结束时的老化过程，采用松散沥青混合料进行试验。短期老化的沥青混合料可供评价沥青混合料高温稳定性的试验使用。

2. 长期老化性能的评价方法

沥青混合料长期老化性能评价方法应体现沥青混合料压实成型试件持续氧化的效应，以模拟使用过程中沥青路面的老化效应。SHRP总结了以往的研究成果，提出了三种备选方法：

（1）加压氧化法（PVA），对沥青混合料施以低压氧化，使其在短时间内加速老化。

（2）延时烘箱加热法，对沥青混合料施以高温，使其加速老化。

（3）红外线、紫外线处理，将试件在红外线、紫外线下照射一定时间，模拟太阳光对沥青的老化。

根据模拟野外使用条件、试验难易程度、设备投入、对混合料性能变化的敏感性标准，对三种老化试验方法的有效性的评估结果表明，延时烘箱加热和加压氧化法是评价沥青混合料长期氧化性能最有效的室内试验方法。由于引起沥青混合料氧化的温度和氧气压力可能相互作用，采用过高或太低的温度都不符合沥青路面使用的实际情况；老化时间对沥青混合料的老化程度也有显著影响；混合料的孔隙率对老化程度也有一定的影响，在采用这两种老化方法对沥青混合料长期老化性能评价时应考虑这些因素。经长期老化的沥青混合料可供评价沥青混合料低温抗裂、疲劳、水损坏等在使用过程中逐渐发生的破坏指标试验使用[61,67]。

4.6.3 废旧塑料改性沥青的旋转薄烘箱加热老化试验

老化直接影响路面的使用寿命，是影响路面耐久性的主要因素。评价沥青老化性能时，常用薄膜加热试验（TFOT）或旋转式薄膜加热试验（RTFOT）模拟沥青的短期老化（STOA），即沥青在拌和和铺筑过程中的老化；同时用压力老化试验（PAV）模拟沥青的长期老化（LTOA），即路面使用过程中的老化。本研究用RTFOT模拟沥青在拌和、铺筑过程中的老化，并用老化后的质量损失、残留针入度比、软化点增值评价抗老化性能。

1. 旋转薄膜烘箱加热试验原理和方法

一般认为,旋转薄膜烘箱试验更接近于强制式搅拌机中的老化过程,因为旋转烧瓶中的沥青膜厚度仅为 $5\sim10\mu m$,更接近混合料中沥青膜的厚度,且试验时不断地吹入热空气,使沥青的老化程度与强制式拌和机的拌和过程更接近。此外,对改性沥青来说,RTFOT 能够保持改性剂在沥青中处于搅动状态,避免改性剂的离析。因此我国《公路改性沥青路面施工技术规范》(JTJ 036—98)中规定改性沥青的老化试验以 RTFOT 为标准方法。

"沥青旋转薄膜加热试验(T 0610—1993)"规定的试验方法是将 35g 沥青试样装入高 140mm、直径 64mm 的开口玻璃瓶中,然后插入旋转烘箱,一边接受以 4000mL/min 吹入的热空气,一边在 163℃的高温下以 15r/min 的速度旋转,经过 75min 的老化后,测定沥青的质量损失、针入度、软化点等各种指标的变化程度来表示老化程度。

旋转薄膜加热试验的质量损失按式(4.15)计算(质量损失为负值,质量增加为正值):

$$L_{\text{T}}=\frac{m_2-m_1}{m_1-m_0}\times100\%\qquad(4.15)$$

式中:L_{T} 为试样薄膜加热质量损失,%;m_0 为试样皿质量,g;m_1 为薄膜烘箱加热前盛样皿与试样合计质量,g;m_2 为薄膜烘箱加热后盛样皿与试样合计质量,g。

沥青旋转薄膜烘箱试验的残留针入度比按式(4.16)计算:

$$K_{\text{P}}=\frac{P_2}{P_1}\times100\%\qquad(4.16)$$

式中:K_{P} 为试样薄膜加热后残留针入度比,%;P_1 为薄膜烘箱加热前原试样的针入度,0.1mm;P_2 为薄膜烘箱加热后残留物的针入度,0.1mm。

沥青旋转薄膜加热试验的残留软化点增值按式(4.17)计算:

$$\Delta T=T_2-T_1\qquad(4.17)$$

式中:ΔT 为薄膜加热试验后软化点增值,℃;T_1 为薄膜加热试验前软化点,℃;T_2 为薄膜加热试验后软化点,℃。

RTFOT 使沥青暴露在热空气气流中,一边促进沥青中轻质油分的挥发,一边促进沥青与空气中的氧气发生化学反应。质量损失有时会得出质量不减反增的结果,这是由于氧化反应导致沥青质量增加而超过了轻质油分的挥发,因此老化试验后质量损失或增加同样表示沥青的老化,但质量损失将使沥青数量减少,在经济上也不合算[71]。

2.废旧塑料改性沥青旋转薄膜加热老化试验结果及分析

按照《公路工程沥青及沥青混合料试验规程》(JTJ 052—2000)"沥青旋转薄膜加热试验(T 0610—1993)"方法对四种 RP 和 CRP 改性沥青进行老化试验,分别测定基质沥青、四种 RP 和 CRP 改性沥青 RTFOT 老化后的质量损失、残留针入度比、残留软化点增值三个指标,试验结果如表 4.11 和图 4.8 所示。

表 4.11 RP 与 CRP 改性沥青旋转薄膜加热试验结果

改性剂	基质沥青	掺量	质量损失/%	针入度/0.1mm		残留针入度比/%	软化点/℃		软化点增值/℃
				老化前	老化后		老化前	老化后	
无添加		0%	0.10	89	50	56.18	47.2	57.2	10.0
CRPⅠ			0.48	63	49	77.78	60.2	71.0	10.8
CRPⅡ	90#		0.12	65	44	67.69	58.3	77.2	19.9
CRPⅢ		6%	0.41	57	46	80.70	80.4	82.5	2.1
CRPⅣ			0.15	51	42	82.35	68.3	77.3	9
无添加		0%	0.12	76	44	57.89	48.7	55.2	6.5
RPⅠ			0.24	38	37	97.36	61.0	69.4	8.4
RPⅡ		6%	0.21	42	30	71.43	59.4	72.4	13.0
RPⅢ			0.24	40	28	70.00	74.9	68.8	−6.1
RPⅣ	70#		0.24	43	30	69.77	69.8	82.1	12.3
CRPⅠ			0.33	57	41	71.93	61.7	82.0	20.3
CRPⅡ		6%	0.14	62	43	69.35	57.8	71.0	13.2
CRPⅢ			0.20	47	36	76.60	80.4	72.2	−8.2
CRPⅣ			0.27	47	45	95.74	73.7	89.4	15.7

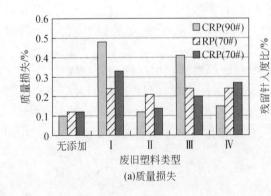

(a)质量损失

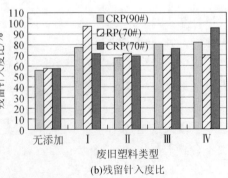

(b)残留针入度比

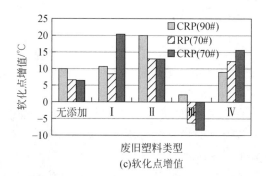

(c)软化点增值

图 4.8　RP 与 CRP 改性沥青 RTFOT 老化试验指标对比

从表 4.11 和图 4.8 可以看出：

(1)老化后沥青的质量减小,说明加热老化后沥青的轻质组分挥发,质量大于沥青氧化增重质量,沥青轻质油分挥发老化,质量损失越大,老化越严重。塑料类型和沥青标号对 RP 改性沥青的质量损失影响不大,而对 CRP 改性沥青的质量损失影响明显,CRPⅠ和 CRPⅢ改性 90♯沥青的质量损失最大,CRPⅠ改性 70♯沥青的质量损失最大。RP 与 CRP 改性沥青 RTFOT 后质量损失均大于基质沥青RTFOT 后的质量损失,就质量损失而言,改性沥青更易老化。

(2)残留针入度比越小,老化越严重。基质沥青老化后的残留针入度比较小,而 RP 和 CRP 改性沥青老化后残留针入度比显著大于基质沥青,说明基质沥青比RP 和 CRP 改性沥青更容易老化,塑料改性剂有利于减小沥青的老化,或者说可以降低沥青加热过程中轻质油分的挥发,从而抑制老化。RPⅠ和 CRPⅣ改性 70♯沥青的残留针入度比较大,老化较轻,RP 塑料类型对改性 90♯沥青的老化程度影响较小。塑料类型和沥青标号塑料改性沥青的老化程度有一定影响,由于影响因素较少,残留针入度比是评价沥青老化程度的主要判据。

(3)软化点增值越大,沥青老化越严重。基质沥青标号和塑料类型对改性沥青的软化点增值影响明显,90♯基质沥青的软化点增值较大,老化现象严重;CRPⅠ改性 70♯沥青和 CRPⅡ改性 90♯沥青的软化点增值最大,沥青老化最严重;而以PP 为主的塑料 RPⅢ或 CRPⅢ改性沥青的软化点增值呈负增长,其改性沥青老化程度最小。

(4)沥青的老化是由于沥青中的轻质油分挥发,沥青质增加,老化后的质量减小、黏度提高,软化点增加,不同类型废旧塑料的 CRP 改性沥青老化的质量损失、软化点增值和残留针入度比变化表明,塑料类型和沥青标号是影响塑料改性沥青老化程度的重要因素,聚丙烯类塑料 CRPⅢ改性 70♯沥青具有较好的抗老化性能,塑料类型对 RP 改性沥青老化的影响不太大,聚乙烯类塑料 CRPⅠ改性 90♯沥青的抗老化性能较差,90♯改性沥青比 70♯改性沥青容易老化。

4.6.4 废旧塑料改性沥青的老化机理

沥青的老化是由轻质组分的挥发和沥青氧化聚合所造成的,但废旧塑料改性剂的加入改变了基质沥青的理化性质,使沥青在同等条件下表现出不同的老化性能,其机理可以从以下几方面进行分析:

(1)改性剂对轻质油分挥发的影响。改性剂的加入使轻质组分被吸收,并在沥青中形成稳定的胶团,被吸收的轻质组分不易从胶团中脱出,沥青黏度变大,分子运动速度降低,沥青分子不易从表面逸出,减少或降低了改性沥青中轻质组分的挥发,提高了沥青抵抗轻质组分挥发引起的老化。CRP 在沥青中形成的胶体结构稳定性更强,RP 改性沥青极易离析,离析使得一部分轻质组分从胶粒中被排除出去,因此 RP 改性沥青中的轻质组分更容易自由运动,一旦在高温条件下老化,RP 改性沥青轻质组分的挥发必然大于 CRP 改性沥青。

(2)沥青氧化反应。有文献认为,沥青的老化过程是在温度和空气中氧的作用下,渣油中的芳香分、胶质和沥青质产生部分氧化脱水生成水,而余下重油组分的活性基团相互聚合或缩合生成更高分子量物质的过程,即芳香分→胶质→沥青质→碳青质→焦炭的过程。有学者对沥青四组分的吸氧特性进行了研究,结果表明:饱和分基本不吸氧,芳香分具有一定的吸氧性,胶质、沥青质的吸氧量最大,是沥青中最不稳定的组分[61]。沥青氧化的结果使沥青组分发生变化,饱和分、芳香分、胶质减少,沥青质增加;氧化也使沥青胶体结构发生变化,由于沥青质增加,分散相相对增多,饱和烃、芳烃和胶质减少,分散介质的溶解能力不足,沥青由溶胶型逐步向凝胶型转化,最终使得软化点升高、针入度降低。RP 的分子量较 CRP 大,而 CRP 的分子量分布较 RP 宽。同等温度条件下,CRP 能够运动的自由链段更多,分子运动更快,与氧气反应的概率更大。

受上述各因素的影响程度不同。RTFOT 后质量损失主要取决于沥青轻质组分挥发,RTFOT 后残留针入度比和软化点增值主要取决于沥青轻质组分挥发与氧化反应的共同作用。

4.7　废旧塑料改性沥青机理

国内外有关改性沥青的机理研究成果都十分有限,并且依据试验现象推测的机理较多,通过试验对机理进行的研究较少[12]。基于废旧塑料成分的复杂性及目前对废旧塑料改性沥青机理的研究并不多见,本研究采用红外光谱对废旧塑料改性沥青进行了分析,以探讨废旧塑料改性沥青的机理和影响其改性效果的因素。

4.7.1　废旧塑料改性沥青红外光谱分析

　　试验选择了以聚乙烯和聚丙烯为主的原状废旧塑料 RP Ⅰ、RP Ⅲ和裂化处治废旧塑料 CRP Ⅰ、CRP Ⅲ改性 70♯沥青进行红外光谱分析,以研究原状及裂化废旧塑料改性沥青的机理,废旧塑料的掺量为 6%。由于原样沥青浓度极大,对红外光具有强吸收,因此对几种沥青试样采用溶剂法制样:先用二甲苯将沥青溶解,降低沥青浓度,增加试样透光度,再进行红外光谱测试,因此在红外谱图中难免有二甲苯特征峰的影响。图 4.9 是红外光谱分析结果。

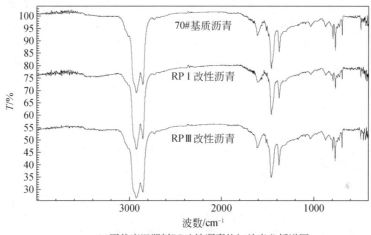

(a)原状废旧塑料RP改性沥青的红外光分析谱图

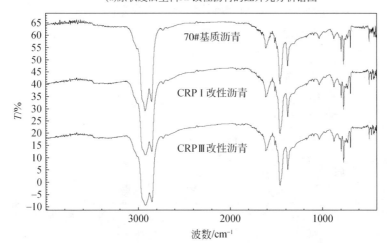

(b)裂化处治废旧塑料CRP改性沥青的红外光分析谱图

图 4.9　RP 和 CRP 改性沥青的红外光谱分析图

从图 4.9 可以看出：

（1）两种原状和裂化处治废旧塑料改性沥青的谱图与基质沥青的红外光谱图几乎完全一样，表明原状和裂化处治废旧塑料改性沥青中没有生成与基质沥青不同的官能团，废旧塑料并没有与沥青发生的化学反应，废旧塑料对沥青的改性沥青是物理改性。

（2）虽然原状和裂化处治废旧塑料对沥青的改性都是物理改性，但是由于裂化处治废旧塑料在经过裂化以后，分子链长度降低，支链增多，生成了—OH 基团并形成了氢键，分子间聚合的能量降低，使得裂化处治废旧塑料在机械力和分子间的范德华力作用下更容易分散在沥青相中而不易产生离析，这就是裂化处治废旧塑料改性沥青储存稳定性和高温性能与原状废旧塑料改性沥青不同的机理。

通过红外光谱分析可知，两种生活废旧塑料改性沥青均是以物理改性为主，改性沥青仍是多相的复合体系，通过各相间的协同作用体现出改性沥青的各种性质。这些性质将受到改性剂在沥青中的分散、吸附、溶胀、溶解、交联的直接影响。

4.7.2 废旧塑料改性沥青的溶胀机理

要使改性沥青性能良好，必须使改性剂均匀地分散到沥青中，并形成稳定的胶体，改性剂的溶胀程度直接关系到改性沥青在其他各方面的性能。

由于高聚物的结构十分复杂，因此在沥青中的溶解过程十分缓慢，甚至需要几小时、几天乃至几个星期。不管晶态高聚物还是非晶态高聚物，都必须经过溶胀和溶解两个阶段。溶胀时，溶剂分子渗透进高聚物中，使其体积膨胀，然后高分子逐渐分散到溶剂中使其溶解。只有在高分子的溶剂化程度达到能摆脱高分子间的相互作用之后，高分子才向溶剂中扩散，进而进入溶解阶段[12,71]。

从前述塑料的红外光谱分析和综合热分析可知，废旧塑料改性剂均是结晶性高聚物，它们的非晶区与晶区是同时存在的。溶胀时非晶区由于分子堆砌较为疏松、分子间的相互作用力较弱而首先被溶胀。晶区的溶胀要比非晶区困难得多，尤其是非极性高聚物的晶区在室温下几乎不溶，只有当温度升高至熔点附近，晶态转变为非晶态后，溶剂才有可能进入高聚物内部使其溶胀。由于热传导时间与晶粒厚度有关，因此结晶度越高溶胀越困难，如表 4.12 所示。

表 4.12　RP 与 CRP 溶胀难易程度

改性剂	晶区溶胀温度/℃	溶胀难易程度	
RPⅠ	113.0、127.7	●●	
RPⅡ	129.7、166.2	●●○	难
RPⅢ	130.2、166.1	●●○	
RPⅣ	133.2、166.2	●●●	

改性剂	晶区溶胀温度/℃	溶胀难易程度	
CRP I	120.3	●○	易
CRP II	123.1、151.3	●○	
CRP III	115.3、139.3~147.2	●	
CRP IV	120.4	●○	

注:●溶胀难度高于○,●与○越多表示溶胀越困难。

　　在制备 RP 改性沥青的过程中,RP 改性剂首先在 160~180℃ 的基质沥青中静态溶胀 40min 左右,直至塑料颗粒变软。在溶胀过程中,RP 的非晶区首先被溶胀,此时沥青中分子尺寸较小的轻质组分由于相对运动速度较大而率先进入 RP 非晶区,而 RP 晶区只能在 113℃ 以上才能够被逐渐溶胀。RP 经过 40min 的静态溶胀过程后,结晶几乎完全遭到了破坏。但由于溶胀需要相当长的时间,静态溶胀过程中 RP 并没有被完全溶胀。

　　此后,把 RP 与沥青用高速剪切仪剪切 30min,直到沥青表面无层状漂浮物,用玻璃棒蘸在玻璃板表面无颗粒状改性剂为止,剪切温度保持为 160~170℃。该过程中,RP 颗粒被外力破碎为肉眼观察不到的小颗粒,增加了改性剂与沥青的接触面积,使能够进入高聚物内部的界面面积更大。在温度与搅拌的共同作用下,高分子的热运动加快,促进了沥青与 RP 之间的传热传质,溶胀速度加快,溶胀程度进一步加深,此时分子量相对更高的沥青物质可以进入 RP 内部。剪切过程中,RP 的溶胀程度比静态溶胀时大幅度加深。

　　RP 分子为线性高分子,分子链段间的作用能较大,只有部分与 RP 分子相互作用能较大的沥青分子可以帮助其摆脱自身链段间的作用能向沥青中扩散。该部分沥青组分即是与 RP 分子量相近、分子尺寸相仿、分子结构相似、溶解度参数相近的物质。因此 RP 只能与沥青产生有限溶胀,并部分溶解。

　　CRP 改性剂在 160~180℃ 的基质沥青中静态溶胀 20min,溶胀时间较 RP 缩减了 1/2,其外观效果与 RP 溶胀 40min 一样。这是由于裂解作用,CRP 的非晶区比例更大,晶区结构也更为松散,在较短时间内,CRP 结晶就几乎遭到了完全破坏。但与 RP 相似,静态溶胀阶段也只能使 CRP 有限溶胀,虽然此时 CRP 的溶胀程度远大于 RP。溶胀以后,把 CRP 与沥青用高速剪切仪剪切 15min 左右,剪切温度保持为 160~170℃,剪切时间较 RP 缩减了 1/2,但此时的溶胀程度远大于 RP。

　　由于 CRP 是由 RP 经过无规断链反应形成的,分子尺寸更小、分子量分布更宽、相对分子量更低、高分子链长更短,且带有更多的支链,同时分子中具有更多的不饱和键以及极性基团,化学键能更低,结晶能力也有明显下降。因此更易与沥青中相似组分产生较大作用力,更多的 CRP 分子能够脱离其内部向沥青中扩散。最终使 CRP 改性剂在沥青中的溶解能力大于 RP,在改性沥青中的溶胀程度比 RP 更深,与沥青的相容性更好。

4.7.3 废旧塑料改性沥青的相容机理

离析试验表明,RP 与沥青的相容性很差,容易离析。这是由于剪切结束后 RP 与基质沥青并没有形成稳固的界面层,互溶体系很不稳定,随着温度降低,沥青中未溶解的 RP 颗粒容易成为晶核,同时已经溶解的高分子长链也容易缠结成为晶核,在沥青中继续生长形成球晶。球晶在生长过程中,不断把低分子渗入物、不结晶成分以及来不及结晶的成分排斥到片晶、片晶束或球晶之间,使球晶的片层产生分叉,并形成大量的连接链,这些连接链以微丝状存在于片晶与片晶之间,并随着温度的降低而增加。在 RP 颗粒聚集与分子结晶的共同作用下产生离析,并由于 RP 的密度较小,聚集后的 RP 上浮到沥青表面形成结皮。这种离析机理可从以下几方面分析:

(1)从成分分析。LDPE 带有少量支链,结晶度较小,溶解度参数较宽,最容易与沥青共混。相较而言,HDPE 分子结构变为线形,分子排列十分规整,结晶度高,十分难被小分子溶剂溶解。PP 分子中若等规聚丙烯占大多数,则将高度结晶化,使其与沥青混溶困难。因此,PP 类、HDPE 类与沥青的相容性比 LEPD 类低,其改性沥青的储存稳定性可能低于 LEPD 类改性沥青。

(2)从溶解度参数分析。一般情况下聚乙烯的溶解度参数为 7.8,聚丙烯的溶解度参数为 8.1,同时由于制备方法的不同,LDPE 的溶解度参数更广,因此 PE 类改性剂与沥青的相容性理应好于 PP 类。

(3)从化学活性分析。若改性剂能与沥青中的某些成分发生化学反应而形成稳定的化学结构则两者的相容性必将大幅度改善,化学活性高的物质发生化学反应概率越高,能与沥青形成一定化学结构的可能性更大。从前述 TG-DSC 分析可以知道,四种 RP 发生明显化学反应的温度一般在 220℃ 以上,高于 RP 改性沥青的制备温度,因此化学反应对相容性的影响有限,这点也从红外谱图的分析上得到了证明。

(4)从分子极性分析。RP 是以长链作为主要结构的高分子,极性较小。分子极性越大,与沥青中沥青质、胶质的相互作用越强。若能与胶质的极性相当,则能在沥青四组分中起到胶溶作用,使沥青质更好地胶溶于极性弱的芳香酚、饱和酚中。若极性过强,如沥青质相互聚集,使胶质的相对含量减少,则无法使沥青质胶溶于极性较弱的油分中。从离析试验结果看,四种 RP 改性沥青均离析严重,因而 RP 的极性应与沥青质相当,但由于分子量过大,以至于在沥青中无法很好地胶溶。

(5)从结晶度分析。若改性剂的分子结构越致密,沥青小分子则越不易向改性剂分子链内渗透,两者的相容性越差,结晶能力与相容能力成反比。四种 RP 结晶能力较强,容易在温度和外力减小的条件下结晶离析,与沥青的相容性都较差。

与 RP 相比,由于裂解的作用,CRP 具有以下特点:①分子尺寸更小、相对分子量更低、链段间的相互作用力更小、分子结构更为松散,更有利于被沥青中的轻质组分所分散;②分子量分布更宽、溶解度参数范围较广,能与沥青中的多个组分互配,使更多的沥青组分能够将其溶胀;③分子极性更强、具有更多的不饱和键以及极性基团,与沥青中的极性组分(沥青质)相互作用更强,使 CRP 分子能在沥青中起到胶溶作用,形成的胶粒界面层更为牢固;④ CRP 高分子链的柔顺性下降,链长变短,支化程度变大,生成了一定的活泼基团而容易发生交联,高分子链段的柔顺性下降,使其结晶能力降低,在沥青中已不易结晶,避免了 CRP 结晶而相互聚集产生离析。

基于 CRP 塑料的溶解度参数、化学活性、分子结构、分子极性、分子量以及结晶度对沥青与塑料改性剂相容性的影响,使得裂化后的废旧塑料 CRP 与沥青有良好的相容性,并显著优于塑料颗粒 RP 与沥青的相容性,这就是裂化废旧塑料 CRP 与沥青相容性好,不离析,而直接投入废旧塑料颗粒或塑料 RP 的改性沥青离析严重的机理。

4.7.4 废旧塑料改性沥青的黏-温性能变化机理

基质沥青、RP 改性沥青、CRP 改性沥青在不同温度下的黏度不同, CRP 改性沥青软化点普遍高于 RP 改性沥青软化点;110～180℃温度范围内 RP 改性沥青黏度普遍高于 CRP 改性沥青黏度;PP 类改性剂提高软化点与黏度的效果明显好于 PE 类。RP 和 CRP 废旧塑料改性沥青黏-温性能的变化机理可从以下几方面进行分析:

(1)从改性剂分子量与沥青组分分析。与 CRP 相比,RP 具有较高的分子量,掺加到沥青中使得沥青重均与数均分子量都增大,更多地充当了沥青质的角色,使软化点和黏度得到提高。同理,PP 类、HDPE 改性剂较 LDPE 类改性剂具有较高的分子量,其改性沥青软化点与黏度也较高。虽然 CRP 分子量较小,但由于分子量分布较宽,加入沥青中后,并不是单一地充当沥青的某一组分,在充当沥青质的同时更多地充当了胶质的角色,使得沥青的软化点和黏度提高。这也从一定程度上证明 CRP 具有沥青胶质的某些性质而与沥青相容性更好。

(2)从改性剂分子结构与结晶性分析。废旧塑料改性剂高分子长链在沥青中自身容易缠结成网,缠结后的长链容易形成球晶,并在球晶与球晶之间、片层与片层之间形成大量连接链。在这两种内因的共同作用下,改性剂在沥青中容易形成微丝状连接,这种微丝状连接并不一定覆盖整个沥青材料,但仍能使沥青的相对滑移受到约束,黏度提高。而 CRP 分子的链长与结晶性已远不如 RP,在沥青中形成的微丝状连接并没有 RP 改性沥青中的多,因此 CRP 改性沥青更易相对滑动,黏度不及 RP 改性沥青。

结晶性对黏度的影响仅限于在各种废旧塑料改性剂的熔点温度以下,对于高温黏度,高聚物结晶已被熔融,此时分子链的缠结能力对黏度起着更为重要的影响作用,因此,试验的结果可能会与理论分析结果相反。

(3)从改性沥青胶体结构分析。RP 与 CRP 改性剂均是吸收了沥青中的轻质组分而溶胀形成界面层,通过界面层将沥青与改性剂联系在一起,同时使沥青胶体结构由溶胶型向凝胶型转变,改变了沥青的黏弹性质,提高了沥青的抗变形能力,导致软化点和黏度增高。

综上所述,生活废旧塑料改性沥青的黏-温性受到高聚物分子量、分子结构、结晶性、改性沥青胶体结构、沥青中蜡形态等因素的影响。其中,温度是影响黏度最主要的因素,在软化点温度左右,改性剂分子量与改性沥青胶体结构的稳定性是影响改性沥青黏度的主要因素,因此 CRP 改性沥青的软化点普遍高于 RP 改性沥青;而当温度升高至 110℃以上时,分子运动加快,分子量及分子链缠结能力是影响改性沥青黏度的主要因素,因此 110～180℃温度内 RP 改性沥青黏度普遍高于 CRP 改性沥青黏度。

第5章 生活废旧塑料改性沥青混合料的性能

国内外有关废旧塑料改性沥青性能的研究,主要集中于废旧塑料改性沥青的存储稳定性、改性沥青性能及其改性机理的研究上,对废旧塑料改性沥青混合料性能的研究并不太多。主要原因是废旧塑料改性沥青的离析影响了在生产中的推广应用,只有解决废旧塑料改性沥青的离析问题,研究废旧塑料改性沥青混合料的性能才更具有实践意义。因此,本研究在废旧塑料改性沥青性能研究基础上,对废旧塑料改性沥青混合料的马歇尔试验性能指标、高温稳定性、水稳定性和抗磨耗等路用技术性能进行了系统研究,以全面评估废旧塑料改性沥青混合料的性能和应用范围。

5.1 生活废旧塑料改性沥青混合料的马歇尔试验

5.1.1 试验材料及其性能

1. 废旧塑料改性剂

改性剂为四类 RP 废旧塑料颗粒及裂化处理的废旧塑料 CRP,掺量为 6%。

2. 沥青

基质沥青采用茂名 90♯ 和中海油 70♯ 两种,基质沥青及四种 RP 和 CRP 改性沥青的性能如表 3.5、表 4.4、表 4.5 所示。

3. 集料与填料性质

1)粗集料的性质

集料选用重庆的石灰岩,性能检测指标如表 5.1 所示。

表 5.1 粗集料性能指标检测结果

指标/%	试验结果	技术标准	试验方法
压碎值	19.9	≤30	T0316
含泥量	0.7	≤1.0	T0310
针片状含量	6.5	≤20	T0312

指标/%	试验结果	技术标准	试验方法
吸水率	0.8	≤3.0	T0304
洛杉矶磨耗值	25	≤40	T0317
软石含量	0	≤1.0	T0320
坚固性(质量损失)	3.2	≤12	T0314

2)细集料的性质

细集料检测指标如表 5.2 所示。

表 5.2 细集料性能指标检测结果

指标/%	试验结果	技术标准	试验方法
含泥量	0.63	≤3.0	T0333
吸水率	1.39	≤3.0	T0330
砂当量	70.4	≥65	T0334
坚固性	19	≥12	T0340

3)粗、细集料的表观相对密度

集料的表观相对密度如表 5.3 所示。

表 5.3 集料表观相对密度

粒径/mm	密度/(g/cm³)	规范要求	试验方法
13.2	2.757		
9.5	2.726		T0304
4.75	2.741		
2.36	2.708	≥2.50g/cm³	
1.18	2.696		
0.6	2.628		
0.3	2.701		T0328
0.15	2.668		
0.075	2.703		

4) 矿粉

采用石灰岩磨细得到的矿粉,性能指标检测结果如表 5.4 所示。

表 5.4 矿粉性能指标检测结果

项目			技术指标	检测结果	检测方法
表观密度/(g/m³)			≥2.50	2.696	T0352
含水量/%			≤1	0.51	T0103 烘干法
粒度范围	<0.6mm	%	100	100	T0351
	<0.15mm	%	90～100	92	
	<0.075mm	%	75～100	76	
外观			无团粒结块	无团粒结块	—
亲水系数			<1	0.3	T0353
塑性指数			<4	2.7	T0354

4. 矿料的级配

混合料级配采用级配 AC-13,如表 5.5 所示。

表 5.5 矿料级配

级配类型 AC-13	通过下列筛孔(mm)的质量百分数/%									
	16	13.2	9.5	4.75	2.36	1.18	0.6	0.3	0.075	≤0.075
规范级配	100	90～100	68～85	38～68	24～50	15～38	10～28	7～20	5～15	4～8
采用级配	100	95.5	68	47.1	33.4	23.4	15.2	8.7	7.3	5.2

5.1.2 马歇尔试验结果及分析

1.基质沥青混合料的马歇尔试验结果

表 5.6 和图 5.1 是 70♯ 和 90♯ 沥青混合料的马歇尔试验结果。

表 5.6 基质沥青混合料的马歇尔试验结果

基质沥青	油石比/%	毛体积密度/(g/m³)	空隙率/%	稳定度/kN	流值/mm	沥青饱和度/%	最佳油石比/%
90♯	3.5	2.331	8.7	9.06	2.14	47.6	4.8
	4	2.353	7.6	11.09	2.59	54.5	
	4.5	2.374	5.6	11.2	2.71	64.6	
	5	2.390	4.3	10.4	2.89	72.4	
	5.5	2.379	4.1	9.81	3.23	80.0	

续表

基质沥青	油石比/%	毛体积密度/(g/m³)	空隙率/%	稳定度/kN	流值/mm	沥青饱和度/%	最佳油石比/%
70#	3.5	2.342	8.3	9.68	2.88	49.4	4.6
	4	2.402	5.7	10.6	3.12	62.0	
	4.5	2.411	4.2	10.99	3.24	71.4	
	5	2.418	3.2	10.42	3.41	78.4	
	5.5	2.412	2.7	9.74	4.34	82.4	

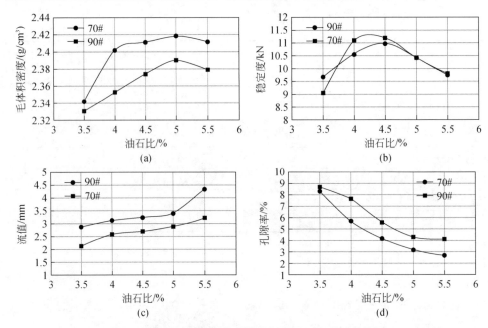

图 5.1　基质沥青马歇尔性能指标与油石比关系曲线图

2.CRP 改性沥青混合料的马歇尔试验结果

表 5.7 和表 5.8 是 CRP 改性 70# 和 90# 沥青混合料的马歇尔试验结果。

表 5.7　CRP 改性 70# 沥青混合料的马歇尔试验结果

改性剂	油石比/%	毛体积密度/(g/m³)	空隙率/%	稳定度/kN	流值/mm	沥青饱和度/%	最佳油石比/%
CRP I	3.5	2.350	8.0	16.10	2.87	50.3	4.8
	4	2.387	6.3	17.17	2.64	59.6	
	4.5	2.393	4.9	16.33	2.87	68.0	

续表

改性剂	油石比/%	毛体积密度/(g/m³)	空隙率/%	稳定度/kN	流值/mm	沥青饱和度/%	最佳油石比/%
CRPⅠ	5	2.409	3.5	16.57	3.17	76.8	4.8
	5.5	2.420	2.4	14.65	3.11	84.1	
CRPⅡ	3.5	2.357	7.7	15.58	2.71	51.6	4.8
	4	2.381	6.5	15.82	2.55	58.9	
	4.5	2.396	4.8	16.80	2.72	68.4	
	5	2.418	3.2	16.50	3.27	78.4	
	5.5	2.423	2.3	15.59	3.54	84.7	
CRPⅢ	3.5	2.374	7.0	17.43	2.87	46.1	4.8
	4	2.379	6.6	16.65	3.20	58.5	
	4.5	2.395	4.8	17.50	2.99	68.4	
	5	2.415	3.3	16.73	3.50	77.9	
	5.5	2.431	2.0	16.68	3.55	86.4	
CRPⅣ	3.5	2.357	7.7	16.01	2.70	58.9	4.7
	4	2.371	6.9	16.40	2.47	66.4	
	4.5	2.391	4.9	15.53	2.68	78.5	
	5	2.408	3.6	15.43	2.99	86.0	
	5.5	2.420	2.4	14.66	3.07	90.8	

表 5.8　CRP 改性 90♯ 沥青混合料的马歇尔试验结果

改性剂	油石比/%	毛体积密度/(g/m³)	空隙率/%	稳定度/kN	流值/mm	沥青饱和度/%	最佳油石比/%
CRPⅠ	3.5	2.368	7.2	17.25	3.27	52.9	4.6
	4	2.375	6.8	16.67	3.05	57.5	
	4.5	2.378	5.5	16.45	3.18	65.4	
	5	2.417	3.2	15.47	2.70	78.4	
	5.5	2.427	2.1	15.12	3.20	85.8	
CRPⅡ	3.5	2.362	7.5	15.91	3.00	52.2	4.7
	4	2.377	6.7	16.52	2.61	58.1	
	4.5	2.396	4.8	15.98	2.96	68.4	
	5	2.413	3.4	15.86	3.15	77.3	
	5.5	2.431	2.0	15.03	3.26	86.5	

改性剂	油石比/%	毛体积密度/(g/m³)	空隙率/%	稳定度/kN	流值/mm	沥青饱和度/%	最佳油石比/%
CRPⅢ	3.5	2.367	7.3	17.18	2.34	52.9	4.5
	4	2.389	6.2	17.04	2.90	60.0	
	4.5	2.408	4.3	16.13	2.63	70.9	
	5	2.417	3.2	16.71	2.71	78.4	
	5.5	2.427	2.1	16.64	3.15	85.8	
CRPⅣ	3.5	2.404	5.8	16.70	2.48	51.3	4.1
	4	2.424	4.8	16.32	2.51	57.4	
	4.5	2.444	2.9	14.66	2.84	68.0	
	5	2.449	1.9	14.43	3.55	76.3	
	5.5	2.448	1.3	13.34	3.61	84.1	

3.RP 改性沥青混合料的马歇尔试验结果

表5.9 是 RP 改性沥青混合料的马歇尔试验结果。

表 5.9 RP 改性 70♯沥青混合料的马歇尔试验结果

改性剂	油石比/%	毛体积密度/(g/m³)	空隙率/%	稳定度/kN	流值/mm	沥青饱和度/%	最佳油石比/%
RPⅠ	3.5	2.356	7.7	16.50	3.02	51.3	4.8
	4	2.369	7.0	16.92	2.83	56.8	
	4.5	2.376	5.6	15.12	3.26	65.0	
	5	2.411	3.4	15.94	2.99	77.3	
	5.5	2.419	2.5	15.87	3.13	83.6	
RPⅡ	3.5	2.350	7.9	16.35	3.14	50.6	4.6
	4	2.361	7.3	16.50	2.88	54.3	
	4.5	2.380	5.4	16.06	2.87	65.8	
	5	2.425	2.9	15.84	3.70	80.1	
	5.5	2.412	2.7	14.21	3.19	81.0	
RPⅢ	3.5	2.370	7.2	15.20	2.65	53.2	4.6
	4	2.383	6.4	16.50	3.20	59.2	
	4.5	2.381	4.0	14.60	2.57	72.2	
	5	2.397	3.3	14.77	2.79	77.7	
	5.5	2.427	2.1	15.75	3.45	92.0	

改性剂	油石比/%	毛体积密度/(g/m³)	空隙率/%	稳定度/kN	流值/mm	沥青饱和度/%	最佳油石比/%
RPⅣ	3.5	2.340	8.3	15.93	2.66	49.5	4.9
	4	2.355	7.6	17.33	2.74	54.8	
	4.5	2.374	5.6	15.93	2.63	65.0	
	5	2.391	4.2	15.11	3.29	73.2	
	5.5	2.405	3.0	15.03	3.61	80.8	

从表 5.6～表 5.9 可以看出：

(1) CRP 和 RP 改性沥青混合料的稳定度都在 15.5kN 以上，最高达到 17.0kN，完全满足稳定度大于 8kN 的规范要求；70♯改性沥青混合料的稳定度高于改性 90♯沥青混合料的稳定度。

(2) CRP 和 RP 改性沥青混合料的稳定度高于基质沥青混合料稳定度，CRP 改性沥青混合料的稳定度比基质沥青混合料高 4.5kN 以上，提高率大于 40%，RP 改性沥青混合料的稳定度高于基质沥青混合料 3.5kN 左右，提高率约 30%。因此，RP 和 CRP 可以显著提高沥青混合料的稳定度，CRP 的改性效果好于 RP。

(3) CRP 和 RP 改性沥青混合料的流值都在 2.6～3.8mm，与基质沥青混合料相近，表明废旧塑料改性剂并未使沥青混合料的柔性降低。

5.1.3　最佳油石比

1. 最佳油石比确定方法

按照马歇尔配合比试验的最佳油石比确定方法，首先确定出沥青用量初始值 OAC_1，再确定 OAC_2。最后综合确定 OAC 为配合比的最佳油石比。

OAC_1 的确定有三种方法：

(1) 根据油石比与马歇尔试验物理-力学指标关系图的最大稳定度对应的油石比 a_2、最大密度对应的油石比 a_1、设计空隙率对应的油石比 a_3 以及沥青饱和度范围的中值对应的油石比 a_4 四个参数的平均值：

$$OAC_1 = \frac{a_1 + a_2 + a_3 + a_4}{4} \tag{5.1}$$

(2) 在第(1)种情况中，如果所选的沥青范围没有涵盖沥青饱和度的要求范围，则按最大稳定度对应的油石比 a_2、最大密度对应的油石比 a_1、设计空隙率对应的油石比 a_3 三个数值的平均值确定：

$$OAC_1 = \frac{a_1 + a_2 + a_3}{3} \tag{5.2}$$

（3）如果所选的沥青用量范围内密度或者稳定度没有出现峰值或者单边的曲线（峰值经常出现再两端），则可以直接把目标空隙率所对应的油石比 a_3 当做 OAC_1，但是 OAC_1 必须介于 OAC_{min}～OAC_{max} 之间。

OAC_2 的确定是根据马歇尔试验结果要满足各项技术标准要求确定。根据各项指标满足条件下的共同范围（OAC_{min}～OAC_{max}）的沥青用量，取 OAC_{min} 和 OAC_{max} 的平均值当做 OAC_2。

OAC 的确定是综合考虑 OAC_1 和 OAC_2，同时根据气候条件和交通特性，进行小幅度的调整，具体方法如下：

（1）一般情况取 OAC_1 及 OAC_2 的中值。

（2）对热区道路及车辆渠化交通的高速公路、一级公路和城市快速路主干路，预计有可能造成较大车辙的情况时，可以在中限值 OAC_2 与下限 OAC_{min} 范围内决定，但是一般不宜小于中限值 OAC_2 的 0.5%。

（3）对寒区道路以及一级道路，最佳沥青用量可以在中限值 OAC_2 与上限值 OAC_{max} 范围内确定，但是一般不宜大于中限值 OAC_2 的 0.3%。

2. 不同废旧塑料改性剂改性沥青混合料的最佳油石比

根据上述确定最佳油石比的方法，对不同种类塑料改性剂所得马歇尔试验结果进行分析计算，得到其最佳油石比，如表 5.7～表 5.9 所示。

由表 5.7～表 5.9 可以得出：掺加废旧塑料改性剂对混合料的最佳油石比影响不大，其最佳油石比为 4.1%～4.9%。CRPⅣ改性剂对 90♯基质沥青所得混合料的最佳油石比为 4.1%，与其他混合料最佳油石比的绝对值差值较大（最大差值为0.8%），其他混合料最佳油石比的绝对值差值最大为 0.4%。根据马歇尔试验的最佳油石比确定方法，实际应用时可以根据具体的交通和气候条件，油石比在 ±0.5% 范围内进行调整。

5.2　生活废旧塑料改性沥青混合料的高温稳定性

5.2.1　沥青路面的高温稳定性及评价方法

沥青混合料的高温稳定性是指在夏季气温较高时，在交通荷载作用下沥青路面抵抗车辙、推移、壅包等永久变形的能力。沥青混合料是一种黏弹塑性材料，其强度和抗变形能力随着温度的升降而变化，温度高的时候，沥青黏滞度降低，矿料之间的黏结力削弱并在外力作用下发生滑移与错位，使混合料进一步压密，路面产生抗剪强度不足造成的剪切变形破坏，形成高温变形，如推移、壅包、搓板和车辙等。尤其在道路的交叉口或陡坡路段，更易发生此类高温变形破坏，对于交通渠化和重载多的城市道路和高速公路,高温变形病害形式主要是车辙,车辙的出现将降低路面的安全舒适性能,影响行车安全,缩短路面使用寿命。因此提高沥青路面高温稳定性,防止出现车辙也成为世界各国公路技术人员的重要研究课题。

早在 1962 年美国 AASHO 试验路研究期间,就对车辙路段进行了研究,Hofstra 的报告认为产生车辙的主要原因是剪切应力,由此结果推荐使用高强的路面材料。1987 年 Eisenmann 的报告指出,沥青层的组成为 5cm＋18cm,出现的车辙表现为轮胎下方的下沉以及同时出现的两侧隆起,分别测量其体积变化表明:在开始阶段,轮胎下的下沉量(体积)要大于两侧隆起的体积,说明车辙的初期阶段主要是压密造成的。而此后,车轮下的下沉逐渐与两侧隆起的体积平衡,说明压密已经完成,车辙是由流动产生的。Hofstra 还指出隆起路面的变形在路表面最大,越向下越小,这一方面是下部抵抗塑性流动变形的能力强,同时也是因为下部的剪切应力小。根据 AASHO 试验路的测定,车辙量随着沥青层厚度的增加而增加,到 25cm 就达到了极限,沥青面层再加厚车辙深度也不再增加。

路面车辙形成可以简单分为三个阶段:一是沥青混合料的压密,路面摊铺碾压后,在汽车荷载和高温作用下,处于半流动的沥青及沥青胶浆被挤进矿料间隙中,混合料进一步压密实,骨料重新排列形成新的骨架结构;二是沥青混合料的流动,在车轮荷载的进一步作用下,沥青和沥青胶浆产生流动,使沥青混合料的网络骨架结构失稳,逐步造成压缩变形;三是结构重新排列和破坏,在高温条件下,沥青及胶浆在荷载作用下首先产生流动,混合料中粗骨料组成的骨架逐渐成为荷载主要承担者,再加上沥青润滑作用,硬度较大的矿料颗粒在荷载作用下会沿着矿料间接触面滑动,促使沥青及胶浆向其富集区流动,以致流向混合料的自由面,特别是骨料间沥青和胶浆过多,这一过程更明显。从车辙的形成过程来看,主要是高温下沥青面层因沥青软化而进一步密实,以及沥青变软对矿质骨架的约束作用降低而使得骨架失稳,表明沥青对混合料的高温性能有十分重要的影响,骨架的稳定性和细集料多少则会影响车辙的形成进程。

国际上将沥青路面车辙分为三种类型。①结构性车辙,这类车辙主要是路面在交通荷载作用下产生整体永久变形,主要是基层的变形传递到面层。这种车辙的宽度较大,两侧没有隆起现象,横断面呈浅盆状的 U 字形(凹形)。②失稳性车辙,是在高温条件下,车轮碾压的反复作用,荷载产生的剪应力超过沥青混合料的抗剪强度,使流动变形不断累积形成车辙。③磨损性车辙,路面被车轮不断磨耗形成车辙。在我国,路面基层基本上都采用半刚性基层,其强度及板体性好,基层及基层以下结构层的变形极小(部分施工质量差的基层路段除外),第一类结构性车辙很少,而磨损车辙在我国几乎没有,因此,目前所见到的车辙基本上都属于第二种类型,即沥青混合料的流动失稳车辙,它是由于沥青路面结构层在车轮荷载的作用下其内部材料的流动产生横向位移,通常发生在轮迹处。对于第二类车辙,其产生发展的内在因素是材料本身,因此需通过改善沥青混合料的高温性能加以防治。一般情况下,可以采取以下措施改善沥青混合料的高温稳定性:①在混合料中增加粗集料含量,或控制剩余空隙率,使粗集料形成空间骨架结构,提高沥青混合料的内摩阻力;②选用温度敏感性低、稠度高的沥青,减缓其润滑作用,并严格控制沥青含量;③ 添加聚合物等改性剂,提高沥青软化点;④适当提高粉胶比,以改善沥青与矿料之间的相互作用力,增加沥青胶浆的黏度。目前提高沥青高温稳定性最常用的方法就是添加改性剂,提高沥青的软化点,这些改性剂包括 SBS、SBR、塑料、SEAM 等,废旧塑料属于塑料类改性剂,掺加生活废旧塑料改性剂可以提高沥青软化点,从而提高混合料的高温稳定性。

为了研究及规范沥青混合料的高温性能评价指标,各国科学家开发了许多试验方法,通常采用的有以下几种:① 马歇尔试验;② 维姆稳定度试验;③蠕变试验,包括静态蠕变试验和动态蠕变试验;④三轴试验(开式或闭式);⑤动态剪切试验;⑥车辙试验;⑦环道试验。马歇尔稳定度和流值与路面长期性能无关,对于控制车辙更是相距甚远,故很少用于沥青路面高温稳定性的评价。蠕变试验是根据加载累积变形的原理测出试件在荷载作用下产生的累积变形或者蠕变劲度,根据加载的类型分为静载和动力加载及重复加载,基于现场的加载时间小于蠕变试验加载的时间,要求在单轴静载蠕变试验中施加较小的荷载,以使材料处于线性范围,试件的变形是时间的函数。蠕变试验能较好地反映沥青混合料黏弹性材料特点,得出的参数可用于车辙预估。车辙试验和环道试验是一种工程模式的试验,能较好地模拟路面的实际使用状态,采用车辙试验评价现场路面的高温性能,使材料组成设计能更好地满足实际路面的使用功能。目前许多国家已把车辙试验作为沥青混合料组成设计的一项评价指标,美国 SHRP 计划已把它作为 AAMAS"沥青混合料分析系统"中一项不可缺少的指标。

5.2.2　生活废旧塑料改性沥青混合料的动稳定度试验结果及分析

车辙试验是一种模拟实际车轮荷载路面上行车而形成车辙的试验方法。其原理是通过采用车轮在板块状试件上反复行走,观察和检测试块的响应,用动稳定度或车辙深度来表征试验结果。车辙试验的最大特点是能够充分模拟沥青路面上车轮行驶的实际情况,试验研究时,可以改变温度、荷载、试件厚度、尺寸、成型条件等,以模拟路面的实际情况及各种因素变化对混合料车辙变形的影响。车辙试验方法最初由英国 TRRL 开发,由于试验方法比较简单,试验结果直观而且与实际沥青路面的车辙相关性较好,因此在欧洲、北美,以及日本、澳大利亚等得到广泛应用。

车辙试验是评价沥青混合料在规定温度条件下抵抗塑性流动变形能力的方法,通过板块状试件与车轮之间的往复相对运动,使试块在车轮的重复荷载作用下,产生压密、剪切、推移和流动,从而产生车辙。在试验过程中测定车辙试块的变形与时间或车轮通过次数之间的关系,计算沥青混合料的变形率(rate of deformation,RD)或动稳定度(dynamic stability,DS),分别用 mm/min 或次/mm 表示。车辙试验是一种工程试验方法,试验结果是工程界指标而不是力学参数,因此目前还不能用于理论计算。但由于试验结果与实际路面车辙的良好相关性,试验结果可用于建立经验公式来预测沥青路面车辙深度,或用于检测沥青混合料的抗车辙能力。

车辙试验所需要的主要仪器是车辙试验机和恒温室,车辙试验机必须整机安放在恒温室内,并且保持恒温室温度(60±1)℃。

车辙试验具体过程如下:

(1)制作试件。按照不同沥青混合料的毛体积密度计算车辙试件的重量,并考虑 3% 的富余量称取各个材料的用量,拌制混合料,然后用轮碾成型法制作车辙试件,试件标准尺寸为 300mm×300mm×50 mm。试件压实成型后在室温养护 12h 以上,然后连同试模一起进行试验。

(2)试验前先对温度控制系统、试验系统以及定时系统进行校准,然后在试验前设定到要求的试验温度、试验荷载、加载速度及试验时间。

试验温度,我国夏季不少地区的路面温度都在 60℃ 左右,因此试验采用 60℃ 为标准试验温度。

试验荷载,试验轮接地压强为(0.7±0.05)MPa,为标准轴载轮压。

加载速度,我国规定的加载速度为(42±1)次/min。

试验时间,试验时间为 1h,计算动稳定度的时间为试验开始后 45~60min。

(3)测试前将试件连模放入温度为(60±0.5)℃的恒温室中加热保温不少于 5h,也不得多于 24h。当试件的温度升至要求的试验温度,且试件内外温度一致时,把试块放在试验机上进行试验。

(4)将试件连同试模移置于车辙试验机的试验台上,试验轮在试件的中央部位,其行走方向须与试件碾压方向一致。开动车辙变形自动记录仪,然后启动试验机,使试验轮往返行走,时间 1h。试验时记录仪自动记录变形曲线及试件温度。

用式(5.3)计算沥青混合料试件的动稳定度:

$$DS = \frac{(t_2 - t_1)N}{d_2 - d_1}C_1C_2 \tag{5.3}$$

式中:DS 为沥青混合料的动稳定度,次/min;d_2 为试验时间为 60min 时试件的变形量,mm;d_1 为试验时间为 45min 时试件的变形量,mm;C_1 为试验机类型修正系数;C_2 为试件系数,轮碾法制备的宽 300mm 的试件为 1.0;N 为试验轮往返碾压速度,通常为 42 次/min。

为评价 CRP 和 RP 改性沥青提高沥青混合料高温稳定性的效果,根据马歇尔试验确定的油石比,制作车辙试件进行动稳定度试验,测试不同掺量 CRP 和 RP

改性70♯和90♯沥青混合料的动稳定度,结果如表5.10和图5.2所示。

表5.10 废旧塑料改性沥青混合料的动稳定度试验结果

改性剂类型	基质沥青标号	改性剂掺量6%					改性剂掺量8%				
		油石比/%	1♯	2♯	3♯	平均/(次/mm)	油石比/%	1♯	2♯	3♯	平均/(次/mm)
基质沥青	90♯	4.8	1096	1011	884	997					
	70♯	4.6	1128	1416	1095	1213					
CRPⅠ	90♯	4.6	2907	2754	3234	2965	4.6	3889	3194	3327	3470
CRPⅡ	90♯	4.7	2878	2900	2820	2866	4.7	3230	2967	3354	3184
CRPⅢ	90♯	4.5	4503	4118	5316	4646	4.5	4947	4462	5316	4908
CRPⅣ	90♯	4.1	3966	4316	4250	4177	4.1	4370	4576	4330	4425
CRPⅠ	70♯	4.8	3353	2947	3460	3253	4.8	4098	3652	3720	3823
CRPⅡ	70♯	4.8	3071	3177	3160	3136	4.8	3767	3571	3620	3653
CRPⅢ	70♯	4.8	4138	3800	3928	3955	4.8	5120	4300	4618	4679
CRPⅣ	70♯	4.7	3609	3256	4007	3624	4.7	3949	3863	3912	3908
RPⅠ	70♯	4.8	3519	3516	3373	3469					
RPⅡ	70♯	4.6	3516	3365	3821	3567					
RPⅢ	70♯	4.6	3684	3276	3758	3573					
RPⅣ	70♯	4.9	3765	3476	3650	3630					
规范要求		基质沥青混合料≥800次/mm,改性沥青混合料≥2800次/mm									

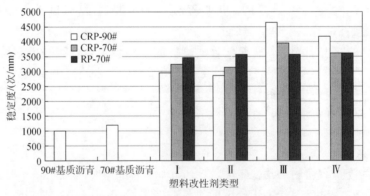

图5.2 不同废旧塑料改性沥青混合料的动稳定度对比(掺量6%)

从表5.10和图5.2可以看出:

(1)废旧塑料改性剂可以显著地提高混合料的高温稳定性,但不同类型废旧塑料提高的效果不同。四种塑料颗粒RP改性沥青混合料的动稳定度相近,塑料类型对其改性沥青混合料的动稳定度影响不大；而裂化 CRP 塑料类型对其改性沥青混合料的动稳定性影响明显，CRPⅢ 改性沥青混合料的动稳定度最大，热稳定性最好，其次是 CRPⅣ 改性沥青混合料，以 PE 为主的 CRPⅠ 和 CRPⅡ 改性沥青混合料的动稳定度相近，热稳定性不如 PP 类废旧塑料 CRPⅢ 改性沥青混合料好。

（2）不同废旧塑料提高沥青混合料的效果不同，CRPⅢ 改性沥青混合料的高温稳定性较好，PP 类废旧塑料改性沥青的热稳定性好于 PE 类。

（3）不同废旧塑料改性剂对不同标号基质沥青的高温稳定性提高效果不同，对 70♯ 基质沥青的改性效果较好。动稳定度都随着塑料改性剂掺量的增加而增大，但当掺量从 6% 增加到 8% 时，动稳定度的提高幅度不很大，因此，从性价比考虑，掺量不宜大于 6%。

5.3　生活废旧塑料改性沥青混合料的水稳定性

5.3.1　沥青混合料的水稳定性评价指标与方法

沥青混合料水稳定性是指沥青与矿料形成黏附层后，遇水时水对沥青的置换作用而引起沥青剥落的抵抗程度。沥青路面的水损坏是在水或冻融循环的作用下，由于汽车车轮动态荷载的作用，进入路面空隙中的水不断产生动水压力或真空负压抽吸的反复循环作用，水分逐渐渗入沥青与集料的界面上，使沥青黏附性降低，并逐渐丧失黏结力，沥青膜从石料表面脱落，沥青混合料掉粒、松散，继而形成沥青路面的坑槽和推挤变形等损坏现象，是我国南方多雨地区常见的一种沥青路面破坏病害形式。

沥青路面的水损害多发生在雨季或冻融循环期面层透水或排水不畅的路段。一般认为沥青面层水损害的原因主要有以下几方面：

（1）路面排水的影响。水是引起路基路面工程结构破坏的一个非常关键的因素，如果路面处于干燥的条件下，一般不会引起路面的水损害。因此要做好路基路面排水系统，阻隔水源，尽量减少水对路面的影响。

（2）材料特性的影响。材料方面的影响主要包含集料的岩性、矿料表面特征、沥青的性质、混合料的类型、沥青面层的合适厚度以及混合料不均匀性等多方面。酸性石料与沥青的黏附性不好，而碱性集料与沥青黏附性好，集料的抗剥离能力就较强。当采用酸性岩石作为集料时，需要采取措施提高沥青与集料的黏附性和抗剥离性能，如添加抗剥落剂等。沥青中的极性物质黏附性大，有利于沥青膜形成，以提高水稳性能；合适的级配类型和空隙率，都有利于增强沥青混合料的水稳性。

（3）施工工艺影响。在混合料拌和时，要保证集料的干燥和不被污染，增强沥青膜与集料的黏附性；在混合料运输中要防止离析和保证摊铺压实温度，以免压实度不足和局部离析使混合料的孔隙率过大而引起水损坏。

目前沥青混合料的水稳性评价方法有静态剥落试验、静态荷载试验以及动态试验三大类,分为两个阶段:一是利用静态剥落试验评价沥青与矿料的黏附性,通过水煮法、水浸法、光电比色法和搅动水静吸附法等试验评价沥青和矿料的黏附性;二是利用静态荷载试验以及动态荷载试验评价沥青混合料的水稳定性,主要是通过沥青混合料在浸水条件下,沥青与矿料的黏附力降低,导致损坏,最终表现为混合料的整体力学强度降低,以此来评价沥青混合料抵抗水损坏的能力,主要的方法有浸水马歇尔试验、真空饱水马歇尔试验、浸水劈裂试验、饱水劈裂试验、冻融后劈裂强度比试验、浸水车辙试验和浸水环道试验等,其中浸水车辙试验及浸水环道试验属于动态荷载类。本研究主要采用静态剥落试验水煮法测定废旧塑料改性沥青与石料的黏附性,用冻融劈裂试验的残余劈裂强度比来评价沥青混合料的水稳性。

5.3.2 废旧塑料改性沥青与集料的黏附性

黏附性是指沥青与集料表面的黏附性能。由于水比沥青更容易浸润集料的表面,降低集料与沥青的黏附性,因此水是造成黏附性不足或黏附性失效的基本条件。沥青与集料间的黏附性降低使沥青从集料表面脱落,集料间的黏结力丧失,导致沥青路面的水损害。影响沥青与集料黏附性的因素有以下几方面[61]:

(1)沥青的影响。沥青与集料间除分子力的作用(物理吸附)外,还有化学作用(化学吸附)。两种作用相比,化学吸附力远大于物理吸附。由于沥青本身存在表面电荷,炼制沥青的原油品种和工艺不同,沥青中所含的酸性和碱性化合物也不同,其表面活性也不同,如果沥青中的沥青酸、沥青酸酐和树脂等极性组分含量高,沥青就具有较强的表面活性,呈酸性,与集料中的碱性矿物除产生物理吸附外,还产生化学吸附作用,形成很强的黏结力而不易被水剥离。沥青的酸性越大,与集料的黏附性越好。

(2)集料的影响。集料对黏附性的影包括集料的化学成分(碱值[61])、表面电荷或残留化合物、表面粗糙程度几方面。集料的碱值越高,与沥青的黏附性越好;集料表面微孔隙的数量、孔径大小、微细裂缝的多少也将影响集料与沥青的黏附性,表面积越大,吸附能力越强;带有相同极性电荷的集料表面与沥青的黏附性较差。

为对比不同塑料改性沥青与石料间的黏附性及改性剂对黏附性的影响,采用水煮法对 CRP 和 RP 改性沥青和基质沥青进行抗剥落对比试验,碎石选用石灰岩、花岗岩和玄武岩三种,按照水煮法的试验规程,将粘有基质沥青及 CRP 改性沥青、RP 改性沥青的矿料放到微沸水中水煮 5min,按照沥青的剥落程度进行等价评价,试验结果如表 5.11 所示。

表 5.11 沥青与集料黏附性试验结果

基质沥青标号	改性剂类型	掺量/%	黏附等级			黏附等级评价标准	
			石灰岩	玄武岩	花岗岩	试验后石料表面上沥青膜剥落情况	黏附等级
茂名 90#	基质沥青	0	5	5	5	1. 沥青膜完全保存,剥离面积百分比接近于 0	5
	CRP I	6	5	5	4		
	CRP II		5	5	4	2. 沥青膜少部为水所移动,厚度不均匀,剥离面积百分比小于 10%	4
	CRP III		5	5	4		
	CRP IV		5	5	4		
中海油 70#	基质沥青	0	5	5	5	3. 沥青膜局部明显地为水所移动,基本保留在石料表面上,剥离面积百分比小于 30%	3
	CRP I	6	5	5	4		
	CRP II		5	5	4		
	CRP III		5	5	4		
	CRP IV		5	5	4		
	CRP I	8	5	5	4	4. 沥青膜大部为水所移动,局部保留在石料表面上,剥离面积百分比大于 30%	2
	CRP II		5	5	4		
	CRP III		5	5	4		
	CRP IV		5	5	4		
中海油 70#	RP I	6	5	4	3	5. 沥青膜完全为水所移动,石料基本裸露沥青全浮于水面上	1
	RP II		5	4	3		
	RP III		5	4	3		
	RP IV		5	4	3		

从表 5.11 和图 5.3、图 5.4 可以得出以下结论:

(1)CRP 和 RP 改性沥青与石灰岩的黏附性最好(黏附性等级为 5 级),玄武岩次之,与花岗岩的黏附性最差。CRP 改性沥青与集料的黏附性总体上好于 RP 料改性沥青与集料的黏附性。

(2)与基质沥青相比,CRP 没有改变沥青与石灰岩、玄武岩及花岗岩的黏附性。

(3)CRP 改性剂的掺量对黏附性没有影响。对于石灰岩和玄武岩,6% 和 8% 掺量的黏附性等级都是 5 级,对花岗岩 6% 和 8% 掺量的黏附性等级都是 4 级。

(4)沥青的标号对改性沥青与集料的黏附性影响不大,但沥青来源有一定影响。茂名 90# 改性沥青和中海油 70# 改性沥青与石灰岩和玄武岩的黏附性等级都是 5 级,与花岗岩的黏附性等级都是 4 级、3 级。

图 5.3　试验选用的花岗岩、石灰岩和玄武岩

石灰岩　　　　　玄武岩　　　　　花岗岩　　出露的石料表面

图 5.4　与三种岩石的黏附性对比

5.3.3　废旧塑料改性沥青混合料的冻融劈裂试验结果及分析

冻融劈裂试验是我国沥青路面施工技术规范评价沥青混合料水稳定性的试验方法。在规定条件下对沥青混合料进行冻融循环,测定混合料试件在受到冻融前后劈裂破坏的强度比,作为评价沥青混合料水稳定性的指标,冻融劈裂试验的饱水过程包括真空饱水、冻融和高温水浴三个过程,是将实际路面上受到水的影响集中、强化,在较短的时间内模拟水对路面较长时间的影响。实践表明该劈裂强度指标与水稳性有很好的相关性。具体操作步骤如下:

(1)制作标准马歇尔试件,双面击实各 50 次,试件数目不少于八个。

(2)用表干法测定试件的密度、空隙率等各项物理指标。

(3)将试件随机分成两组,每组不少于四个,第一组试件在室温下保存备用。

(4)将第二组试件浸水后在 98.3～98.7kPa 的真空条件下保持 15min,然后打开阀门,恢复常压,试件在水中放置 0.5h。

(5)取出试件放入塑料袋中,加入 10mL 的水,扎好袋口,将试件放入恒温冰箱,冷冻温度为(−18±2)℃,保持(16±1)h。

(6)将试件取出后,立即放入已保温为(60±0.5)℃槽中,撤去塑料袋,保温 24h。

(7)将一组与二组全部试件浸入温度(25±0.5)℃的恒温水槽中不少于 2h,保温时试件之间的距离不少于 10mm。

(8)取出试件在室温 25℃的条件下用 50mm/min 的加载速率进行劈裂试验,得到试验的最大荷载。

分别计算第一组和第二组试件的劈裂抗拉强度为

$$R = 0.006287 \frac{P}{h} \tag{5.4}$$

式中：R 为试件的劈裂抗拉强度，MPa；P 为试验荷载的最大值，N；h 为试件的高度，mm。

冻融劈裂抗拉强度比按式(5.5)计算：

$$TSR = \frac{R_{T2}}{R_{T1}} \times 100\% \tag{5.5}$$

式中：TSR 为冻融劈裂试验强度比，%；R_{T2} 为经受冻融循环的第二组试件的劈裂抗拉强度，MPa；R_{T1} 为未进行冻融循环的第一组试件的劈裂抗拉强度，MPa。

表 5.12 是采用茂名 90# 和中海油 70# 两种基质沥青以及 6% 和 8% 两个掺量的四种 CRP 和 RP 塑料改性 AC-13 沥青混合料的冻融劈裂试验结果。

表 5.12　废旧塑料改性沥青混合料的冻融劈裂试验结果

基质沥青标号	改性剂类型	掺量/%	油石比/%	劈裂强度/MPa		TSR/%	空隙率/%	
				未冻融 R_{T1}	冻融 R_{T2}		未冻融	冻融
茂名 90#	基质沥青	0	4.8	0.54	0.46	84.6	4.4	5.3
	CRP I	6	4.6	0.64	0.56	88.1	5.0	5.5
	CRP II		4.7	0.59	0.55	92.1	2.3	2.8
	CRP III		4.5	0.76	0.66	87.4	3.7	3.7
	CRP IV		4.1	0.73	0.60	82.9	5.0	5.3
中海油 70#	基质沥青	0	4.6	0.72	0.59	82.0	4.8	5.1
	CRP I	6	4.8	0.76	0.73	95.8	3.1	3.6
	CRP II		4.8	0.74	0.65	87.7	2.4	2.8
	CRP III		4.8	0.74	0.71	95.3	3.2	3.2
	CRP IV		4.7	0.80	0.68	84.6	3.8	3.0
	CRP I	8	4.8	0.82	0.76	93.1	3.1	2.9
	CRP II		4.8	0.68	0.63	93.1	2.1	2.2
	CRP III		4.8	0.83	0.76	92.3	3.1	2.9
	CRP IV		4.8	0.84	0.64	76.4	3.3	3.5
	RP I	6	4.8	0.93	0.74	79.8	3.5	4.3
	RP II		4.6	0.86	0.72	82.9	5.4	4.9
	RP III		4.6	0.88	0.76	86.3	4.2	4.4
	RP IV		4.9	0.93	0.71	75.5	4.4	4.5

从表 5.12 可知：

（1）CRP 塑料改性沥青混合料的冻融劈裂强度比大于基质沥青混合料，CRP 塑料改性沥青混合料的 TSR 都高于 80％，满足规范大于 80％的要求，CRP 明显改善了沥青混合料的水稳定性。

（2）RP 塑料改性沥青混合料冻融劈裂强度比 TSR 明显小于 CRP 改性沥青混合料，RPⅠ和 RPⅣ的 TSR 低于 80％，表明 RP 塑料改性沥青混合料的水稳定性比 CRP 改性沥青混合料差。

（3）CRP 和 RP 塑料改性沥青混合料的劈裂强度显著高于基质沥青混合料，其残留稳定度 TSR 也明显高于基质沥青，CRP 塑料能提高沥青混合料的水稳定性，不同类型废旧塑料改性沥青混合料的水稳定性也不同，CRP 废旧塑料改性沥青混合料的水稳定性好于 RP 改性沥青混合料。

综上所述，废旧塑料改性剂没有改变沥青与集料的黏附性，与基质沥青混合料相比，废旧塑料改性沥青混合料的水稳定性有所提高，CRP 改性沥青混合料的水稳定性好于 RP 改性沥青混合料。

5.4　生活废旧塑料改性沥青混合料的抗磨耗性能

沥青路面的面层是直接承受汽车荷载作用和雨水阳光作用的结构层，如果集料与沥青的黏结力不足，在交通荷载的反复作用及雨水等作用下，就会引起混合料松散、集料脱落、飞散，进而形成坑槽而引起路面破坏。对于普通的密级配沥青混合料，由于混合料的柔性较好，黏结力也较大，因此设计及评价指标一般没有对它的磨耗性提出试验要求。但是当沥青碎石、乳化沥青碎石混合料、SMA、OGFC 等作为表面层时，由于级配特点和所在层功能作用要求不同，在配合比设计时对混合料的磨耗性能要求也不同。

废旧塑料改性沥青混合料从外观上看与普通沥青混合料没有明显差别，但由于废旧塑料是一种新型的改性剂，而且 RP 和 CRP 两类塑料改性沥青的性能也不同，对沥青黏结性的影响也不同，混合料的耐磨性也不同。为了解废旧塑料对黏结性的影响及其混合料的耐磨性，本研究应用肯塔堡飞散试验和湿轮磨耗试验（用于评价乳化沥青稀浆封层抗磨耗性能的试验）研究了废旧塑料改性沥青的黏结性和抗磨耗性能，以评价废旧塑料改性沥青混合料能否作为表面层。

5.4.1　废旧塑料改性沥青混合料的肯塔堡飞散试验结果及分析

肯塔堡飞散试验是西班牙肯塔堡大学为排水性开级配混合料而开发的一种试验方法，用于评价沥青混合料抗骨料飞散性的试验方法，通过排水性混合料的抗骨料飞散性来检验其是否可以作为面层材料。该试验的原理是利用马歇尔试件在规定的条件下,达到一定的撞击次数后,以试件产生的损失量和原来试件的重量比值来评价混合料的磨耗性能,因为是肯塔堡大学所开发的试验方法,所以也称为肯塔堡飞散试验。

根据试验的过程和试验条件不同,肯塔堡飞散试验分为标准飞散试验和浸水飞散试验。标准飞散试验的试件没有经过较高水温的浸泡,而浸水飞散试验试件需要在(60±0.5)℃的水里浸泡 48h,主要目的是使试件在热水中膨胀和沥青老化,使沥青和集料的黏结力下降,以评价集料在交通荷载作用下从路面表面的脱落情况。试验采用的是浸水飞散试验,主要仪器为洛杉矶磨耗机。具体试验步骤如下:

(1)按照马歇尔试件成型方法成型试件。

(2)将试件放入(60±0.5)℃的恒温水槽中养生 48h。

(3)从恒温水槽中逐个取出试件,称取试件的重量 m_0,准确到 0.1g。

(4)立即将试件放入洛杉矶试验机中,不加钢球,盖紧盖子,开动洛杉矶试验机,以 30～33r/min 的速度旋转 300r。

(5)打开试验机盖子,取出试件及其碎块,称取试件残留质量 m_1,按式(5.6)计算其飞散损失。每组平行试验四次。

$$\Delta S = \frac{m_0 - m_1}{m_0} \times 100 \tag{5.6}$$

混合料的磨耗性能指标用 ΔS 来评价。

按照上述步骤,测得的 RP 和 CRP 改性沥青混合料的肯塔堡飞散试验结果如图 5.5 所示。

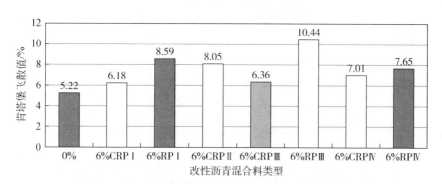

图 5.5　废旧塑料改性沥青混合料的肯塔堡飞散试验结果

从图 5.5 可以看出:

(1)RP 和 CRP 改性沥青的黏结性不同,在相同掺量条件下,RP 改性沥青混合料的肯塔堡飞散值明显大于 CRP 改性沥青混合料,因此,CRP 改性沥青的黏结性优于 RP 改性沥青。

（2）废旧塑料改性沥青混合料的飞散值大于基质沥青,塑料改性剂使沥青混合料的黏结性有所降低,但是其飞散值仍远小于规范要求的 20%,因此就废旧塑料改性沥青混合料的肯塔堡飞散试验结果而言,RP 和 CRP 改性沥青混合料均可以作为路面表面层,且 CRP 改性沥青混合料的抗骨料飞散性好于 RP 改性沥青。

5.4.2 废旧塑料改性沥青混合料的湿轮磨耗试验结果及分析

肯塔堡飞散试验虽然能检验混合料的抗骨料飞散能力,但作用在混合料上的荷载与汽车荷载还是有很大差别。湿轮磨耗试验是用于检验稀浆封层混合料配伍及抗水损坏能力的试验。为了更接近汽车荷载作用下废旧塑料改性沥青混合料的抗磨耗能力和水稳定性,应用湿轮磨耗试验研究了不同养生环境条件下废旧塑料改性沥青混合料的抗磨耗能力和影响其水稳定性的因素。

沥青混合料的湿轮磨耗试件制作并没有规范的方法,本研究结合湿轮磨耗机的构造及废旧塑料改性沥青混合料的特点和研究目的,对沥青混合料的集料配比进行了调整,集料采用石屑,最大粒径小于 5mm,沥青为 70♯基质沥青,混合料分添加矿粉和不添加矿粉两种进行对比,按设计的油石比拌和、压实制作厚度 5mm 的试件,在不同条件下养生后,再在湿轮磨耗机上进行磨耗试验,如图 5.6 和图 5.7 所示。

图 5.6　湿轮磨耗试验

(a)抗磨耗能力强　　　　　　　　　(b)抗磨能力较差

图 5.7　不同抗磨耗能力的湿轮磨耗试件表面

表 5.13 是不同养生条件下废旧塑料改性沥青混合料的湿轮磨耗试验结果。

表 5.13　不同养生条件下废旧塑料改性沥青混合料的湿轮磨耗试验结果

废旧塑料改性剂类型	改性剂添加比例/%	养生条件		
		−18℃条件下保温 16h 然后在 60℃条件下保温 24h,再在 25℃条件下保温 2h	45℃水槽保温 60min（掺矿粉混合料）	45℃水槽保温 60min（无矿粉混合料）
70♯基质沥青	0	253.80	88.39	90.08
CRP I	6	82.15	53.82	152.97
RP I	6	321.25	109.92	204.53
CRP III	6	111.33	62.61	217.85
RP III	6	517.85	176.20	234.56
CRP III	8			175.64
CRP IV	6	213.45	74.79	231.73
RP IV	6	403.40	121.81	300.30

从表 5.13 可以看出：

(1)在冻融养护条件下,RP 与 CRP 改性沥青混合料的抗磨耗能力不同,CRP 改性沥青混合料的磨耗值显著低于基质沥青,RP 改性沥青混合料的磨耗值高于基质沥青,CRP 使混合料的抗磨耗能力提高,RP 使混合料的抗磨耗能力降低;CRP 改性沥青混合料的抗磨耗能力与塑料类型有关,以聚乙烯为主的 CRP 改性沥青混合料的抗磨耗能力最强。

(2)在 45℃水温养生 60min 条件下,矿粉对基质沥青混合料的抗磨耗能力影响不大,而对 RP 或 CRP 改性沥青混合料的抗磨耗能力和抗水损坏能力影响较大,有矿粉的改性沥青混合料的湿轮磨耗值显著低于无矿粉的混合料,矿粉有利于提高沥青混合料的水稳定性。

(3)无论有无矿粉,CRP 改性沥青混合料的抗磨耗能力和抗水损坏能力明显好于 RP 改性沥青,且 CRP 改性沥青混合料的磨耗值显著低于基质沥青,CRP 可以提高沥青混合料的抗磨耗能力和水稳定性。

(4)根据基质沥青混合料的湿轮磨耗试验结果与 RP 和 CRP 改性沥青混合料的湿轮磨耗试验结果,CRP 改性沥青混合料可以用于与基质沥青相同的结构层。

5.5　生活废旧塑料和 SBS 改性沥青及混合料的性能对比

SBS 是目前常用的一种改性剂,与沥青具有较好的相容性,与其他改性剂相比,SBS 改性沥青具有较好的高温性能和低温性能,在各等级公路中得到较广泛的应用。相比之下,PE、EVA、SBR 等改性剂的应用却相对少得多,废旧塑料改性沥青技术在国内外虽有一定研究,但主要还停留在实验室阶段。为了解 CRP 与 SBS 改性沥青及其混合料性能的差异和特点,确定废旧塑料 CRP 改性沥青的应用条件和应用范围,对比研究了废旧塑料 CRP 与 SBS 改性沥青及混合料的性能,为不同自然气候和交通条件下选择合适的改性剂及推广应用废旧塑料改性沥青提供依据。

5.5.1 废旧塑料 CRP 与 SBS 改性沥青性能的对比

基质沥青为前述的中海油 70♯沥青,CRP 和 SBS 改性剂如图 5.8 所示,改性沥青的制作方法同前。表 5.14 是不同掺量的 CRP 和 SBS 改性沥青的性能试验结果。

(a) CRP   (b) SBS

图 5.8 CRP 废旧塑料与 SBS 沥青改性剂

表 5.14 CRP 和 SBS 改性沥青的技术性能试验结果

改性剂种类	掺量/%	针入度(25℃,5s)/0.1mm	软化点/℃	延度(5℃)/cm	黏度(135℃)/(Pa·s)
70♯基质沥青	0	63	51.9	14.0	0.524
CRP	4	50	66.9	5.0	1.340
	5	45	73.8	3.0	2.800
	6	43	80.9	2.6	6.480
SBS	4	47	71.2	4.1	3.379
	5	46	75.8	3.0	6.103
	6	42	82.3	1.5	8.462

从表 5.14 和图 5.9 可以看出：

(1)在 4%、5%、6%相同掺量条件下，CRP 改性沥青的针入度与 SBS 改性沥青相差不大，但 SBS 改性沥青的软化点和黏度高于 CRP 改性沥青，5℃延度 CRP 改性沥青略大于 SBS 改性沥青。

(2)根据 SBS 改性沥青的软化点要求及软化点随掺量的变化，SBS 的掺量一般为 4%就可使软化点达 70℃以上，要使 CRP 改性沥青达到相同的软化点指标，掺量应比 SBS 掺量多 1%左右。

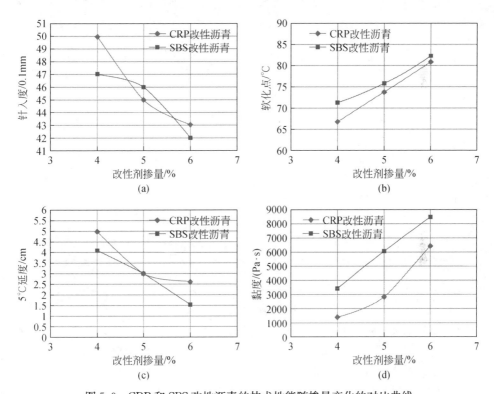

图 5.9　CRP 和 SBS 改性沥青的技术性能随掺量变化的对比曲线

5.5.2 废旧塑料 CRP 与 SBS 改性沥青混合料的路用性能对比

基质沥青为中海油 AH-70♯沥青，集料为重庆产的石灰岩，性能同前，级配采用 AC-13。

1.CRP 和 SBS 改性沥青混合料马歇尔试验结果对比

基质沥青、CRP 和 SBS 改性沥青混合料的马歇尔试验结果如表 5.15 所示。

表 5.15　CRP 和 SBS 改性沥青混合料马歇尔试验结果

| 沥青种类 | 试验指标 | | | | | |
	油石比 /%	毛体积密度 /(g/cm³)	空隙率 /%	稳定度 /kN	流值 /0.1mm	沥青饱和度 /%
70♯基质沥青	3.5	2.349	8.3	9.78	29.8	49.1
	4	2.409	5.7	10.71	30.0	61.8
	4.5	2.418	4.1	11.09	33.1	71.1
	5	2.431	3.2	10.53	34.9	78.2
	5.5	2.419	2.9	9.81	44.1	82.1
5%CRP 改性沥青	3.5	2.365	7.8	15.40	37.5	47.3
	4.0	2.376	6.7	15.20	35.9	54.7
	4.5	2.423	4.3	16.03	37.8	68.1
	5.0	2.440	2.8	15.64	39.5	79.1
	5.5	2.436	2.3	14.06	44.0	83.5
4%SBS 改性沥青	3.5	2.352	8.3	17.23	36.7	45.8
	4.0	2.389	6.2	18.50	31.2	56.6
	4.5	2.411	4.7	18.50	31.8	66.4
	5.0	2.420	3.7	16.44	33.8	73.8
	5.5	2.427	2.7	14.91	41.3	81.0

从表 5.15 和图 5.10 可以看出：①与基质沥青相比，CRP 和 SBS 提高沥青混合料的稳定度效果明显，SBS 改性沥青混合料的最大稳定度为 18.5kN，而 CRP 改性沥青混合料的最大稳定度为 16kN，在相同掺量条件下，SBS 改性沥青混合料的稳定度都高于 CRP 改性沥青；②总体上 SBS 改性沥青的流值略小于基质沥青，而 CRP 改性沥青的流值显著高于基质沥青和 SBS 改性沥青，表明 CRP 改性沥青混合料具有更好的柔性。

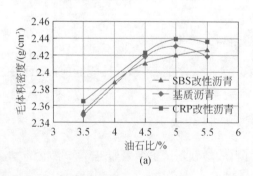

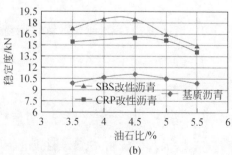

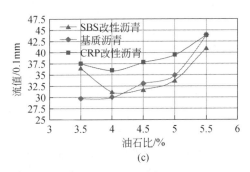

图 5.10　CRP 和 SBS 改性沥青混合料马歇尔试验曲线

2. CRP 和 SBS 改性沥青混合料的高温稳定性对比

表 5.16 是 CRP 和 SBS 改性 AC-13 沥青混合料的动稳定度测试结果。

表 5.16　沥青混合料动稳定度试验结果

沥青种类	油石比 /%	车辙深度/mm		DS_1	DS_2	DS_3	$\overline{DS}$ /(次/mm)
		45min	60min				
70♯基质沥青	4.6	1.204	1.780	1095	1416	1128	1213
5%CRP 改性沥青	4.8	1.146	1.269	5122	5385	—	5253
4%SBS 改性沥青	4.8	1.153	1.288	4667	6222	4941	5276

从表 5.16 可以看出,在 CRP 掺量 5%、SBS 掺量 4%条件下,CRP 与 SBS 改性沥青混合料的高温稳定性相近,对于我国南部夏季高温炎热地区,如广州、湖南、重庆等地,可以采用废旧塑料 CRP 改性剂提高沥青的高温稳定性。

3. CRP 和 SBS 改性沥青混合料的低温抗裂性能对比

沥青混合料的低温性能是指沥青混合料抵抗低温收缩变形的能力。由于冬季寒冷区,或气温骤降,材料的应变能力下降,劲度模量增大,具体表现为沥青混合料的应力松弛性能跟不上温度下降所产生的温度应力,当温度应力超过混合料的极限抗拉强度时,便产生开裂,即温缩裂缝。除温缩裂缝外,沥青路面的裂缝还有如下几种[71]:

(1) 反射裂缝。我国沥青路面多采用半刚性基层,养护不充分或没有在冬季来临之前及时铺筑沥青混凝土,导致基层收缩(包括干缩和温缩)开裂,在基层开裂部分产生应力集中,使得在交通荷载作用下产生在面层下部的拉应力比没有裂缝部位的大,容易超过沥青混凝土的极限强度,致使沥青面层在基层开裂的部位跟着开裂。

（2）冻缩裂缝。是指冬季严寒区，路基冻胀及收缩产生的开裂。这种开裂在路面与路肩交界处常见。设置防冻层，可能会减少冻缩裂缝的产生。

（3）综合原因形成的横向裂缝：影响沥青混凝土低温变形能力的因素很多，如沥青的性质、沥青混合料的组成、路面结构的几何尺寸、交通量、路龄环境因素等，但在很大程度上取决于沥青材料的低温性质、沥青与矿料的黏结强度、级配类型以及沥青混合料的均匀性。

裂缝的产生不仅破坏路面的整体性、连续性，影响路面美观和行车舒适性，而且给水分渗透到基层创造了条件，致使路基软化，路面承载力下降，在车轮荷载的反复作用下，裂缝会逐渐增大，发展成为龟裂、网裂，甚至坑槽，大大加速了沥青路面的破坏，缩短道路的使用寿命。为减少沥青路面的低温开裂破坏，国内外对沥青混合料的低温性能以及评价指标进行了大量的研究与探讨。目前研究沥青混合料低温抗裂性能的试验方法主要包括等应变加载破坏试验（间接拉伸试验、小梁弯曲试验、压缩试验）、直接拉伸试验、弯曲拉伸蠕变试验、受限试件温度应力试验等。从模拟路面实际使用情况、操作性、设备成本及通用性角度综合考虑，很多学者认为沥青混合料的弯曲蠕变试验是一种既简单又非常有意义的试验[72,73]，但也有学者认为，在评价改性沥青混合料低温性能时，采用低温蠕变试验方法所得的结果对于改性剂计量与改性剂种类都不够敏感，且数据较为分散，而采用低温小梁弯曲试验的破坏应变指标则相对稳定。

结合各种沥青混合料低温性能试验与评价方法的特点及目前我国常用试验方法，本研究采用低温弯曲破坏试验方法对 CRP 和 SBS 改性沥青混合料低温抗裂性能进行测试评价。

图 5.11 低温弯曲试验

低温弯曲试验（见图 5.11）的小梁试件尺寸为长×宽×高＝250mm×30mm×35mm，在跨中集中施加荷载直至试件断裂破坏，通过破坏时的最大荷载计算试件的抗弯拉强度 R_B，由破坏时的跨中挠度求取试件的最大弯拉应变 ε_B，最后由抗弯拉强度与抗弯拉应变求得试件破坏时的弯曲劲度模量 S_B。

我国规范规定[74]，试验所用小梁试件需从轮碾成型的标准车辙板上切割，然后将其置于−10℃的恒温水槽中的平板玻璃上，间隔不小于 10mm，保温 45min。

试验时，将保温好的试件放在低温弯曲试验机梁式支座上，注意试件上下面应与试件成型时方向保持一致，试验加载速率为 50mm/min，直至破坏。

试验结果用以下公式计算：

$$R_B = \frac{3LP_B}{2bh^2} \tag{5.7}$$

$$\varepsilon_b = \frac{6hd}{L^2} \tag{5.8}$$

$$S_B = \frac{R_B}{\varepsilon_B} \tag{5.9}$$

式中：R_B 为试件破坏时的抗弯拉强度，MPa；ε_B 为试件破坏时的最大弯拉应变；S_B 为试件破坏时的弯曲劲度模量，MPa；h、b 为小梁试件跨中断面的高度、宽度，mm；L 为试件的跨径，mm；d 为试件破坏时的跨中挠度，mm。

2)CRP 与 SBS 改性沥青混合料低温弯曲试验结果及对比分析

图 5.12 是切割的小梁试件及破坏试件。两种改性沥青混合料的低温弯曲试验结果如表 5.17 所示。

(a)破坏前　　　　　　　　　　　　　　　　(b)破坏后

图 5.12　破坏前后的试件

表 5.17　CRP 与 SBS 改性沥青混合料小梁低温弯曲试验结果（－10℃）

试验指标	抗弯拉强度 R_B /MPa	最大弯拉应变 ε_B/×10^{-6}	弯曲劲度模量 S_B/MPa
5%CRP 改性沥青混合料	9.09	1424.6	6497
4%SBS 改性沥青混合料	10.58	1900	5566

由表 5.17 可以看出：SBS 改性沥青混合料弯拉应变大于 CRP 改性沥青混合料，而劲度模量小于 CRP 改性沥青混合料，表明 SBS 改性沥青混合料比 CRP 改性沥青混合料具有较好的抗低温变形性能，从而低温抗裂性能较好。

4. CRP 和 SBS 改性沥青混合料的水稳定性对比

采用冻融劈裂试验对比 CRP 和 SBS 改性沥青混合料的水稳定性，试验材料性能和试验方法同前，混合料级配 AC-13，试验结果如表 5.18 所示。

表 5.18　CRP 和 SBS 改性沥青混合料的冻融劈裂试验结果

改性剂类型		试验指标				冻融劈裂强度比 TSR/%
		劈裂抗拉强度/MPa				
		R_{T1}	R_{T2}	R_{T3}	平均	
70♯基质沥青	冻融	0.785	0.699	0.670	0.718	81.8
	未冻	0.840	0.878	0.915	0.878	
CRP	冻融	0.956	0.842	0.739	0.846	85.4
	未冻	0.991	0.993	0.989	0.991	
SBS	冻融	0.748	0.709	0.729	0.729	83.4
	未冻	0.865	0.883	0.874	0.874	

注：普通沥青混合料 TSR≥75%；改性沥青混合料 TSR≥80%。

从表 5.18 可以看出：CRP 和 SBS 改性沥青混合料的冻融劈裂强度比相差不大，而且均高于基质沥青混合料，表明 CRP 改性沥青混合料的水稳定性满足规范要求，具有较好的水稳定性。

第6章 生活废旧塑料干法改性沥青混合料的性能

6.1 干法添加改性的意义

6.1.1 改性沥青的生产制作方法

改性沥青的生产制作与使用方式可以分为两大类,即湿法(也称预混法)和干法(也称直接投入法),如图6.1所示。一种改性剂采用干法还是湿法改性取决于改性剂的熔化温度、在剪切力作用下的分散难易程度及在沥青中分散的均匀性。

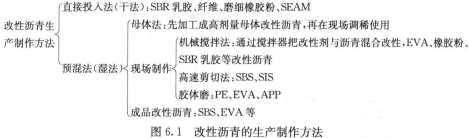

图 6.1 改性沥青的生产制作方法

1. 湿法改性

湿法又分为母体法、现场制作法和成品改性沥青三种。

(1)母体法是采用溶剂法和混炼法制备改性沥青母体,施工时在现场将改性沥青母体与基质沥青按一定比例掺配调和成满足性能要求的改性沥青使用,所以又称为二次掺配法。

(2)现场制作法可根据制作机械的不同分为机械搅拌法、胶体磨和高速剪切法。理论上,改性沥青可以通过机械搅拌方式把聚合物改性剂与基质沥青混合得。但由于基质沥青与不同聚合物改性剂的相容性不同,采用机械搅拌法对于类似SBS、PE等与沥青相容性较差的聚合物改性剂,搅拌破碎的机械力有限,很难将改性剂与基质沥青均匀地混溶在一起而不产生离析,所以机械搅拌法受到一定的限制。而采用胶体磨或高速剪切机械则可以通过研磨和剪切力强制将改性剂打碎,使聚合物改性剂充分地分散到基质沥青中,制作的改性沥青均匀性更好,因此是聚合物改性沥青常用的制作方法。采用胶体磨或高速剪切机在现场加工制作改性沥青,然后直接送入拌和机使用,是目前我国现场制作改性沥青的常用生产方法。

(3) 成品改性沥青是由工厂把改性剂和改性沥青混合加工成改性沥青存储,然后运送到拌和站,再与矿料拌和生产改性沥青混合料,这对于没有制作改性沥青剪切设备的生产单位来说很方便,但成本较高。

SBS改性沥青采用的是典型的湿法改性工艺(见图6.2),可以采用胶体磨或高速剪切机械在拌和站现场制作SBS改性沥青或在工厂加工成SBS改性沥青成品。

图 6.2 SBS改性沥青剪切设备与流程

2. 干法改性

干法改性是直接将改性剂投入沥青混合料的拌和锅,与矿料和沥青共同拌和制作改性沥青混合料的改性沥青混合料施工工艺,如图6.3所示。制作过程中将粉体或者液体改性剂直接喷入拌和锅,这种方法添加设备简单,施工成本低,施工工艺简单,受到施工单位的欢迎。如硫黄颗粒改性沥青是典型的干掺法改性,由于硫黄在150℃以下就可以完全熔化,因此可直接加入沥青混合料中,在搅拌力作用下与沥青混合,实现对沥青的改性。

图 6.3 人工直接把改性剂投入拌和锅的干法改性工艺

由于干法改性在施工方面的优点,国内外对 SBS、橡胶粉干法改性进行了研究。20 世纪 70 年代,瑞典道路研究所提出了用废轮胎橡胶颗粒干法改性沥青混凝土抑制路面结冰铺装技术的方法;日本早在 20 世纪 90 年代就开始研制粉体 SBS 干法改性施工工艺,且认为将 SBS 粉体直接投入沥青混合料中拌和即可;国内也对 SBS 粉体改性沥青进行了研究[75,76],朱梦良认为 SBS 粉体的此种投入方式固然简便,但存在不足,虽然 SBS 已成粉状,但细小的颗粒必须溶解成分子链状才可以发挥其高黏和高弹的特性,直接投入法由于拌和时间短,SBS 不足以充分溶解于沥青中,短时间内无法保证 SBS 在沥青混合料中充分均匀,势必影响 SBS 的改性效果。目前 SBS 仍然采用湿法改性,废旧橡胶粉改性沥青也以湿法(搅拌)改性较为常见。由此可以看出,干法改性虽然具有添加施工工艺简便、节能、大小工程都可以用的特点,但并非所有的改性剂都适合干法施工工艺,与改性剂的熔点、细度、分子结构密切相关,只有那些熔点与沥青混合料拌和温度相近、易于熔化和分散于沥青中的改性剂才适合采用直接添加工艺改性。

6.1.2　废旧塑料干法改性的意义

在 170~180℃,CRP 改性剂可以完全熔化,且与沥青有良好的相容性,因此,可以采用与 SBS 改性沥青相同的湿法工艺制作 CRP 改性沥青,工艺与 SBS 改性沥青相同,其性能如前所述。另外,当把 CRP 磨细成一定细度的颗粒时,把它直接投入在 190℃烘箱中加热后的石料中,在 170℃左右的拌和锅里拌和一定时间后,这些颗粒也能全部熔化,表明可以直接把 CRP 投入拌和锅里与沥青拌而而不需要采用剪切设备预混,从而给施工带来很多方便,对于没有专门改性沥青剪切设备的地方道路施工企业,无论工程大小都可以采用改性沥青,节约改性沥青的成本,因而研究干法改性具有重要意义。

由于添加工艺的不同,其改性效果也不同,为对比 CRP 干法改性沥青效果,在湿法改性研究基础上,对 CRP 干法改性沥青混合料的性能进行了较系统的研究,以确定干法改性的效果、使用条件、施工工艺与施工参数,为 CRP 干法改性技术推广应用提供依据。

6.2　CRP 改性剂的熔融性能及影响因素

6.2.1　CRP 改性剂的熔融性能

并非所有的改性剂都适合于干法施工工艺,只有那些熔点与沥青混合料拌和温度相近、易于熔化和分散于沥青中的改性剂才适于用直接添加工艺改性。为研究 CRP 的熔融温度、时间及其对沥青的改性效果,测试了不同温度和熔融时间条件下 CRP 的熔化情况及对沥青的改性效果。

将一定比例的 CRP 加入已经预热至规定温度[(180±5)℃]的集料中,在 (170±5)℃的拌和锅里拌和,目测不同拌和时间后 CRP 的熔化状况。试验用的集料为重庆的石灰岩,其集料质地坚硬、方形多棱角。考虑到目测需要,采用的集料粒径为 4.75~13.2mm。

表 6.1 和图 6.4 是不同拌和熔化时间条件下 CRP 在集料表面的熔化与黏附状况。图 6.5 是 CRP 与橡胶粉和集料拌和后的熔化情况对比。

表 6.1　不同拌和时间的 CRP 熔化状况

拌和熔化时间/s	CRP 在集料表面上的黏附状况
10	有大量未熔 CRP 颗粒
20	CRP 颗粒基本熔完,熔化的 CRP 浸润在石料表面,形成浸湿痕迹,石料表面尚有少量未熔化 CRP 颗粒
30	CRP 颗粒全部熔完,石料表面有均匀的 CRP 浸润痕迹,基本看不到未熔化 CRP 颗粒

(a) CRP改性剂　　　　　　　　　　(b) 10s

(c) 20s　　　　　　　　　　(d) 30s

图 6.4　不同拌和时间条件下 CRP 的熔化状况

(a) 与CRP拌和后的石灰岩　　　　　　(b) 与橡胶粉拌和后的石灰岩

图 6.5　干法 CRP 和橡胶粉与石灰岩拌和熔化情况的对比

表 6.1 和图 6.4、图 6.5 可以看出,在 170℃ 左右的拌和温度下,CRP 在拌和 20s 后就已经基本熔化,拌和 20~30s 后完全熔化。橡胶粉拌和的集料表面有明显结团,集料表面颜色没有变化,有结团,表明橡胶粉没有熔化,而与 CRP 拌和的集料表面明显被改性剂浸湿,颜色发生变化,没有结团,表明在 170℃ 条件下 CRP 已完全熔化,可以用干法添加改性。

6.2.2　影响 CRP 改性剂熔融效果的因素

1. 集料加热温度对 CRP 熔融状态的影响

集料加热温度的高低将影响干法 CRP 改性剂在沥青混合料中的均匀分散性以及与集料的熔融效果。为了对比研究集料加热温度对 CRP 熔融状态的影响,试验采用 CRP 最大粒径为 1.18mm,拌和温度 170℃,拌和时间 20s。集料加热温度为 120℃、140℃、160℃、180℃,测试不同加热温度条件下,集料与 CRP 拌和后的熔融状态如表 6.2 所示。

表 6.2　不同加热温度的集料与 CRP 的熔融状态试验结果

集料加热温度/℃	120	140	160	180
CRP 熔融状态	基本未熔化,在集料表面附有少量的细小 CRP 颗粒	少部分熔化,较多的 CRP 细小颗粒附在集料表面	大部分熔化,附在集料表面的细小颗粒减少	石料表面有均匀的 CRP 浸润痕迹,基本看不到未熔化 CRP 颗粒

从表 6.2 可以看出,集料的加热温度对 CRP 的熔融效果影响很大,集料的加热温度越高,其熔融效果越好。在 120~140℃ 的集料加热温度下,CRP 虽受到集料的挤压力与剪切力作用,但 20s 拌和时间较短,CRP 未完全均匀受热达到其熔融

温度,使得大部分 CRP 呈颗粒状分散在集料中,只有小部分颗粒发生软化现象。随着集料加热温度的升高,CRP 充分受热、熔融浸入集料表面,在 180℃集料加热温度下,CRP 已达到其熔化温度,在 20s 拌和时间内基本完全熔化包裹在集料表面,达到最佳熔化状态,集料温度越高,熔化时间越短。

2. CRP 粒径对熔融状态的影响

为了找出 CRP 粒径对 CRP 熔融状态的影响,确定干法 CRP 的最佳粒径,本次研究用筛分法选择了 2.36mm、1.18mm、0.6mm、0.3mm 四个粒径的 CRP 颗粒,在集料加热温度 180℃,拌和温度 170℃,拌和时间 20s 条件下,观察不同粒径 CRP 与集料拌和后的熔融状态,结果如表 6.3 所示。

表 6.3 不同粒径的 CRP 与集料拌和的熔融状态试验结果

CRP 粒径/mm	2.36	1.18	0.6	0.3
CRP 熔融状态	CRP 颗粒部分熔化,部分细小颗粒附在集料表面	颗粒全部熔完,石料表面有均匀的 CRP 浸润痕迹,基本看不到未熔化的颗粒	颗粒全部熔完,石料表面有均匀的 CRP 浸润痕迹,基本看不到未熔化的颗粒	颗粒全部熔完,石料表面有均匀的 CRP 浸润痕迹,基本看不到未熔化的颗粒

从表 6.3 可以看出,在 170℃的拌和温度下,粒径 2.36mm 的 CRP 颗粒,由于粒径较粗,拌和 20s 后热量未能完全传递到颗粒内部,未熔化的颗粒呈团状包裹在一起,熔融状态较差,而较细粒径(1.18mm、0.6mm、0.3mm)的颗粒在 170℃的拌和温度下与集料拌和 20s 后基本能完全熔融并浸润在集料表面,熔融状态较好。CRP 粒径越细,熔化时间越短,根据不同粒径 CRP 熔化时间,干法 CRP 颗粒的生产粒径应≤1.18mm。

3. 拌和时间对 CRP 熔融状态的影响

为了研究拌和时间对 CRP 熔融状态的影响,确定合适的干拌时间,试验研究了集料加热温度 180℃、拌和温度 170℃时,CRP 熔融状态随拌和时间的变化。不同粒径(2.36mm、1.18mm、0.6mm、0.3mm)CRP 与集料拌和 10s、20s、30s、40s 后的熔融状态如表 6.4 所示。

由表 6.4 可以看出,随着拌和时间的延长,CRP 逐渐熔化,但 CRP 的粒径不同,达到最佳干拌效果的拌和时间也不同,较细粒径 CRP 颗粒 1.18mm、0.6mm、0.3mm 的最佳干拌时间比较粗粒径 2.36mm CRP 颗粒的短,只需要 20s 就能达到最佳干拌效果;而较粗粒径(2.36mm)的 CRP 颗粒,在 170℃的拌和温度下拌和 30s 后 CRP 基本完全熔融,因此需要 30s 才能达到最佳干拌效果。

表 6.4　不同拌和时间的 CRP 与集料的熔融等级

粒径/mm	拌和时间/s			
	10	20	30	40
2.36	部分 CRP 未熔化,附在集料表面的细小颗粒较多	CRP 部分熔化,附在集料表面的细小颗粒少于 30%	颗粒全部熔完,石料表面有均匀的 CRP 浸润痕迹,基本看不到未熔化的颗粒	颗粒全部熔完,石料表面有均匀的 CRP 浸润痕迹,基本看不到未熔化的颗粒
1.18	部分 CRP 未熔化,附在集料表面的细小颗粒较多	颗粒全部熔完,石料表面有均匀的 CRP 浸润痕迹,基本看不到未熔化的颗粒	颗粒全部熔完,石料表面有均匀的 CRP 浸润痕迹,基本看不到未熔化的颗粒	颗粒全部熔完,石料表面有均匀的 CRP 浸润痕迹,基本看不到未熔化的颗粒
0.6	CRP 基本熔化,少量细小颗粒附在集料表面	颗粒全部熔完,石料表面有均匀的 CRP 浸润痕迹,基本看不到未熔化的颗粒	颗粒全部熔完,石料表面有均匀的 CRP 浸润痕迹,基本看不到未熔化的颗粒	颗粒全部熔完,石料表面有均匀的 CRP 浸润痕迹,基本看不到未熔化的颗粒
0.3	CRP 基本熔化,少量细小颗粒附在集料表面	颗粒全部熔完,石料表面有均匀的 CRP 浸润痕迹,基本看不到未熔化的颗粒	颗粒全部熔完,石料表面有均匀的 CRP 浸润痕迹,基本看不到未熔化的颗粒	颗粒全部熔完,石料表面有均匀的 CRP 浸润痕迹,基本看不到未熔化的颗粒

综上所述,CRP 基本完全熔化浸湿集料表面所需的最佳集料加热温度为 180℃;CRP 粒径越小,熔融时间越短,效果越好;在相同条件下,CRP 粒径越小,越容易熔化,粒径 2.36mm 的 CRP 颗粒与集料拌和的最佳干拌时间为 30s 以上,而 1.18mm、0.6mm、0.3mm 粒径的 CRP 颗粒与集料拌和的最佳干拌时间为 20s 左右。考虑到现场实际拌和温度的不均匀性及混合料的量较大,干法 CRP 改性沥青混合料拌和时,在(170±5)℃条件下,添加 CRP 改性剂后拌和时间不宜低于 30s。添加顺序为喷洒沥青后先添加 CRP,拌和 25～30s,然后添加矿粉,以保证 CRP 完全熔化,同时避免 CRP 浸入集料表面而影响沥青与集料的黏附性。在实际工程中也可以根据拌和温度,调整添加 CRP 后的拌和时间。

6.3　生活废旧塑料干法改性沥青的效果评价

在实际的工程应用中,干法改性沥青的性能与效果评价是干法改性的难点。为评价 CRP 干法改性沥青效果和性能,本次研究首先通过干法拌制 CRP 改性沥青混合料,然后利用离心抽提法、阿布森法回收沥青,通过测试回收沥青的三大指标并与基质沥青进行对比,评价干法 CRP 对沥青的改性效果。

6.3.1 CRP 改性剂在三氯乙烯中的溶解性

沥青的抽提和回收试验采用三氯乙烯(trichloroethy lene,TCE)溶剂,通常沥青在三氯乙烯中的溶解度大于 99%,而改性剂 SBS、SBR 均可很好溶于三氯乙烯,其溶解过程将发生复杂的化学反应,例如,SBS 硬段(高弹性)微区约束相与三氯乙烯溶剂反应后物理交联或结合作用被破坏,使抽提回收的沥青较原始状态有了较大变化,其三大指标试验值与原基质沥青样品比差异显著,软化点衰减严重、延度增加。为评价干法制作的 CRP 混合料中抽提回收的沥青性能变化及影响因素,先进行 CRP 改性剂在三氯乙烯中的溶解性试验,以判断 CRP 改性剂在三氯乙烯中的溶解情况。

CRP 在三氯乙烯中的溶解性试验程序如下:

(1)洁净的烧杯和玻璃棒各一个,加入 CRP 改性剂。

(2)向烧杯中缓慢加入三氯乙烯溶剂,并充分搅拌,使溶剂与改性剂混合。

(3)搅拌约 1min,然后停止搅拌,把溶液静置一段时间,观察溶解状况。

观察试验表明,CRP 加到三氯乙烯中以后,三氯乙烯液体仍然清亮,CRP 沉淀在底部,颗粒形状没有改变,表明 CRP 未溶于三氯乙烯,如图 6.6 所示。

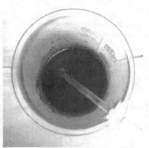

图 6.6　CRP 在三氯乙烯中的溶解状况

因此,在用抽提法评价 CRP 改性沥青的效果时,可以排除 CRP 改性剂在抽提过程中溶于三氯乙烯而对抽提沥青指标的影响,抽提沥青的性能就是 CRP 改性沥青的性能,可以用抽提试验提取 CRP 改性沥青混合料的沥青,测试其指标以评定 CRP 的改性效果。

6.3.2 CRP 干法改性沥青混合料的抽提沥青性能

1.CRP 干法改性沥青混合料的拌制

试验采用 CRP 干法改性的 AC-13 沥青混合料、AH-70♯基质沥青和韩国 SK-

70♯,CRP 掺量 5.5％,为避免矿粉对抽提沥青性能的干扰,混合料中不加矿粉。先把沥青与碎石集料拌和 60s,然后把 CRP 投入混合料中搅拌 25s,拌和完成后,将拌和好的沥青混合料装入洁净的不锈钢盘中,放置于常温环境下 48h,准备抽提分离试验。

2. 采用离心分离法获取沥青抽提液

取 1500g 混合料进行离心分离,获取沥青抽提液。

(1)将 CRP 干法改性的沥青混合料放入温度约为 100℃的烘箱加热至试样呈松散状,然后随机选取三组料进行试验,每组试样质量 1500g,并分别装入洁净的烧杯。

(2)向装有试样的烧杯中注入三氯乙烯溶液,将其完全浸泡约 30min,并使用玻璃棒适当搅拌,使其充分溶解。

(3)将烧杯中的混合料及溶液倒入离心分离器中,并用少量三氯乙烯溶剂将烧杯及玻璃棒上的黏附物完全清洗入分离容器中。

(4)在离心分离器边缘放置滤纸,立即紧固分离器盖,随后将回收瓶放置于分离液出口。

(5)启动离心机,使其转速逐渐增至 3000r/min,沥青溶液逐渐通过排出孔流入回收瓶,待不再有液体流出后停机。

(6)从离心机上盖的小孔中加入体积适量的三氯乙烯溶剂,稍停 3～5min,并重复上述操作,直至流出的抽提液清澈透明。

3. 回收沥青

利用旋转蒸发器将抽提液中的溶剂(三氯乙烯)除去,回收抽提溶液中的沥青,如图 6.7 所示。

将前面离心后的抽提液分次放入旋转蒸发分离仪中,开动仪器,使旋转烧瓶受热,抽提液中的三氯乙烯成分不断受热蒸发。蒸发结束后,立即将烧瓶内的沥青迅速取出,分别浇入针入度、延度、软化点试模,等待测试。

图 6.7　旋转蒸发法分离沥青

4. 测试回收沥青的针入度、延度、软化点指标

表 6.5 是抽提沥青与基质沥青和湿法改性沥青的性能测试结果。表 6.6 和表 6.7 分别是不同 CRP 掺量和不同干拌时间的抽提沥青软化点和针入度测试结果。

表 6.5 抽提沥青性能指标测试结果

沥青种类		试验指标		
		软化点/℃	针入度(25℃)/0.1mm	延度(15℃)/mm
AH-70♯	基质沥青	50.5	66	＞100
	5.5%CRP 干法抽提沥青	63.7	42	41
	5.5%CRP 湿法改性沥青	69.3	38	34
韩国 SK-70♯	基质沥青	49.8	68	—
	5.5%CRP 干法抽提沥青	64.6	39	—
	5.5%CRP 湿法改性沥青	67.9	35	—

表 6.6 不同 CRP 掺量沥青混合料的回收沥青软化点测试结果   (单位:℃)

沥青类型		CRP 掺量/%					
		0	4	4.5	5.5	6.5	7
韩国 SK-70♯	干法混合料回收沥青	49.8	47.5	51.3	64.6	67.6	71.2
	湿法混合料回收沥青	49.8	52.8	55.2	67.9	71.2	73.7

表 6.7 不同干拌时间沥青混合料的回收沥青 25℃针入度和软化点测试结果(韩国 SK-70♯)

拌和时间/s		10		20		30		40	
指标		针入度/0.1mm	软化点/℃	针入度/0.1mm	软化点/℃	针入度/0.1mm	软化点/℃	针入度/0.1mm	软化点/℃
CRP 粒径/mm	2.36	62	56.3	55	58.2	46	64.6	43	66.4
	1.18	55	54.5	45	61.6	41	65.1	40	67.3
	0.6	51	55.1	41	63.1	37	67.0	35	68.7
	0.3	50	53.7	39	64.6	34	68.4	32	70.1

由表 6.5 可得:

(1)干法抽提沥青的软化点比 70♯ 基质沥青提高了 13.2℃,提高幅度为 26.1%,表明干法添加的 CRP 已较好地溶于沥青中,提高了沥青的性能,但相比湿法改性,指标略低。

(2)无论干法还是湿法,其改性沥青的性能随 CRP 掺量的增加而提高。

(3)不同粒径 CRP 干法改性沥青的性能受拌和时间的影响较大,CRP 的粒径越大,需要干拌的时间越长才能达到较细粒径 CRP 的改性效果,CRP 与混合料的拌和时间应根据拌和时的温度和 CRP 的粒径确定,一般宜大于 30s。

(4)根据 CRP 在拌和过程中的熔化情况及抽提沥青的性能测试结果,干法改性与湿法改性沥青性能较相近,表明 CRP 干法改性沥青是可行的,CRP 改性沥青可以采用干法施工。

6.4　生活废旧塑料干法改性沥青混合料的性能

6.4.1　CRP 干法改性沥青混合料的马歇尔试验结果

CRP 改性沥青混合料具有良好的高温稳定性,能够有效地提高沥青路面的抗车辙能力,但是,干法和湿法的添加工艺不同,改性效果也不同。为对比干法和湿法添加工艺对改性沥青混合料性能的影响,测试了干法和湿法改性沥青混合料的路用技术性能,以确定 CRP 干法和湿法改性沥青的应用条件,为不同条件下选择 CRP 的改性添加工艺提供依据。

1. 原材料性能

试验采用韩国 SK-70♯ 基质沥青,软化点 46.8℃,25℃针入度 72(0.1mm),15℃延度＞100cm。

5%CRP 湿法改性沥青的软化点 63.3℃,25℃针入度 57(0.1mm),5℃延度 2.1cm。

集料、填料为重庆地区石灰岩,粗集料压碎值 18.9%,吸水率 0.8%;细集料砂当量 70.6%,吸水率 1.24%;矿粉表观密度 2.701g/cm³,亲水系数 0.3,塑性指数 2.8%,性能满足沥青路面施工技术规范要求。混合料级配如表 6.8 所示。

表 6.8　试验混合料的级配及集料密度

筛孔孔径/mm	16	13.2	9.5	4.75	2.36	1.18	0.6	0.3	0.15	0.075
通过率/%	100	95.5	68	47.1	33.4	23.4	15.2	8.7	7.3	5.2
表观相对密度/(g/cm³)	—	2.747	2.746	2.735	2.716	2.702	2.699	2.701	2.698	2.707

2. 马歇尔试验结果

基质沥青、干法及湿法改性沥青混合料的马歇尔试验结果如表 6.9 所示。

表 6.9　马歇尔试验结果

沥青种类	油石比/%	毛体积密度/(g/cm³)	空隙率/%	矿料间隙率/%	沥青饱和度/%	稳定度/kN	流值/mm	最佳油石比/%
基质沥青	4.0	2.33	8.6	17.1	49.5	11.55	5.49	5.10
	4.5	2.37	6.3	16.0	60.8	11.95	5.69	
	5.0	2.39	4.6	15.5	70.4	10.34	5.72	

沥青种类	油石比/%	毛体积密度/(g/cm³)	空隙率/%	矿料间隙率/%	沥青饱和度/%	稳定度/kN	流值/mm	最佳油石比/%
基质沥青	5.5	2.41	3.2	15.3	78.8	9.97	5.94	5.10
	6.0	2.41	2.6	15.7	83.6	8.47	6.49	
干法 5%CRP	4.0	2.38	6.7	15.3	56.5	15.17	4.23	5.05
	4.5	2.40	5.1	14.9	65.8	16.00	5.26	
	5.0	2.39	4.6	15.5	70.6	13.36	5.23	
	5.5	2.40	3.8	15.6	76.0	13.27	5.54	
	6.0	2.39	3.4	16.5	79.3	12.52	5.76	
湿法 5%CRP	4.0	2.31	9.3	17.7	47.6	15.98	2.40	5.00
	4.5	2.34	7.4	17.0	56.5	15.28	3.07	
	5.0	2.38	5.0	15.8	68.6	17.35	3.30	
	5.5	2.40	3.8	15.8	75.8	15.35	3.39	
	6.0	2.42	2.1	15.4	86.1	15.55	3.29	

表 6.10　马歇尔模数 T 结果

油石比/%		4.0	4.5	5.0	5.5	6.0
马歇尔模数 T	基质沥青	2.1038	2.1002	1.8077	1.6785	1.3051
	干法 5%CRP	3.5863	3.0418	2.5545	2.3953	2.1736
	湿法 5%CRP	6.6583	4.9772	5.2576	4.5280	4.7264

从表 6.9 可以看出：

(1)CRP 干法和湿法改性沥青混合料的稳定度都显著高于基质沥青混合料,干法、湿法改性沥青混合料的马歇尔稳定度增幅分别为 29.2%～47.8% 和 27.9%～83.6%,改性效果明显;相对而言,在 CRP 掺量相同条件下,湿法的增强效果略好于干法。

(2)与基质沥青混合料相比,CRP 干法改性沥青混合料的空隙率和间隙率没有明显变化,表明可以采用普通沥青混合料的压实工艺参数对干法沥青混合料进行压实。

(3)干法和湿法改性沥青混合料的最佳油石比相差较小,并与基质沥青的油石比相近,这主要是由于 CRP 具有可以显著提高沥青软化点但对黏度增加不大的特性。

6.4.2　CRP 干法改性沥青混合料的路用性能

1. 高温稳定性

采用车辙试验的动稳定度(DS)评价 CRP 干法和湿法改性沥青混合料的高温稳定性。混合料的级配和油石比根据前述马歇尔试验确定,车辙试件尺寸 300mm×300mm×50mm,压实度控制在(100±1)%,成型后冷却养生 24h 后再进行试验。表 6.11 为动稳定度试验结果。

表 6.11　干法改性 AC-13 沥青混合料的动稳定度试验结果

沥青类型		油石比/%	动稳定度/(次/mm)			
			1	2	3	均值
基质沥青		5.1	1089	1720	989	1133
干法改性	4%CRP	5.1	2597	1938	2553	2630
	5%CRP	5.1	4017	3469	3968	3818
	6%CRP	5.1	6789	3250	6215	6416
湿法改性	4%CRP	5.0	3250	2696	3317	3088
	5%CRP	5.0	5269	4807	4323	4780
	6%CRP	5.0	6806	6572	6889	6756

从表 6.11 可以看出:

(1)与基质沥青相比,CRP 干法、湿法改性沥青混合料的动稳定度远大于基质沥青混合料,表明 CRP 对于提高沥青混合料的高温稳定性效果显著。

(2)在最佳油石比的情况下,CRP 干法和湿法改性沥青混合料的动稳定度随 CRP 改性剂掺量的增加而显著增大,在 CRP 掺量 6%时,CRP 干法改性后的沥青混合料平均动稳定度达到 6416 次/mm,湿法的平均动稳定度达到 6756 次/mm。不同 CRP 掺量下的动稳定度增幅分别为 132.1%、237.0%、466.3%,改性效果显著。在相同 CRP 掺量条件下,湿法改性混合料的高温稳定性好于干法。

(3)根据不同掺量 CRP 改性沥青混合料的动稳定度试验结果及规范对改性沥青混合料动稳定度不小于 2800 次/mm 的要求,CRP 干法和湿法改性的最佳掺量不宜小于 5%。

2. 水稳定性

根据现行沥青路面施工技术规范,采用冻融劈裂试验的冻融劈裂强度比评价干法、湿法改性沥青混合料的水稳定性。混合料的级配、油石比、密度等成型参数由前述马歇尔试验确定。试验结果如表 6.12 所示。

表 6.12　干法改性 AC-13 沥青混合料的冻融劈裂试验结果

沥青类型		冻融条件	劈裂强度/MPa				冻融劈裂强度比 TSR /%
			1	2	3	均值	
基质沥青		冻融	0.604	0.564	0.681	0.616	84.7
		未冻	0.711	0.778	0.693	0.727	
干法改性	4%CRP	冻融	0.783	0.751	0.734	0.756	88.2
		未冻	0.838	0.883	0.851	0.857	
	5%CRP	冻融	0.763	0.812	0.794	0.790	91.7
		未冻	0.878	0.811	0.893	0.861	
	6%CRP	冻融	0.825	0.925	0.832	0.861	94.9
		未冻	0.925	0.903	0.893	0.907	
湿法改性	4%CRP	冻融	0.803	0.817	0.756	0.792	91.7
		未冻	0.883	0.819	0.889	0.864	
	5%CRP	冻融	0.708	0.827	0.719	0.751	96.5
		未冻	0.799	0.810	0.727	0.779	
	6%CRP	冻融	0.764	0.734	0.682	0.727	92.9
		未冻	0.777	0.736	0.834	0.782	

从表 6.12 可以看出:

(1)干法或湿法 CRP 改性沥青混合料的冻融劈裂强度比都满足沥青路面施工技术规范对沥青混合料的水稳定性指标要求,且明显高于基质沥青混合料,表明 CRP 具有提高沥青混合料水稳定性的作用。

(2)CRP 改性沥青混合料的水稳定性随 CRP 掺量的增加而提高,在低掺量时湿法改性沥青混合料的水稳定性略好于干法。

3. 低温性能

采用小梁低温弯曲试验评价 CRP 干法、湿法改性沥青混合料的低温抗裂性能。试验的小梁试件从成型车辙板上切割而成,试验结果如表 6.13 所示。

表 6.13　干法 CRP 改性沥青混合料的低温弯曲试验结果

沥青类型		抗弯拉强度/MPa	最大弯拉应变/×10⁻⁶	弯曲劲度模量/MPa
干法改性	5%CRP	6.91	1835	3767
	6%CRP	5.84	1439	4062

续表

沥青类型		抗弯拉强度/MPa	最大弯拉应变 /×10⁻⁶	弯曲劲度模量 /MPa
湿法改性	4%CRP	6.29	1704	3690
	5%CRP	5.73	1265	4525
	6%CRP	5.46	1150	4753

从表 6.13 可以看出:CRP 改性沥青混合料的低温弯拉应变随 CRP 掺量的增加而减小,干法改性沥青混合料的低温性能略好于湿法。为了不过大地降低沥青混合料的低温弯曲性能,干法和湿法改性的 CRP 掺量宜控制在 5.0%~5.5%。

6.5　生活废旧塑料改性 SMA-13 级配沥青混合料的性能

除 AC 级配沥青混合料外,SMA 也是常用的沥青混合料,目前用于配制 SMA 级配沥青混合料常用 SBS 改性沥青,但由于制作 SBS 改性沥青需要专门的改性沥青剪切设备,而一般地方公路路面施工企业的拌和站都没有这种剪切设备,同时,SBS 改性剂价格较高,这使得 SMA 级配沥青混合料路面在地方道路中的应用受到限制。CRP 是一种以聚合物 PE、PP 为主制作而成的新型改性剂,这种改性剂能较大地提高沥青的软化点达 70℃左右,从而使沥青混合料具有较好的高温稳定性,同时这种改性剂施工工艺简便,可以在混合料拌和过程中添加(干法改性),也可以采用与 SBS 改性沥青相同的设备和方法制作成改性沥青(湿法改性)后再与集料拌和。湿法制作的 CRP 改性沥青不离析,便于存储和运输。基于 CRP 改性沥青的性能及 SMA 级配沥青路面对改性沥青的要求,能否用 CRP 配制 SMA 级配沥青混合料以及应用条件如何是值得研究的课题。因此,在前述 AC-13 性能试验基础上,进一步研究了 CRP 改性沥青配制 SMA 级配沥青混合料的性能,测试了湿掺和干掺 CRP 改性 SMA-13 级配沥青混合料的性能,并与 SBS 改性沥青配制的 SMA 级配混合料性进行对比,以研究 CRP 改性沥青混合料的级配设计方法及适用类型,评价 CRP 改性不同级配沥青混合料的路用性能及用 CRP 改性沥青作为 SMA 级配混合料的黏结料的可行性。

6.5.1　CRP 改性 SMA-13 沥青混合料的马歇尔试验

1. 原材料性能

中海油 AH-70 基质沥青、SBS、CRP、石灰岩集料和矿粉材料的性能与前述试验相同。SMA-13 混合料级配组成如表 6.14 所示。

表 6.14　SMA-13 混合料矿料级配

筛孔尺寸/mm	通过百分率/%									
	16	13.2	9.5	4.75	2.36	1.18	0.6	0.3	0.15	0.075
规范范围	100	100～90	75～50	34～20	26～15	24～14	20～12	16～10	15～9	12～8
采用级配	100	95	62.5	30	24.7	20.7	17.3	14.4	12	10

CRP 和 SBS 改性剂的掺配比例：CRP 掺量为 5.5%，SBS 掺量为 4%。

2. CRP 改性 SMA-13 沥青混合料的马歇尔试验结果

取油石比分别为 5.6%、6%、6.4%，并分别掺入 3‰的木质素纤维，按照规范规定的试验方法成型 CRP 改性沥青、SBS 改性沥青 SMA-13 级配混合料马歇尔试件，马歇尔试验结果如表 6.15 和图 6.8 所示。

表 6.15　CRP、SBS 改性 SMA-13 沥青混合料马歇尔试验结果

级配类型	油石比 /%	毛体积密度 /(g/cm³)	空隙率 /%	矿料间隙率 /%	沥青饱和度 /%	稳定度 /kN	流值 /0.1mm
SMA-13 AH-70+5.5% CRP	5.6	2.376	3.9	17.6	77.8	12.6	35.6
	6	2.390	3.6	17.3	79.2	11.34	36.3
	6.4	2.397	2.6	16.9	84.6	10.12	38.5
SMA-13 AH-70+4% SBS	5.6	2.350	5.3	17.5	69.7	13.34	32.8
	6	2.384	3.7	16.8	78.0	12.30	35.7
	6.4	2.382	2.9	17	82.9	11.27	37.1
规范要求	—	—	3～4	≥17	75～85	≥6	—

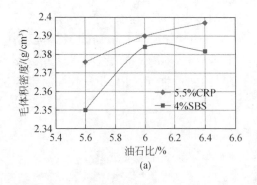

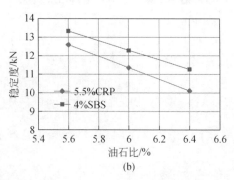

(a)　　　　　　　　　　　(b)

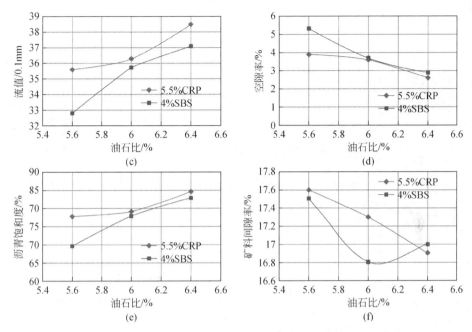

图 6.8 CRP 与 SBS 改性 SMA-13 沥青混合料的马歇尔试验曲线

由表 6.15 可知:

(1)CRP 改性 SMA-13 沥青混合料的马歇尔稳定度明显高于规范要求的 6kN,SBS 改性 SMA-13 沥青混合料的稳定度略好于 CRP 改性 SMA-13,但总体上相差不大,表明 CRP 改性 SMA-13 沥青混合料的马歇尔性能与 SBS 改性沥青 SMA-13 相近。

(2)根据马歇尔试验结果,确定 CRP 和 SBS 改性 SMA-13 沥青混合料的最佳油石比 OAC 分别为 6.0% 和 6.2%。

6.5.2 CRP 改性 SMA-13 沥青混合料的路用性能

1.CRP 改性 SMA-13 沥青混合料的高温稳定性

根据前面所确定的 CRP 改性沥青、SBS 改性 SMA-13 沥青混合料的最佳油石比,分别成型车辙板,进行车辙试验,结果如表 6.16 所示。

表 6.16 CRP 改性 SMA-13 沥青混合料的动稳定度试验结果

沥青种类	油石比/%	DS_1/(次/mm)	DS_2/(次/mm)	DS_3/(次/mm)	$\overline{DS}$/(次/mm)
5.5%CRP 改性沥青	6	5635	6391	5475	5834
4%SBS 改性沥青	6.2	5007	6157	6677	5947

注:规范要求 SMA-13 改性沥青混合料动稳定度≥3000 次/mm。

由表 6.16 可知：

(1)CRP 改性 SMA-13 沥青混合料的动稳定度达 5834 次/mm，完全满足规范大于 3000 次/mm 的要求。

(2)CRP 掺量为 5.5% 与掺量为 4% 的 SBS 改性沥青混合料的动稳定度相近，高温稳定性效果基本相同，因此，就高温性能而言，可以用废旧塑料 CRP 改性沥青拌制 SMA 级配沥青混合料。

2. CRP 改性 SMA-13 沥青混合料的低温性能

采用小梁低温弯曲试验评价沥青混合料的低温性能。用前述高温性能试验的车辙板试件成型参数［最佳油石比（CRP 改性 SMA-13 油石比 6.0%、SBS 改性 SMA-13 油石比 6.2%)］成型车辙试件，然后按要求切割成小梁进行弯拉试验，结果如表 6.17 所示。

表 6.17　SMA-13 混合料低温弯曲试验结果（−10℃）

试验指标		弯拉强度/MPa	应变/×10⁻⁶	劲度/MPa
改性剂掺量	5.5%CRP	7.95	2041.1	3895
	4%SBS	8.73	2308.3	3782

由表 6.17 可得：CRP 改性混合料弯拉强度略低于 SBS 改性沥青弯拉强度，SBS 改性混合料的最大弯拉应变大于 CRP，CRP 改性沥青混合料的劲度模量高于SBS 改性沥青混合料，总体上 CRP 改性沥青 SMA-13 的低温性能略逊于 SBS 改性沥青混合料。

3. CRP 改性 SMA-13 沥青混合料的水稳定性

根据现行沥青路面施工技术规范[65]，采用冻融劈裂强度比评价沥青混合料的水稳定性。按马歇尔试验结果确定的成型参数成型马歇尔试件，然后测试其冻融劈裂强度。CRP 与 SBS 改性 SMA-13 混合料的冻融劈裂试验结果如表 6.18 所示。

表 6.18　SMA-13 沥青混合料冻融劈裂试验结果

混合料类型	改性剂掺量	油石比/%	样品编号	劈裂强度/MPa		冻融劈裂强度比 TSR/%	TSR 平均值/%
				RT₁（未冻融）	RT₂（冻融后）		
SMA-13	5.5%CRP	6	1	0.730	0.646	88.5	89.3
			2	0.716	0.652	91.1	
			3	0.721	0.638	88.5	

续表

混合料类型	改性剂掺量	油石比/%	样品编号	劈裂强度/MPa		冻融劈裂强度比 TSR/%	TSR 平均值/%
				RT$_1$（未冻融）	RT$_2$（冻融后）		
SMA-13	4%SBS	6.2	1	0.765	0.702	91.8	91.1
			2	0.747	0.663	88.8	
			3	0.738	0.685	92.8	

注:规范要求普通沥青混合料 TSR≥75%;改性沥青混合料 TSR≥80%。

由表 6.18 可以看出:CRP 改性 SMA-13 沥青混合料的冻融劈裂强度比满足规范对改性沥青混合料的冻融劈裂强度比大于 80% 的要求;与 SBS 改性 SMA-13 沥青混合料的冻融劈裂强度比相近,表明 CRP 与 SBS 改性沥青混合料的水稳定性相近。

6.6　生活废旧塑料干法改性 SMA-13 沥青混合料的性能

在湿法改性 SMA-13 级配混合料性能研究基础上,研究了 CRP 干法改性 SMA-13 沥青混合料的路用技术性能,以证明能否用干法 CRP 改性沥青拌制 SMA 级配沥青混合料。干法改性混合料采用的集料、油石比、CRP 添加比例与湿法改性相同,油石比采用 6.1%,毛体积密度 2.42g/cm³,CRP 掺量 5.5%。CRP 干法和湿法改性 SMA-13 沥青混合料的路用性能对比试验结果如表 6.19～表 6.21所示。

表 6.19　CRP 干法改性 SMA-13 沥青混合料的动稳定度试验结果

混合料类型		CRP 掺量为 5.5%			
		DS$_1$/(次/mm)	DS$_2$/(次/mm)	DS$_3$/(次/mm)	$\overline{DS}$/(次/mm)
SMA-13	湿法	5802	4578	5203	5194
	干法	4537	4788	4932	4752

注:规范要求 SMA-13 改性沥青混合料动稳定度≥3000 次/mm。

表 6.20　干法 CRP 改性 SMA-13 沥青混合料的小梁弯曲试验结果（-10℃）

改性方法	试验指标		
	破坏强度/MPa	破坏应变/×10^{-6}	劲度/MPa
湿法	8.23	2248.4	3660
干法	7.68	1913.8	4013

表 6.21 CRP 干法改性 SMA-13 沥青混合料的冻融劈裂试验结果

混合料类型	试件编号	劈裂抗拉强度/MPa		TSR/%	TSR 平均值/%
		RT$_1$（未冻融）	RT$_2$（冻融后）		
湿法	1	0.723	0.666	92.1	89.7
	2	0.741	0.646	87.2	
	3	0.715	0.642	89.8	
干法	1	0.701	0.622	88.7	85.1
	2	0.687	0.564	82.1	
	3	0.712	0.602	84.5	

注：规范要求 SMA 改性沥青混合料 TSR≥80%。

由表 6.19~表 6.21 可得：CRP 干法改性 SMA-13 沥青混合料的动稳定度次数大于规范要求的 SMA 混合料 3000 次/mm，冻融劈裂强度满足规范大于 80% 的要求，CRP 干法改性沥青混合料的弯拉应变略低于湿法混合料，总体上，CRP 干法和湿法改性 SMA-13 沥青混合料的高温稳定性、水稳定性和低温性能相近。

通过对 5.5%CRP、4%SBS 改性 SMA-13 沥青混合料的马歇尔试验指标和路用性能对比，表明 CRP、SBS 改性 SMA-13 沥青混合料的性能没有明显差异，CRP 改性沥青混合料的低温性能略低于 SBS 改性沥青，因此，在一般条件下，可采用湿法 CRP 改性沥青拌制 SMA 级配的沥青混合料。

干法和湿法的 SMA-13 沥青混合料路用性能对比表明，总体上，湿法 CRP 改性沥青 SMA-13 混合料的路用技术性能好于干法，但差别不大，因此，若有改性沥青设备，应尽量采用湿法改性，没有改性沥青剪切设备，也可以采用干法改性拌制 SMA 级配的沥青混合料。

6.7 生活废旧塑料改性沥青混合料的疲劳性能

沥青混合料的耐疲劳特性是指在反复车辆荷载作用下混合料抵抗疲劳破坏的能力。沥青混合料的疲劳破坏是由于行车荷载的反复作用，其在远低于材料的极限强度下断裂，最终导致路面开裂的破坏现象。重复荷载作用下的疲劳损坏一般分三个过程，即裂缝的形成、裂缝的扩展和断裂损坏。沥青混合料材料本身的缺陷，如表面或内部的尘粒、水泡、气泡、孔隙及表面形状不规则等，使应力传递不均匀而引起应力集中，应力集中处在重复荷载作用达到一定次数后开始形成疲劳裂缝。裂缝的形成致使材料的承载能力降低，在行车荷载的作用下，裂缝尖端将呈现反复钝化和锐化的交替过程，这个重复过程使缝端断面不断扩展，当裂缝扩展到临界裂缝尺寸时材料疲劳断裂破坏。沥青混合料路面在行车荷载作用下，处于应力应变交叠状态,当荷载重复作用达到一定次数后,荷载在沥青混凝土路面内产生的应力超过结构强度,则路面出现裂缝,沥青混凝土产生疲劳断裂破坏。

影响沥青混合料疲劳寿命的因素很多,主要有以下几方面[12]:

(1)沥青的性质。在应力控制加载模式下,沥青混合料的疲劳寿命随沥青黏度的增大而延长,改性沥青的稠度提高,则混合料的疲劳寿命也提高,在应变控制模式下则相反,即沥青越软,疲劳寿命越长。

(2)混合料的劲度模量。在应力控制加载模式下,疲劳寿命随混合料的劲度增大而延长,这是由于混合料的劲度模量越高,在相同的应力作用下其变形就越小,所以其疲劳寿命长。而在应变控制加载模式下,疲劳寿命则随混合料劲度的增加而缩短,这是因为在相同常应变作用下,混合料劲度模量越高,作用于试件的应力就越大,疲劳寿命越短。

(3)混合料的空隙率。无论控制应力加载模式,还是控制应变加载,沥青混合料的疲劳寿命随着空隙率的降低而显著延长,因此,密集配混合料比开级配混合料有较长的疲劳寿命。

(4)温度。温度对疲劳寿命的影响表现为,随着温度的降低,在应力控制加载模式下,其寿命延长;对于应变控制加载模式,低温时疲劳寿命对温度依赖不明显,温度升高时,疲劳寿命随之延长,这是由于温度升高,混合料劲度降低,裂缝扩展速度变慢,从而疲劳寿命延长。

(5)试验方法对沥青混合料疲劳性能的影响包括:①试件成型方式。目前试件的成型方式主要由静压法、锤击法、揉搓压实法、旋转压实法等,成型方法的不同模拟现场压实情况的程度也不同,试件的密度也不同,都会对疲劳性能产生影响。②试验控制方式。已有研究表明,应变控制加载模式适合混合料厚度较薄(<5cm)和模量较低的路面情况;而应力控制则适合层厚较大(>15cm)和模量较高的情况。③加载时间与频率的影响。研究表明,荷载波形对疲劳性能影响不大,但加荷频率对其是有影响的。如频率在 3~30r/min 范围内,对疲劳寿命影响不大;当频率在 30~100r/min 时,疲劳寿命减少 20%,原因是频率较大时,沥青混合料缺少必要的强度愈合时间;当频率>100r/min 时,疲劳寿命反而会延长,原因在于,加荷时间短促,沥青混合料会表现出较高的劲度模量,在应力控制模式下,疲劳寿命反而会延长。

6.7.1　沥青混合料的疲劳试验方法

疲劳破坏是沥青路面在荷载作用下的主要破坏形式,因此,国内外非常重视沥青混合料疲劳破坏性能研究,用不同的方法进行了大量研究,但很多大型试验方法耗资大、周期长,如以美国的 AASHO 为代表的真实汽车荷载作用下的疲劳寿命试验、以澳大利亚和新西兰为主的在足尺路面结构上模拟汽车荷载作用下的疲劳试验等;而室内小型疲劳试验具有周期短、费用少、疲劳影响因素容易控制等优点,因此,研究人员更倾向于采用室内试验对沥青混合料疲劳性能进行研究,通过室内疲劳性能试验结果,预估现场路面的疲劳特性。沥青混合料的各种疲劳试验方法及优缺点如表 6.22 所示。

表 6.22 沥青混合料的疲劳试验方法

试验方法	优点	缺点
重复弯曲试验	①广泛应用;②结果可直接用于设计;③可以选择加载方法	①耗时;②成本高;③需专门设备
直接拉伸试验	①免去了疲劳试验;②与已有疲劳试验结果存在相关关系	①法国 LCPC 法修正关系建立在 100 万次重复加载基础上;②试验温度是 10℃
间接拉伸试验	①简单;②设备可用于其他试验;③结果可用于设计;④可预测开裂	①二维应力状态;②低估疲劳寿命
消散能方法	①建立在物理现象基础上;②消散能与加载次数之间存在唯一关系	①精确预测疲劳寿命需大量疲劳试验数据;②简化方法仅仅提供疲劳寿命的粗略值
断裂力学方法	①理论为低温条件下适用;②理论上无需疲劳试验	①高温时 K_1 不是材料常数;②需较多试验数据;③需要 K_n(剪切模量)数据 K_1 和 K_{11} 一起预测疲劳寿命;④仅适合于裂缝稳定扩展阶段
拉压疲劳试验	不需弯曲疲劳试验	费时,成本高,需专门设备
重复三轴拉压试验	能较好模拟现场情况	①费时,成本高,需专门设备;②需处理剪应变
弹性基础上的重复	试验能在较高温度下进	费时,成本高,需专门设备
室内轮载试验	较好地模拟现场情况	①低劲度沥青混合料疲劳受车辙影响;②需专门设备
现场轮载试验	直接确定实际轮载作用下的疲劳响应	①费用高、耗时;②需专门设备;③一次只能评价少数几种材料

6.7.2 CRP 改性沥青混合料的疲劳性能

1. 疲劳试验方法及参数

根据现有的试验条件及我国沥青路面设计规范的沥青混合料容许拉应力验算要求,采用周期短、费用低的室内圆柱体试件间接拉伸试验(劈裂疲劳试验)研究 CRP 改性沥青混合料的疲劳性能。

试验采用英国 Cooper Research Technology 有限公司制造的 Cooper 疲劳试验系统,气动伺服施加荷载。试验的主要控制参数如下:

（1）加荷方式为应力控制。与应变控制方式相比,试验终点明确,精度可靠。

（2）加载频率为 10Hz。即加载时间为 0.016s,相当于 60～65km/h 的行车速度,与我国大部分人的开车速度较为接近,符合实际情况。

（3）荷载波形为半正弦波。材料的疲劳寿命与荷载波形有一定的关系,通常认为正弦波形比较接近于实际路面所承受的荷载波形。为了模拟路面实际荷载情况,在相邻波形之间插入 0.4s 的间歇时间。

（4）试验温度。考虑到沥青混合料的疲劳温度主要集中于中、低温时,并参考有关疲劳试验研究成果,本研究选择试验温度为 15℃。

（5）试件成型:用轮碾法成型车辙试件,通过车辙板钻芯得到尺寸为 $\phi100$mm $\times40$mm 的圆柱体试件。

（6）疲劳破坏的判断,随着荷载作用次数的增加,试件残余变形逐渐增大,材料的劲度模量逐渐减小,微裂缝不断发展,最终完全断裂。本试验设定疲劳破坏的约束条件为竖向变形超过 6mm 时,试验停止,记录疲劳次数。

在疲劳试验前,对三组试件进行劈裂强度试验,以确定疲劳试验的控制应力水平。劈裂强度测试条件和方法参照《公路工程沥青及沥青混合料试验规程》(JTG E20—2011)进行。试验温度为 15℃,加载速率为 50 mm/min。疲劳试件的基质沥青为中海油 70♯,油石比同前,劈裂试验结果如表 6.23 所示。

表 6.23　劈裂强度试验结果

试验条件及指标		AC-13			
		基质沥青混合料	5%CRP 湿法改性沥青混合料	4%SBS 改性沥青混合料	5%CRP 干法改性沥青混合料
试验温度 15℃; 加载速率 50mm/min	破坏荷载 P_T/kN	9.73	10.79	10.73	11.37
	劈裂抗拉强度 R_T /MPa	1.186	1.308	1.294	1.395

在疲劳试验时,试件在 15℃的环境箱内保持恒温至少 4h,以保证试件内部达到均匀的试验规定温度。将保温好的圆柱体试件置于 Cooper 疲劳试验机的夹具正中位置,通过计算机控制调节压头,使压头紧密接触试件表面,并保证夹具垂直于试件。

在控制参数软件中输入试验参数,主要包括应力水平、试验波形(半正弦波)、试验频率、试验温度、试件高度、直径等,疲劳试验系统如图 6.9 所示。

图 6.9　疲劳试验系统

2. 疲劳试验结果及对比分析

干法、湿法 CRP 改性沥青混合料及 SBS 改性沥青混合料的在不同应力比条件下的劈裂疲劳试验结果如表 6.24 所示。

表 6.24　CRP 改性沥青混合料的劈裂疲劳试验结果

改性剂掺量	疲劳寿命/次					
	应力比 0.3		应力比 0.4		应力比 0.5	
基质沥青混合料	3055		3169		322	
	2671	2771	915	1113	310	307
	2587		1311		289	
5%CRP 湿法改性沥青混合料	7973		1169		430	
	3654	4313	800	1385	206	507
	4972		1600		585	
4%SBS 改性沥青混合料	4101		983		584	
	4307	4229	1841	1553	606	532
	4278		1265		407	
5%CRP 干法改性沥青混合料	3140		1420		409	
	4880	3992	1589	1504	426	423
	8291		1503		434	

根据沥青混合料疲劳寿命与应力强度间的关系[77]：

$$N_f = k \left(\frac{1}{\delta} \right)^n \qquad (6.1)$$

式中：N_f 为试件破坏时的疲劳次数，次；k、n 为与材料和温度有关的系数；δ 为对试件每次施加常应力的最大幅值。

两边取对数，将原方程转化为线性方程：

$$y = \ln k - nx \qquad (6.2)$$

式中：$y = \ln N_f$；$x = \ln m$；$m = \frac{1}{\delta}$。

k 值表示混合料疲劳曲线线位的高低，k 越大，说明混合料耐疲劳性能越好；n 表示疲劳曲线的斜率，表明疲劳曲线的陡缓程度，n 值越大说明混合料疲劳寿命对应力水平变化越敏感，混合料的抗疲劳性能越差。若将这两者之比定义为疲劳反应系数 J，则 $J = k/n$，J 越大则说明这种材料的抗疲劳性能越好。

用式(6.2)对试验结果进行回归整理，建立应力强度比与疲劳寿命(荷载作用次数)的关系，得出相应疲劳方程及相关系数(见表 6.25)。

表 6.25　CRP 改性沥青混合料的疲劳方程参数

混合料类型	lnk	k	n	k/n	相关系数 R
基质沥青混合料	2.9007	18.1869	4.2534	4.2758500	0.98539
5%CRP 湿法改性沥青混合料	3.3578	28.7259	4.1795	6.8730470	0.99930
4%SBS 改性沥青混合料	3.5444	34.6189	4.0311	8.5879537	0.99574
5%CRP 干法改性沥青混合料	3.3975	29.8893	4.0165	7.4416283	0.98040

由表 6.24 和表 6.25 可知：

(1) 相同应力比条件下,改性沥青混合料的疲劳次数明显高于基质沥青混合料。就 0.3 应力比而言,干法与湿法 CRP 改性沥青混合料的疲劳寿命比基质沥青分别提高了 44.1% 和 55.6%,SBS 沥青混合料则提高了 52.6%。

(2)根据 n 越大,混合料疲劳寿命对应力变化越敏感的规律,基质沥青混合料疲劳寿命对应力变化最敏感,其次是湿法 CRP 改性沥青混合料,干法 CRP 和 SBS 改性沥青混合料对应力变化的敏感程度相近。

(3)不同应力水平条件下,干法和湿法 CRP 改性沥青混合料的疲劳寿命不同。在低应力比条件下,干法和湿法 CRP 改性沥青混合料的疲劳寿命相差不大,并与 SBS 改性沥青混合料的疲劳寿命相近;但在高应力比条件下,湿法 CRP 混合料的疲劳寿命明显高于干法改性沥青混合料。

第7章　生活废旧塑料改性浇注式沥青混凝土桥面铺装

7.1　浇注式沥青混凝土桥面铺装的特点及应用现状

7.1.1　浇注式沥青混凝土特点

浇注式沥青混凝土(GA)又称为注入式沥青混凝土,是在高温状态下(220～260℃)拌和,摊铺时依靠自身的流动性成型而无需碾压就能达到规定密实度和平整度要求的沥青混合料。属于密级配沥青混凝土,成型后内部结构比较密实,其孔隙率通常不大于1%,具有沥青含量高、矿粉含量高、细集料含量高的特点[78]。

浇注式沥青混凝土桥面铺装具有以下优点:

(1)混合料几乎是无空隙的,因而成型过程中无需碾压或仅轻微碾压便能达到强度要求,不会出现因压实不足而造成的缺陷或病害。

(2)不透水,也不吸水,对经常性潮湿作用的气候因素影响几乎不敏感,所以不会出现水损害方面的问题。

(3)成型的混合料在气候因素影响下不易老化,因而它有较强的使用耐久性。

(4)浇注式沥青混凝土呈黏弹性,对钢桥面板变形有很好的追从性。

我国南方大部分地区夏季的温度普遍偏高,而我国已建、在建或规划中的大跨径钢桥大多集中在长江流域以南地区,这些地区夏季钢桥面铺装层的温度已达到70℃,这比国外规范中规定的试验温度(40℃)高得多。而钢桥面体系存在柔性大、易挠曲,吸热传热能力强、钢板极易生锈等问题,在行车荷载和环境温度荷载的共同作用下,铺装层表面很容易出现高温车辙,横向推移,黏结层失效或脱层;柔性大则会使普通的桥面铺装层产生反复的柔性疲劳应力作用,使桥面铺装层产生疲劳开裂,寿命大大缩短。因此,作为吊桥、斜拉桥一类柔性结构的桥面铺装,既要有足够的高温稳定性,还应具有良好的抗变形适应能力,而在各种桥面铺装材料中只有浇注式沥青混凝土具有良好的防水、耐冻融、耐油、抗老化、抗疲劳性能以及对钢桥面板变形的良好随从性和黏结性能,因而在国外钢桥面铺装中得到了广泛应用。

当浇注式沥青混凝土用于桥面铺装时,它不但要具有良好的流动性,而且要有好的高温稳定性,以保证在60～70℃桥面板高温条件下不产生软化和车辙。为了使浇注式沥青混凝土具有好的流动性必须增加油石比,以满足施工要求;而油石比增大,必然降低高温稳定性。因此对浇注式沥青混凝土而言,良好的高温稳定性要求和施工流动性要求的高沥青含量是一对矛盾,成为浇注式沥青混凝土配合比设计的难点,并不同于普通路面的沥青混凝土。

7.1.2　浇注式沥青混凝土桥面铺装的国内外应用现状

目前,普遍采用的钢桥面铺装体系有两种:水泥混凝土钢桥面铺装和沥青混凝土钢桥面铺装。与水泥混凝土桥面铺装相比,沥青混凝土桥面铺装具有质量较轻、与钢桥面板的变形协调性和黏结性能较好、路面损坏后易于补修和行车舒适等优点,因此世界各国的钢桥面铺装基本上都采用沥青混凝土体系。

由于浇注式沥青混凝土具有优良的防水性能、抗疲劳能力以及与钢桥面板较好的变形协调性,最早开始应用于道路、桥梁铺面中不易压实的部位,后来才广泛应用于钢桥面铺装中。苏丹卜土莫的尼罗河大桥的桥面是世界上第一例采用浇注式沥青混凝土的桥面铺装,时间为 1929 年。据此计算,浇注式沥青混凝土在国外钢桥面铺装的应用至今已超过 80 年。

世界上最早对钢桥面铺装进行研究和应用的国家为德国、法国和日本。德国于 20 世纪 20 年代开始对浇注式沥青混凝土进行研究。研究初期,德国的科研工作者只是把浇注式沥青混凝土应用在道路铺面工程和建筑物防水层中,之后,开始致力于将浇注式沥青混凝土应用在钢桥面铺装上。德国的浇注式沥青混凝土在集料的要求方面和其他国家大致相同,均对集料的扁平率、磨耗损失进行了相关规定,其粒料级配分为 0/11、0/8、0/5 三种,均给出了详细的级配范围。德国的浇注式沥青混凝土胶结料一般采用 20~50(0.1mm) 的直馏沥青,掺配 15%~35% 天然湖沥青。但是近年来,德国更倾向于采用改性沥青 PmB45,PmB25 作为浇注式沥青混凝土的胶结料,以获得性能更优越、施工更环保和安全的浇注式沥青混凝土。德国的浇注式沥青混凝土设计主要依据是贯入度试验,根据后 30min 的贯入度增量进行配合比设计[79]。在设计过程中,未对混合料的流动性进行具体的要求。纵观德国的桥梁建设,发现其钢箱梁桥面铺装中的防水体系相当完善,这是因为德国在以往的钢桥面铺装建设中,特别重视铺装层中防水黏结层的设计和施工。其防水层主要有如下几种形式:

(1)在经处理后的钢板上涂洒两层环氧树脂,其中钢面板与第一层的黏结力≥2.0MPa;第二层与第一层的黏结力≥1.5MPa。环氧树脂用量为 300~500g/m²,完成两层环氧树脂后,在上面撒一层碎石,之后铺设缓冲层(厚约 4mm)和浇注式沥青混凝土(厚度 7~8cm);

(2)在经打砂的钢板上直接涂洒 0.125μm 厚的溶剂型沥青黏结剂(用量为 200~300g/m²),要求钢板与黏结剂的黏结力≥0.5MPa;再往上铺装沥青密封层(即缓冲层)与两层浇注式沥青混凝土。其中,沥青密封层的厚度为 4mm 左右,沥青用量约为 4.5kg/m²;浇注式沥青混凝土的铺设厚度为 2×3.5cm。

（3）防水层中除第二层环氧树脂用防水沥青油毡来代替，其他同（1），最后上面铺装浇注式沥青混凝土（厚度共 7～8cm）。

英国浇注式沥青混凝土被习惯称为沥青玛蹄脂（mastic asphalt，MA），由沥青结合料、细集料、粗集料按照一定的比例配制而成。沥青结合料采用湖沥青与一定比例的普通石油沥青拌制而成，湖沥青的掺配比例比较高，一般为 50%～70%。英国对浇注式沥青混凝土的细集料、粗集料都有具体的要求，对混合料的设计主要以硬度数（hardness number）、轮辙深度以及车辙率、轴向加载 3600 次永久应变、间接拉伸等试验来进行材料设计和性能评价。

日本于 1956 年引进德国的浇注式沥青混凝土，并根据本国的特点，开始将其应用于钢桥面铺装。日本对浇注式沥青混凝土更多的考虑是其具有良好的封闭防水性能、与桥面板良好的追从性以及优良的抗震能力，所以，在日本浇注式沥青混凝土主要应用于钢桥面铺装的下层，并结合国内情况，对浇注式沥青混凝土给定了比较明确的级配范围，其沥青结合料主要采用 20♯～40♯ 直馏硬质沥青作为基质沥青，与 20%～30% 的湖沥青进行混合作为胶结料。

表 7.1 是浇注式沥青混凝土在国外桥面铺装工程中的应用例子。

表 7.1　浇注式沥青混凝土在国外桥面铺装工程中的应用

国家	大桥名称	建成时间	备注
苏丹	尼卡土莫洛大桥	1929 年	首次采用 GA 修筑桥面
德国	Mulherm 大桥	1952 年	采用单层浇注式沥青混凝土
英国	River Severn 大桥	1960 年	英国 50 年代浇注式研究成果的首次运用
英国	福斯路桥	1964 年	双层浇注式沥青混凝土
德国	Oberkasseler 大桥	1970 年	GA 层铺装层 18 年基本未维修，至今铺装仍然完好如初
土耳其	Boğaziçi Köprüsü 大桥	1973 年	使用效果良好
德国	莱茵河大桥	1975 年	桥面使用效果良好
英国	Humble 大桥	1981 年	使用效果良好
瑞士	瑞士国道 N6 号线	1983 年	使用效果良好
奥地利	奥地利干线道路	1983 年	使用效果良好
瑞典	Stockholm 街道	1992 年	使用效果良好
日本	Meiko-Chuo	1987 年	使用效果良好
日本	东关东公路	1988 年	使用效果良好

图 7.1 是目前国内外沥青混凝土桥面铺装结构典型方案[80]。

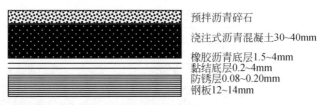

预拌沥青碎石

浇注式沥青混凝土30~40mm

橡胶沥青底层1.5~4mm
黏结底层0.2~4mm
防锈层0.08~0.20mm
钢板12~14mm

(a)典型浇注式沥青混凝土铺装(以德国、日本为代表的浇注式沥青混凝土GA方案)

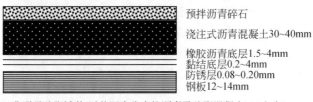

预拌沥青碎石

浇注式沥青混凝土30~40mm

橡胶沥青底层1.5~4mm
黏结底层0.2~4mm
防锈层0.08~0.20mm
钢板12~14mm

(b)典型玛蹄脂铺装(以英国为代表的沥青马蹄脂混凝土MA方案)

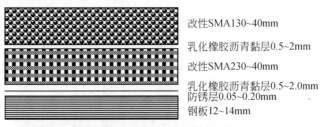

改性SMA130~40mm

乳化橡胶沥青黏层0.5~2mm

改性SMA230~40mm

乳化橡胶沥青黏层0.5~2.0mm
防锈层0.05~0.20mm
钢板12~14mm

(c)典型SMA铺装(以德国和日本为代表的改性沥青SMA方案)

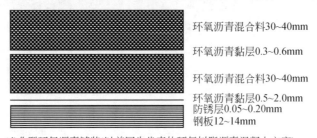

环氧沥青混合料30~40mm

环氧沥青黏层0.3~0.6mm

环氧沥青混合料30~40mm

环氧沥青黏层0.5~2.0mm
防锈层0.05~0.20mm
钢板12~14mm

(d)典型环氧沥青铺装(以美国为代表的环氧树脂沥青混凝土方案)

图 7.1　沥青混凝土桥面铺装典型结构方案

　　我国于 20 世纪 90 年代开始从国外引进和修建正交异性钢桥面板桥梁,在此过程中,也开始了对钢桥面铺装技术的研究,大概可以分为三个阶段。

　　1997~2002 年:我国刚引进浇注式沥青混凝土,由于缺乏经验,采用的是国外成套技术及施工规范。如采用英国的单层 MA 浇注式沥青混凝土修建的香港青马大桥和江阴长江大桥,混合料中的胶结料由天然湖沥青 TLA(70%)与硬质沥青(30%)复合而成。由于采用的施工规范与我国气候不太适合,青马大桥建成初期出现少量鼓包,经处理目前情况良好;但江阴长江大桥通车后即出现大量的车辙、开裂等一系列问题。江阴长江大桥除防水层外,其余铺装材料与青马大桥完全相同。

2003~2007年:国内研究人员分析了前期浇注式沥青混凝土在我国的应用情况,并结合我国钢桥的使用条件以及气候环境等因素,给出了适合我国钢箱梁桥面铺装的结构:以德国/日本浇注式沥青混凝土作为下层,改性沥青 SMA 作为铺装上层的铺装结构,浇注式沥青混凝土胶结料由聚合物改性沥青与湖沥青掺配而成,这种铺装结构的应用表明铺装下层能较好地改善抗车辙性能,提高了浇注式沥青混凝土的高温性能。这一时期建设的典型桥梁有贵州北盘江大桥、天津子牙河大桥、重庆菜园坝长江大桥、汕头礐石大桥、重庆朝天门大桥等。

2008年至今:虽然第二阶段所用的 TLA 改性浇注式沥青混凝土的高温性能有所提高,但随着使用年限的延长,发现浇注式沥青混凝土中 TLA 改性沥青的高温性能与低温性能不能很好地匹配,热稳性良好的 TLA 改性沥青,低温抗裂性不足;反之亦然,不易寻找二者的平衡点。这一时期我国钢箱梁桥面铺装的应用结构仍以德国/日本浇注式沥青混凝土作为下层,改性沥青 SMA 作为铺装上层的结构模式。由于处在铺装下层的浇注式沥青混凝土的重要性,为了使浇注式沥青混凝土能适应我国大部分区域的使用条件、降低施工难度,必须开发出便于操作的同时兼具优良高、低温性能的聚合物改性沥青来提高浇注式沥青混凝土的综合路用性能。这也是第三阶段的主要研究内容,现在仍在研究中。

综上所述,与国外相比,我国对浇注式沥青混凝土的研究及应用相对较晚,应用经验较少,且我国南方地区的夏季气温很高,高于国外规范要求的浇注式沥青混凝土的适用温度,因此,这种桥面铺装结构在我国的桥面铺装中应用还存在一些问题,比较突出的是如何解决高温稳定性和施工中的流动性矛盾。我国的浇注式沥青混凝土桥面铺装设计不能照搬国外规范,必须结合我国气候条件,研制适合我国气候特点的浇注式沥青混凝土桥面铺装。提高浇注式沥青混凝土高温稳定性的方法首先是采用改性沥青,使用各种改性沥青来代替原有的基质沥青,而目前应用较多的是 SBS 改性沥青,但 SBS 改性剂增加,将增加投资,同时降低混合料的流动性,影响施工摊铺,因此寻找既能提高沥青混合料的高温性能又不降低混合料流动性的改性剂对浇注式沥青混凝土具有重要意义,而 CRP 改性剂为此提供了可能。

7.2 生活废旧塑料改性浇注式沥青胶结料的性能

7.2.1 浇注式沥青混凝土桥面铺装的沥青胶结料性能要求

由于桥面铺装层的使用特殊性,对浇注式沥青胶结料的一般要求为:具有良好的抗高温性能、良好的低温抗裂性、抗水损害能力、与桥面的良好黏结性能。因此其沥青胶结料的组成和性能也不同于普通沥青混合料。

1. 硬质沥青

由于湖沥青较一般的重交通道路沥青有更强的抗老化能力,故传统的浇注式沥青混合料所使用的沥青胶结料都是将湖沥青与普通基质沥青混合后制得的沥青,以使混合料有较强的耐久性和抗疲劳性能。而日本研究认为,过多地使用湖沥青会增大混合料拌和以及施工的难度,也会降低胶结料的低温延度,因此建议降低湖沥青的使用掺量。表 7.2 为国内外对浇注式沥青混凝土使用硬质沥青的技术要求。

表 7.2　浇注式沥青混凝土的沥青技术要求

测试项目	德国	日本	英国	江阴长江大桥
石油沥青比例/%	65～85	65～85	30～50	30
湖沥青比例/%	15～35	15～35	50～70	70
针入度/0.1mm	35～50	20～40	60～80	71
软化点/℃	54～59	55～65	44～45	48
延度(25℃)/cm	>40	>50	—	>100
溶解度(三氯乙烯)/%	>99.0	>99.0	>99.0	>99.9
闪点/℃	—	>260	—	>240
老化后质量变化/%	<0.8	<0.3	<0.8	<0.02
密度(15℃)/(g/cm³)	>1.0	>1.0	—	1.045

2. 聚合物改性沥青

20 世纪 90 年代德国第一次将符合德国改性沥青标准的 PmB45A 级聚合物改性沥青作为黏结材料对 Suderelb 大桥进行桥面层铺装改造维修,经过十余年的使用,仍然保持着良好的使用性能。从此聚合物改性沥青和现在发展起来的复合型聚合物改性沥青在浇注式沥青混凝土桥面铺装中的应用越来越受到重视。

与传统的浇注式沥青混凝土使用的硬质沥青相比,聚合物改性的浇注式沥青混凝土在高温、低温、抗疲劳及抗水损害能力方面均有大幅度提高。表 7.3 是浇注式沥青混凝土中使用的聚合物改性沥青的相关技术要求。

表 7.3　浇注式沥青混凝土的聚合物改性沥青技术要求

测试项目	德国 Suderelb 大桥	罗马尼亚多瑙河大桥	瑞典 High Coast
针入度/0.1mm	40	45～60	—
软化点/℃	62	75～86	＞65
延度(25℃)/cm	46	—	—
延度(15℃)/cm	'	＞90	—
弹性恢复/%	77	＞85	＞75
脆点/℃	—13		

7.2.2　CRP 改性浇注式沥青胶结料的原材料

由于钢箱梁桥的桥面铺装层是直接铺设在结构为正交异性的钢板之上,再加上大跨径桥梁受到外力时的变形性,这对直接受行车荷载、风载、温度荷载作用的铺装层而言,其受力情况远比普通沥青路面复杂,所以对用于桥面铺装层的浇注式沥青混凝土的强度、高温稳定性、疲劳性能、水稳定性等提出了更高的要求。但是,由于我国对浇注式沥青混凝土的应用研究不足,目前建成并投入使用的采用浇注式沥青混凝土铺装的大跨径桥梁,在通车后不久桥面就出现了不同程度的车辙、坑槽、开裂等问题。针对这些问题,近年来许多学者和研究人员开发出了能大幅度提高浇注式沥青混凝土高温性能或低温性能的聚合物改性添加剂,其中有天然橡胶沥青改性剂、苯乙烯-丁二烯-苯乙烯嵌段共聚物、丁苯橡胶、聚乙烯、聚丙烯、乙烯-乙酸乙烯共聚物、Sasobit 等改性剂,以及与基质沥青混合使用的岩沥青、湖沥青。本研究针对现有浇注式沥青混凝土的基本材料,以及混合料在高温性能和施工流动性上存在的矛盾,结合废旧塑料 CRP 改性剂的特点,提出了在现有浇注式沥青混凝土胶结料配方中加入 CRP 改性剂,配制高温稳定性好、施工流动性好的浇注式沥青混凝土,以更好地协调浇注式沥青混凝土高温稳定性和施工流动性间的矛盾。以下是本研究的 CRP 改性浇注式沥青混凝土胶结料所采用的原材料及性能。

1. 基质沥青

基质沥青为重交通道路 70# 沥青,技术性能如表 7.4 所示。

表 7.4　基质沥青主要性能指标

指标	检测结果	技术要求	检测方法
针入度(25℃,100g,5s)/0.1mm	68	60～80	T0604
针入度指数	—0.71	—1.5～1.0	T0604
软化点(环球法)/℃	53.8	≥47	T0606

续表

指标		检测结果	技术要求	检测方法
延度 (5cm/min,5℃)/cm		19.7	≥15	T0605
延度(5cm/min,15℃)/cm		139	≥100	T0605
密度(15℃)/(g/cm³)		1.027	—	T0603
RTFOT	质量损失/%	0.22	−1.5~0.8	T0610
	残留针入度比/%	67	≥54	T0604
	延度(15℃)/cm	33	≥47	T0605

2. 改性剂

选取了四种改性剂制备改性浇注式沥青胶结料,性能如下:

(1)CRP 改性剂,与前述普通沥青路面混合料采用的 CRP 相同。

(2)SBS,采用的 SBS 为星形 4303,技术性能如表 7.5 所示。

表 7.5 SBS 的技术性能

检测项目	检测结果	检测项目	检测结果
结构类型	星形	拉伸强度/MPa	12
含油量(质量分数)/%	0	拉断伸长率/%	580
S/B	30/70	灰分/%	0.03
熔体流动速率/(g/10min)	0.0	挥发分/%	0.4
300%定伸应力/MPa	2.6	—	

(3)岩沥青(BRA),天然岩沥青是石油在自然界中经过达亿万年的沉积、挤压,在高温、高压、氧化及细菌的综合作用下凝固而成的,其中常含有一定比例的矿物质,如图 7.2 所示,是天然沥青的一种。天然岩沥青中纯沥青含量一般为 30% 左右,其余为石灰岩类矿物质。岩沥青通常不直接使用,而是作为化工炼制沥青的改性材料,将岩沥青与其他改性剂混合掺配;由于岩沥青中所含的矿物质很细,因此对沥青有很好的吸收能力,能够加强沥青与矿料的黏附作用[81]。本研究结合工程实践,岩沥青的用量为基质沥青的 5%,技术性能如表 7.6 所示。

表 7.6 岩沥青的技术性能

检测项目	检测结果	技术要求
溶解度(三氯乙烯)/%	47.9	≥19
密度(25℃)/(g/cm³)	1.79	1.7~1.9

检测项目	检测结果	技术要求
闪点/℃	290	≥230
含水量/%	0.90	≤2.0
沥青含量/%	49.2	≥18
颗粒尺寸/mm	1.15	≤2.0

图 7.2 天然岩沥青

(4)湖沥青,也是天然沥青的一种,其原始状态是由可溶沥青、树脂、矿质灰分、有机质及水组成的凝胶状物质。由于长期存在于水中,性质比较稳定。试验证明,其针入度较小、软化点高,比一般重交通道路沥青具有更强的抗老化能力,故将湖沥青与普通基质沥青混合后可制得有较强耐久性和抗疲劳性能的沥青胶结料。通过去除水和部分杂质后,天然湖沥青可被提炼成普通基质沥青而性质不变,经过提炼的湖沥青颜色为黑色,常温下呈块状,质地较硬,如图 7.3 所示。由于湖沥青与普通沥青有很好的相容性,故在工程应用中,往往将二者根据不同的路用性能要求按照不同比例掺配以形成掺配沥青,使其与集料有较强的黏结力、高温稳定性和抗变形能力,本研究所用湖沥青为特立尼达湖沥青,技术性能如表 7.7 所示。

表 7.7　特立尼达湖沥青的技术性能

检测项目		检测结果	规范要求	检测方法
针入度(25℃,100g,5s)/0.1mm		4.6	0~5	T0604
针入度指数		2.1	—	T0604
软化点/℃		99.8	≥18	T0606
灰分含量/%		28.2	24~38	T0614
密度(25℃)/(g/cm³)		1.379	1.3~1.5	T0603
RTFOT	质量损失/%	0.93	±1.0	T0610
	残留针入度比/%	61.2	≥50	T0604

图 7.3　天然湖沥青

7.2.3　CRP 改性浇注式沥青胶结料的性能

1. 基质沥青与湖沥青的配合比

影响浇注式沥青混凝土性能的因素比较多,就胶结料沥青来说,不同比例的湖沥青、岩沥青及改性剂,对沥青的性质影响都比较大。所以在试验前应先确定湖沥青与基质沥青的掺配比例。尽管湖沥青与普通沥青有很强的相容性,湖沥青的使用可以增加混合料的流动性,也会大大增加沥青结合料的高温稳定性,但有研究表明,湖沥青用量过高会增加混合料在搅拌和施工时的困难,同时混合沥青的脆性也会变大。当湖沥青掺量达到 60% 时,混合料虽有很高的热稳定性,但混合料基本不流动,不能满足浇注式沥青混合料的施工要求,所以在设计中使用天然湖沥青时,要结合实际尽量降低沥青混合料中湖沥青的含量(建议湖沥青的含量≤30%)[82]。基于湖沥青对混合沥青性能的这些影响,本试验选取基质沥青与湖沥青之比为 80:20、75:25、70:30,用三个比例进行试验以确定湖沥青的使用掺量,各掺配比例混合沥青的主要性能指标和动力黏度试验结果如表 7.8 所示。

表 7.8　不同掺配比例的基质沥青与湖沥青的技术性能

基质沥青:湖沥青	软化点/℃	针入度(25℃,100g,5s)/0.1mm	延度 (5cm/min)/cm		黏度(135℃)/(MPa·s)
			5℃	15℃	
70:30	59.8	51.2	12.9	21	932
75:25	58.1	54.7	14.6	29	882
80:20	54.4	64.2	17.2	47	679
规范要求	≥55	60~80	≥15	≥30	—

由表 7.8 可知,这三种掺配比例混合沥青的软化点除了基质沥青和湖沥青掺配比例为 80:20 时不符合要求,其余两种比例的混合沥青均符合要求。对延度和

针入度而言,除了掺配比例为 80∶20 时满足规范要求。其余两种均不满足要求。另外,掺配比例为 70∶30 的延度过小,这会导致其混合料的低温性能不好。考虑到钢桥面铺装浇注式沥青混合料,工作期间经受的温度比较高,对高温稳定性能要求也相应较高,同时浇注式沥青中所用的沥青比较多,胶结料的软化点是选择材料考虑的重要指标,综合混合沥青黏度、软化点和针入度指标确定,基质沥青与湖沥青的掺配比例为 75∶25。以此为基础,选择基质沥青、湖沥青和岩沥青三者的掺配比例为 100∶33.3∶5,即 70♯基质沥青 100∶湖沥青 33.3∶岩沥青 5 的混合沥青作为混合沥青的基本组成。

2. 改性剂的掺配比例

用于桥面铺装的浇注式沥青混凝土的改性剂主要为 SBS,掺量大多为 5% 左右。为研究 CRP 改性剂对浇注式沥青混合料性能的影响及改性效果,SBS 和 CRP 的掺量分别为 3%、4% 和 5% 三个比例。

3. CRP 改性浇注式沥青的性能试验结果与分析

表 7.9 是不同配比改性沥青的性能指标测试结果,改性沥青用乳化剪切机制作。

表 7.9 不同配比方案的 CRP 改性浇注式沥青胶结料的技术性能指标测试结果

配比编号	改性沥青配比	25℃针入度/0.1mm	软化点/℃	5℃延度/cm	135℃黏度/(MPa·s)
1	33.3%湖沥青+5.0%岩沥青+61.5%70♯沥青	53	67.9	11.7	1356
2	5%SBS+(33.3%湖沥青+5.0%岩沥青+61.5%70♯沥青)	44	77.8	8.7	4315
3	5%CRP+(33.3%湖沥青+5.0%岩沥青+61.5%70♯沥青)	42	74.6	1.2	2431
4	5%SBS+3%CRP+(33.3%湖沥青+5.0%岩沥青+61.5%70♯沥青)	41	87.2	5.5	8542
5	5%SBS+4%CRP+(33.3%湖沥青+5.0%岩沥青+61.5%70♯沥青)	39	91.6	4.1	13524
6	5%SBS+5%CRP+(33.3%湖沥青+5.0%岩沥青+61.5%70♯沥青)	34	95.4	2.7	17563

续表

配比编号	改性沥青配比	25℃针入度/0.1mm	软化点/℃	5℃延度/cm	135℃黏度/(MPa·s)
7	4%SBS＋5%CRP＋(33.3%湖沥青＋5.0%岩沥青＋61.5%70♯沥青)	35	90.1	3.1	10254
8	3%SBS＋5%CRP＋(33.3%湖沥青＋5.0%岩沥青＋61.5%70♯沥青)	38	85.3	3.3	5945

从表 7.9 可以看出：

(1)单掺 SBS 或 CRP 改性沥青的性能指标明显低于 SBS 与 CRP 复配改性沥青。与未掺 SBS 或 CRP 改性剂的 1♯ 配比方案相比,单掺 5%SBS(2♯)后,改性沥青的软化点增加 14.5%,黏度增加 218%,单掺 5%CRP(3♯)后,改性沥青的软化点增加 9.9%,黏度增加 79.2%。而复配改性以后,在 SBS 比例为 5%条件下,CRP 从 0%增加到 5%,沥青黏度增加 307%,软化点增加 226%;在 CRP 比例为 5%的条件下,SBS 从 0%增加到 5%,沥青黏度增加 622%,软化点增加 279%,表明 SBS 与 CRP 复合改性对于提高沥青软化点指标效果显著高于单掺 SBS 或 CRP,浇注式沥青混凝土对沥青的软化点要求,应采用复合改性。

(2)在复合改性条件下,SBS 可以显著提高软化点的同时增大沥青黏度,CRP 可提高软化点和黏度,但增大黏度小于 SBS。因此,SBS 与 CRP 的复合改性可以提高沥青软化点同时又不过大增加沥青黏度,从而满足浇注式沥青的施工流动性要求,克服了单掺 SBS 改性过大增加沥青黏度而降低施工流动性的不足。

(3)根据浇注式沥青混凝土的软化点要求及施工流动性要求,较合理的配比方案是 5♯、6♯、7♯ 方案,其中最佳配比方案是 5%SBS＋5%CRP＋(33.3%湖沥青＋5.0%岩沥青＋61.5%70♯沥青)及 4%SBS＋5%CRP＋(33.3%湖沥青＋5.0%岩沥青＋61.5%70♯沥青)。

7.2.4 CRP 改性浇注式沥青胶结料的显微结构

为了揭示 CRP 与 SBS 复合改性沥青的机理,本研究利用荧光显微技术分析了 CRP 改性浇注式沥青的微观结构。

荧光显微镜技术是用 200W 超高压汞灯为光源发射很强的紫外光(360nm)和蓝紫光(410nm),激发各种荧光物质,然后经显微镜成像系统放大后,对材料进行镜检的技术。沥青是不透明材料,一般不采用透射性光源,因为若采用透射光源,所检测的沥青样本要很薄,在这种情况下,无论采用涂抹还是切割制片都会造成沥青样本状态和成分分布的改变。目前多使用落射式荧光显微镜进行改性沥青的检测,这是由于落射式光源位于被检物体上方,可以取沥青的任意断面进行检测[83]。

　　研究采用的荧光显微镜型号为 XSZ-H 系列生物显微镜。图 7.4 是利用荧光显微镜观察到的基质沥青中单掺湖沥青、岩沥青、SBS、CRP 和复配 SBS 与 CRP 改性沥青的显微照片。

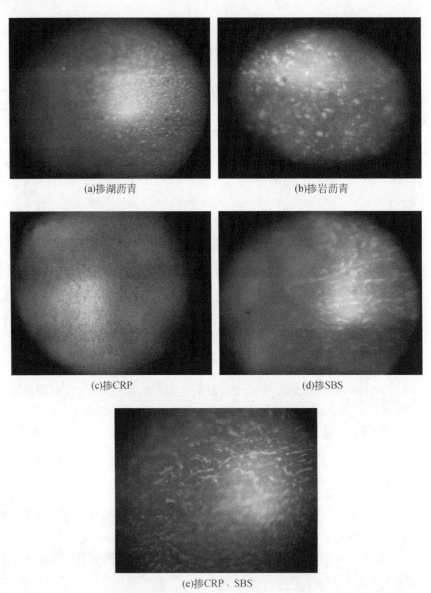

(a)掺湖沥青　　　　　　　　　　(b)掺岩沥青

(c)掺CRP　　　　　　　　　　(d)掺SBS

(e)掺CRP、SBS

图 7.4　添加不同改性剂的改性沥青荧光显微形貌(100×)

从图 7.4 中可以看到：

(1)基质沥青中加入湖沥青后[见图 7.4(a)],湖沥青中的灰分逐渐分布在整个沥青质中,由于杂质里有少量的矿物质,在荧光作用下会发出矿物荧光。

(2)加入岩沥青后[见图 7.4(b)],其荧光现象明显加强。这是因为所用的天然岩沥青中含有的灰分杂质含量较高(51%),杂质里的矿物质也增加,灰分中有一部分是石灰岩等不溶物,所以从显微照片里可以看到有许多小颗粒。

(3)加入 CRP 改性剂后[见图 7.4(c)],在沥青中有网状结构,这是 CRP 聚合物形成的网状结构。

(4)加入 SBS 改性剂后[见图 7.4(d)],在沥青中也形成了网状结构,但是分散均匀性不如 CRP 好,网状结构不如 CRP 改性沥青中那样致密均匀,这主要是由于 CRP 分子链较短,分散比较均匀,而 SBS 分子链较长,且有较大弹性,不如 CRP 容易分散,在沥青中分散不如 CRP 均匀。

(5)在沥青中同时加入 CRP 和 SBS 改性剂后[见图 7.4(e)],SBS 和 CRP 溶解后均匀分布在沥青中,二者在沥青中的网状结构相互交联,形成立体交联网状结构,因此 CRP 与 SBS 复合改性,可以形成更为复杂的网状结构,可以更好地提高沥青的性能。

7.3　生活废旧塑料改性浇注式沥青混凝土的配合比

浇注式沥青混凝土配合比设计内容主要包括确定沥青胶结料、粗细集料和矿粉各成分比例关系及最佳油石比。

7.3.1　浇注式沥青混凝土的配合比设计流程

浇注式沥青混凝土的配合比设计时,首先要选择混合料级配,由于我国没有相应的规范,只能参考国外成熟的设计理论和方法,在其级配范围内取一个符合要求的级配比例,然后根据选定的级配比例,在使用不同沥青用量条件下,制作试件进行性能测试,依据试验数据,得出在该级配比例中使用的合适沥青用量。浇注式沥青混凝土配合比的设计流程如下:

(1)确定使用的原材料,包括集料、矿粉、沥青以及改性剂,并进行性能试验。

(2)参照国内外规范与应用经验确定 GA 设计级配范围,并根据级配设计理论和矿料筛分结果拟定混合料的级配。

(3)确定混合料的油石比范围,在此范围内试拌混合料,并测试试拌混合料的性能指标,根据指标拟定若干个油石比。

(4)根据拟定的油石比制作试件,进行流动度试验、贯入度试验以及动稳定度试验,确定满足要求的最佳沥青用量。

(5)根据已确定的最佳油石比成型试件,进行混合料的性能试验,对配合比进行检验,直至达到性能要求。

7.3.2 CRP 改性浇注式沥青混凝土的原材料性能

1. 沥青胶结料

改性浇注式混合沥青胶结料的比例如表 7.9 所示。

2. 集料

集料是钢桥面铺装的关键材料之一,集料的力学性能对混合料的强度特性起重要作用,集料的颗粒形状与表面特性不仅影响混合料的构架,也关系到混合料的抗车辙能力和抗变形能力。本研究采用的粗集料(≥4.75mm)为玄武岩,细集料(0.075~2.36mm)为重庆本地产的石灰岩,矿粉为磨细的石灰岩。粗集料的压碎值、表观相对密度、磨耗损失以及黏附性指标和细集料表观相对密度、坚固性、砂当量指标的试验结果如下。

1)粗集料

粗集料的主要技术性能如表 7.10 所示。

表 7.10 粗集料的性能指标

检测项目	检测结果	规范要求	检测项目	检测结果	规范要求
压碎值/%	15.4	≤25	软石含量/%	0.3	≤1.0
含泥量/%	0.52	≤1.0	洛杉矶磨耗值/%	15.9	≤30
表观密度/(g/cm³)	2.728	—	针片状含量/%	3.1	≤15
吸水率/%	0.46	≤2.0	坚固性(质量损失)/%	5.7	≤12

各配比改性沥青与矿料的黏附性评价结果如表 7.11 所示。

表 7.11 集料与沥青胶结料的黏附性测试

沥青种类	石灰岩/级
AH-70♯沥青	5
混合掺配沥青(基质沥青＋湖沥青＋岩沥青)	5
SBS 改性浇注式沥青	5
CRP 改性浇注式沥青	5
CRP 和 SBS 复合改性浇注式沥青	5

2)细集料

在浇注式沥青混凝土中,细集料含量高是其一大特点,占集料比例的 30%~40%。因此,细集料性质的优劣对浇注式沥青混合料的性能有影响显著。细集料的技术性能检测结果如表 7.12 所示。

表 7.12　细集料的技术性能指标检测结果

试验项目	表观相对密度/(g/cm³)		坚固性/%		含泥量/%	
粒径/mm	测试结果	规范要求	测试结果	规范要求	测试结果	规范要求
1.18~2.36	2.646	≥2.5	17	≥12	0.61	≤3.0
0.6~1.18	2.981	≥2.5	18	≥12	0.72	≤3.0
0.3~0.6	2.867	≥2.5	18	≥12	0.93	≤3.0
0.15~0.3	2.884	≥2.5	—	—	1.14	≤3.0
0.075~0.15	2.902	≥2.5	—	—	1.42	≤3.0

3)矿粉

浇注式沥青混凝土中的矿粉用量通常为沥青的 2.5~4 倍。在混合料中矿粉与沥青胶结料形成胶泥,形成的胶泥在混合料高温拌和过程中保护沥青不被老化,同时为浇注式沥青混合料在成型冷却后提供强度。矿粉的性能测试结果如表7.13 所示。

表 7.13　矿粉主要技术性能指标测试结果

检测项目		检测结果	规范要求
密度(20℃恒温水浴)/%		2.762	≥2.45
亲水系数/%		74.82	<100
筛分通过率（水洗法)/%	<0.6	100	100
	<0.3	98	90~100
	<0.15	95	90~100
	<0.075	83	75~100
外观		无团粒结块	无团粒结块
含水量/%		0.31	≤1.0
塑性指数		3.2	<4
体积安定性		无明显颜色变化	良好

7.3.3　浇注式沥青混凝土的级配

浇注式沥青混凝土属于密实悬浮凝胶结构,与我国技术规范中的细粒式密级配 AC-10 相当。浇注式沥青混凝土用于桥面铺装的下面层,厚度一般为 2~4cm,集料的最大粒径一般控制在 13.2mm。由于我国引进浇注式沥青混凝土的时间较晚,加之我国的气候条件复杂,目前浇注式沥青混凝土混合料级配设计在国内未有成熟的设计和施工规范,大部分设计都是参照德国、日本、英国等国家的应用研究成果,表 7.14 是不同国家使用的浇注式沥青混凝土级配范围。

表 7.14　不同国家使用的浇注式沥青混凝土级配范围

级配类型		通过筛孔质量百分率/%								
		13.2	9.5	4.75	2.36	1.18	0.6	0.3	0.15	0.075
德国	上限	100.0	92.7	73.7	58.6	50.7	45.3	39.7	34.1	28.5
	下限	95.9	84.1	63.7	48.6	40.7	35.3	29.7	24.1	18.5
日本	上限	100.0	95.2	85.0	62.0	55.9	50.0	42.0	34.0	27.0
	下限	95.0	85.3	65.0	45.0	40.4	35.0	28.0	25.0	20.0
俄国	上限	97.8	92.0	79.0	65.3	51.9	39.4	31.7	27.4	23.3
	下限	93.7	78.1	54.2	42.9	31.2	22.9	21.9	20.2	18.2

　　表 7.15 是我国江阴长江公路大桥钢桥面铺装级配范围,浇注式沥青混凝土下面层厚度为 30mm[84]。表 7.16 是浇注式沥青混凝土 GA-10、SMA-10、AC-10 混合料的级配对比。

表 7.15　江阴长江大桥 GA-10 设计级配范围

筛孔/mm	13.2	9.5	4.75	2.36	1.18	0.6	0.3	0.15	0.075
通过率/%	100	95~100	63~80	48~63	38~52	32~46	27~40	24~36	20~30

表 7.16　不同沥青混合料级配对比

混合料类型	>4.75mm/%	<0.075mm/%	沥青用量/%	粉胶比
GA-10	27.5	26.8	7.1	3.8
SMA-10	70	10	6.2	1.6
AC-10	35	6.5	6.0	1.1

　　从表 7.16 中可以看到浇注式沥青混凝土具有沥青含量高、细集料含量高、矿粉含量高的特点。

　　根据《公路钢箱梁桥面铺装设计与施工技术指南》[85]中推荐的 GA-10 级配范围和工程实践,确定级配如表 7.17 所示。

表 7.17　GA-10 级配组成

筛孔尺寸/mm	通过下列筛孔质量百分率/%								
	13.2	9.5	4.75	2.36	1.18	0.6	0.3	0.15	0.075
级配上限	100.0	100.0	80.0	63.0	52.0	46.0	40.0	36.0	30.0
级配下限	100	80.0	63.0	48.0	38.0	32.0	27.0	24.0	20.0
中值	100.0	90.0	71.5	55.5	45.0	39.0	33.5	30.0	25.0
合成级配	100.0	99.2	72.5	53.5	45.9	37.1	31.0	29.1	26.8

7.3.4　浇注式沥青混凝土的拌和工艺

浇注式沥青混凝土中含有的细集料、胶结料和矿粉的量比较大,尤其是高含量的矿粉填料,若采用普通沥青混凝土拌和方法,将发现混合料中的沥青会被后加入的矿粉"吸收"掉,使拌和料松散,没有流动性,不能满足浇注式沥青混凝土的施工流动性要求。因此必须按照浇注式沥青混凝土的材料组成特点,采用相应的拌和工艺和参数。

根据《公路钢箱梁桥面铺装设计与施工技术指南》中浇注式沥青混凝土的拌和方法与要求,CRP改性浇注式沥青混合料的室内试验拌和工艺如下:

(1)按设计级配称量取各粒径集料和矿粉。将集料和矿粉分别放在温度为250℃和260℃的烘箱中干燥加热,时间不少于4h。

(2)把混合料拌和锅温度升至250℃后,将烘箱里干燥加热时间大于4h的集料和矿粉倒入锅中。由于湖沥青和岩沥青中有一定的矿渣,因此在加入矿粉时要扣除沥青中所含有的矿渣质量。

(3)将拌和锅的拌和时间设置成900s,将矿料拌和15min,使矿粉和集料混合均匀。

(4)集料与矿粉拌和15min后,按照不同比例加入沥青,再继续拌和,持续时间为45min。因为混合料中矿粉比较多,表面积很大,沥青被矿粉完全包裹住,但随拌和时间的延长,持续30min后,沥青会慢慢地从矿粉中释放出来,使混合料具有一定的流动性,构成料-粉-沥青密实悬浮凝胶结构。

(5)按比例要求把CRP改性剂均匀撒布在拌和好的沥青混合料上,拌和300s(5min),拌和时间结束后,将混合料自然流淌至准备好的车辙板模子里。在混合料浇注冷却过程中,会出现少量气泡,可用工具将其戳破,对局部不平的地方用工具将其轻轻抹平,如图7.5所示。

图7.5　GA-10混合料车辙板试件

7.3.5　最佳沥青用量的确定

1.基准油石比的确定

根据国内外浇注式沥青混凝土配合比设计经验和已确定的级配,采用贯入度试验和流动性试验来确定GA-10混合料的沥青用量。

1)流动性试验

浇注式沥青混凝土的流动性对混合料的施工和性能都有重要影响。若混合料的流动性过大，一方面，说明混合料使用的沥青含量过高，拌和出来的混合料高温性能不好；另一方面，流动性过大，沥青混合料在摊铺过程中易聚集于低处，不容易形成路拱坡度；若流动性过小，混合料的施工和易性不佳，摊铺性能差，影响结构层的平整和均匀性，同时，使混合料与结构界面的接触不密实，降低浇注式结构层的防水性能。流动性试验主要用于评价浇注式沥青混凝土的施工和易性，采用源于德国的刘埃尔(Lueer)流动性试验方法进行测试。

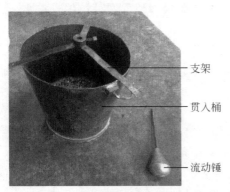

图 7.6 是流动度试验仪器，由贯入桶、刘埃尔流动锤和支架三部分组成。试验原理是把拌和好的浇注式沥青混合料装入贯入桶中，再把标准重锤(约 1kg)放入贯入桶中，测量该重锤在混合料中下降深度为 50mm 时所需的时间，以秒表计算，测出的时间值即是刘埃尔流动度，所需时间越长，混合料流动性越差。

支架

贯入桶

流动锤

图 7.6 流动度试验仪器示意图

具体试验过程如下：

(1)称料，按设计的级配称取 13500g 矿料。

(2)加热，在拌和混合料之前，把称好的矿料放在 250℃烘箱里加热 4h。

(3)把加热后的集料和矿粉一起放入拌和锅内，按照浇注式沥青混合料的拌和工艺拌和。

(4)将拌和好的混合料倒入贯入桶中，放入流动锤，测试流动度。

(5)将测试完流动性的混合料倒入 300mm×300mm×50mm 的标准车辙板试模和 70.7mm×70.7mm×70.7mm 的贯入度试模中，制作高温车辙试验试件和贯入度试验试件，如图 7.7 所示。

(a)将拌和好的混合料倒入贯入桶中　　　　　(b)测试流动性

(c)浇模，制作车辙试件和贯入度试件

图 7.7 流动性试验

本研究根据国内外浇注式沥青混凝土配合比设计经验和确定的 GA-10 级配，采用配比为 5％SBS＋61.5％70♯基质沥青＋33.3％湖沥青＋5％岩沥青的改性沥青作为胶结料，初定油石比为 6.5％，在此基础上按 0.5％增加沥青用量，一共有四个油石比，其流动性试验结果如表 7.18 所示。

表 7.18 流动性试验结果

油石比/%	流动性/s	拌和温度/℃
6.5	25	250
7.0	17	250
7.5	6.9	250
8.0	4.2	250

根据《公路钢箱梁桥面铺装设计与施工技术指南》的要求，流动性（240℃）≤50s，推荐浇注式沥青混合料的流动性为 3～20s。由表 7.18 可知，本设计的 GA-10 级配浇注式沥青混凝土，在温度为 250℃条件下，油石比的取值为 7％～8％时，其流动性已经满足 3～20s 的技术要求。随着油石比的增加，流动性增大。基于浇注式沥青混凝土采用机械施工，为便于形成横坡，本次研究的 CRP 复合改性 GA-10 浇注式沥青混凝土的油石比宜控制在 7.0％～7.5％。

2)贯入度试验

贯入度(indentation)试验是测试浇注式沥青混凝土成型后的抗变形能力。贯入度试验仪器为贯入度仪，如图 7.8 所示。贯入度试验的试件大小为 70.7mm×70.7mm×70.7mm，贯入度杆直径为 25.2mm，荷载为 50kgf(490N)，对试件加载后，记录下 30min 时贯入量及 60min 时贯入量，算出后 30min 时间里的贯入度增量。

贯入度试验步骤如下：

(1) 将试件静养冷却后脱模, 把试样的侧面作为测试面并重新装入试模中。

(2) 将试模和试件同时放入温度为 60℃的水浴中, 保温时间不少于 1h。

(3) 将贯入杆垂直伸到试件的中央处, 并使其与试件表面接触。

(4) 放下贯入杆, 同时按动秒表开始计时, 初始加载为 24.5N, 分别记下 30min 和 60min 时百分表的读数, 如图 7.8 所示。由于试验温度为 60℃, 30min 时百分表的读数常称为 60℃贯入度。除了得到混合料试件 60℃贯入度指标, 还要得到另外一个重要指标: 贯入度增量, 即 60min 时的贯入量和 30min 时的贯入量之差为贯入度的增量。试验中, 60min 时的贯入量和 30min 时的贯入量之差也称为 60℃贯入度增量。

(a)   (b)

图 7.8 贯入度试验

表 7.19 是不同油石比浇注式沥青混凝土 60℃的贯入度和贯入度增量测试结果。

表 7.19 不同配比浇注式沥青混凝土的贯入度测试结果

测试项目	油石比/%				《公路钢箱梁桥面铺装设计与施工技术指南》指标要求
	6.5	7.0	7.5	8.0	
60℃贯入度/mm	1.864	2.513	2.784	4.236	1.0~4.0mm
60℃贯入度增量/mm	0.19	0.24	0.37	0.51	≤0.4mm

从表 7.19 可知, 当油石比从 7.0%增加到 7.5%时, 60℃贯入度增长幅度较小, 60℃贯入度增量增长幅度也较小; 当油石比增大到 8.0%时, 60℃贯入度和 60℃贯入度增量增长幅度变大, 并超出了指标要求, 所以, 为满足贯入度要求, 油石比应控制在 7.0%~7.5%。

3) 高温车辙试验

采用车辙试验来评价 GA-10 混合料的高温稳定性。车辙试件尺寸为 300mm×300mm×50mm。不同油石比浇注式沥青混凝土的 60℃车辙试验结果如表

7.20 所示。

表 7.20　不同油石比的浇注式沥青混凝土动稳定度结果

油石比/%	6.5	7.0	7.5	8.0	规范要求
动稳定度 DS(60℃,0.7MPa)/(次/mm)	2054	1258	932	469	≥1000

从表 7.20 可以看出,随着油石比增大,动稳定度下降,根据混合料的高温性能要求、流动性和贯入度要求,油石比的应不大于 7.5%。

综上所述,通过贯入度试验、流动度试验以及高温车辙试验,在拌和温度为250℃条件下,确定 GA-10 的最佳油石比范围为 7.0%～7.5%,为保证混合料的高温稳定性,试验选用基准油石比为 7.1%。

2. CRP 复合改性浇注式沥青混合料的最佳油石比

通过对 SBS 改性浇注式沥青混合料的贯入度试验、流动度试验以及高温车辙试验,得出了 5%SBS＋61.5%70♯基质沥青＋33.3%湖沥青＋5%岩沥青的最佳油石比为 7.1。为确定 CRP 复合改性浇注式沥青混凝土的最佳油石比,在前述最佳油石比基础上,采用 7.1%、7.4% 和 7.7% 三个油石比,拌制不同比例 CRP 复合改性浇注式沥青混凝土,测试各配比改性沥青混合料的拌和温度、流动度、60℃贯入度、60℃贯入度增量和 60℃车辙,确定各配比改性沥青混合料的最佳油石比。表 7.21 是不同配比 CRP 复合改性浇注式沥青混合料的流动度、60℃贯入度、60℃贯入度增量和 60℃车辙测试结果。

表 7.21　不同配合比的浇注式沥青混合料性能与最佳油石比

配比编号	改性沥青配比	油石比/%	流动性/s	60℃贯入度/mm	贯入度增量/mm	DS(60℃)/(次/mm)	最佳油石比/%
2	5%SBS＋(33.3%湖沥青＋5.0%岩沥青＋61.5%70♯沥青)	6.5	25	1.86	0.19	2054	7.1
		7.1	17	2.51	0.24	1332	
		7.5	7	2.78	0.37	932	
		8.0	4	4.24	0.51	469	
4	5%SBS＋3%CRP＋(33.3%湖沥青＋5.0%岩沥青＋61.5%70♯沥青)	7.1	22	1.83	0.15	1869	7.2
		7.4	14	2.52	0.26	1182	
		7.7	5	3.13	0.44	578	
5	5%SBS＋4%CRP＋(33.3%湖沥青＋5.0%岩沥青＋61.5%70♯沥青)	7.1	24	1.36	0.12	2019	7.4
		7.4	17	1.80	0.21	1745	
		7.7	9	2.47	0.38	975	

续表

配比编号	改性沥青配比	油石比/%	流动性/s	60℃贯入度/mm	贯入度增量/mm	DS(60℃)/(次/mm)	最佳油石比/%
6	5%SBS＋5%CRP＋(33.3%湖沥青＋5.0%岩沥青＋61.5%70♯沥青)	7.1	28	1.32	0.12	2687	7.6
		7.4	21	1.61	0.16	2215	
		7.7	15	2.14	0.23	1412	
7	4%SBS＋5%CRP＋(33.3%湖沥青＋5.0%岩沥青＋61.5%70♯沥青)	7.1	25	1.43	0.13	2191	7.4
		7.4	19	1.87	0.19	1973	
		7.7	13	2.57	0.34	1156	
8	3%SBS＋5%CRP＋(33.3%湖沥青＋5.0%岩沥青＋61.5%70♯沥青)	7.1	18	1.83	0.17	1687	7.2
		7.4	12	2.26	0.27	1086	
		7.7	7	3.01	0.4	886	
指标要求		—	3～20	1.0～4.0	≤0.4	≥1000	—

从表 7.21 可以看出：

(1)最佳油石比随 CRP 或 SBS 含量的增加而增大，在油石比 7.1%～7.6%范围内，CRP 与 SBS 复合改性浇注式沥青混凝土的流动度、贯入度、动稳定度指标均能满足技术要求。本研究得出的不同配比改性浇注式沥青混凝土的最佳油石比范围为 7.1%～7.6%，CRP 改性浇注式沥青混合料的最佳油石比范围为 7.2%～7.6%。

(2)基于流动性、高温稳定性及贯入度三者的综合评价，6♯、7♯ 改性沥青混合料为最佳配合比方案。进一步证明 SBS 与 CRP 复合改性沥青拌制浇注式沥青混凝土，既可以增加沥青软化点，提高混合料的高温稳定性，同时又不过大增加沥青黏度，能较好地满足施工流动性要求。

7.4 生活废旧塑料改性浇注式沥青混凝土桥面铺装性能

根据不同改性沥青配比混合料的最佳油石比，对不同配比 CRP 改性浇注式沥青混凝土的高温性能、低温弯曲性能、水稳定性进行研究，以找出 CRP 复合改性浇注式沥青混凝土的最佳配比和影响其性能的因素。

7.4.1 CRP 改性浇注式沥青混凝土桥面铺装的高温稳定性

在炎热的夏季，作为下面层使用的浇注式沥青混凝土内部平均温度可达 49.3℃，与之接触的钢板温度则高达 72.3℃，因此，良好的高温稳定性对于桥面铺装的浇注式沥青混凝土具有重要意义。为了评价 CRP 改性浇注式沥青混凝土对桥面高温的适应性，除 60℃的车辙试验外，还必须增加 70℃车辙的车辙试验。表

7.22 是不同配比方案的浇注式沥青混凝土 60℃和 70℃的车辙试验结果。

表 7.22　不同配比改性浇注式沥青混合料高温车辙试验结果

配比编号	改性沥青配比	油石比/%	60℃车辙		DS/(次/mm)	70℃车辙		DS/(次/mm)
			位移量/mm			位移量/mm		
2	5％SBS＋(33.3％湖沥青＋5.0％岩沥青＋61.5％70♯沥青)	7.1	45min	4.636	1332	45min	6.398	654
			60min	5.109		60min	7.361	
3	5％CRP＋(33.3％湖沥青＋5.0％岩沥青＋61.5％70♯沥青)	7.1	45min	2.958	1398	45min	3.769	833
			60min	3.401		60min	4.491	
4	5％SBS＋3％CRP＋(33.3％湖沥青＋5.0％岩沥青＋61.5％70♯沥青)	7.2	45min	2.867	1669	45min	5.325	997
			60min	3.244		60min	5.957	
5	5％SBS＋4％CRP＋(33.3％湖沥青＋5.0％岩沥青＋61.5％70♯沥青)	7.4	45min	2.556	1745	45min	3.728	1246
			60min	2.917		60min	4.233	
6	5％SBS＋5％CRP＋(33.3％湖沥青＋5.0％岩沥青＋61.5％70♯沥青)	7.6	45min	3.109	1629	45min	3.786	1235
			60min	3.496		60min	4.296	
7	4％SBS＋5％CRP＋(33.3％湖沥青＋5.0％岩沥青＋61.5％70♯沥青)	7.4	45min	3.653	1273	45min	4.237	814
			60min	4.148		60min	5.011	
8	3％SBS＋5％CRP＋(33.3％湖沥青＋5.0％岩沥青＋61.5％70♯沥青)	7.2	45min	1.879	1849	45min	2.784	1486
			60min	2.219		60min	3.208	

由表 7.22 可知：

(1)在最佳油石比条件下，单掺 SBS 或 CRP 改性浇注式沥青混合料的 60℃动稳定度均超过了规范要求，超出了 26.1％；相对于单掺 SBS 改性沥青混合料，SBS 与 CRP 复合改性提高的幅度为 25.3％、31.0％、22.3％、−4.4％、38.8％、13.7％；在试验温度为 70℃条件下，SBS 与 CRP 复合改性浇注式沥青混合料的动稳定度比单掺 SBS 混合料分别提高 52.4％、90.5％、88.7％、25.3％、127.2％、68.8％；无论 60℃还是 70℃，CRP 与 SBS 复合改性沥青混合料的高温稳定性明显比单掺好。

(2)试验温度提高到 70℃以后，CRP 与 SBS 复合改性的效果更加凸显出来，60℃条件下动稳定度大于 1000 次/mm 的 2♯、3♯、4♯、7♯配比混合料稳定度在 70℃条件下明显下降，若以 70℃条件下动稳定度大于 1000 次/mm 作为控制指标，则不能满足要求。对比 SBS 与 CRP 复合改性的 5♯、8♯混合料的动稳定度变化可以看出，高温条件下，CRP 更有助于提高浇注式沥青混合料高温稳定性。

7.4.2 CRP 改性浇注式沥青混凝土的低温性能

沥青混合料的低温性能是指在较低温度下沥青混合料所表现出的抵抗收缩变形的能力。在冬季寒冷区，或气温骤降时，材料的应变能力下降，劲度模量急剧增大，沥青混合料的应力松弛性能跟不上温度下降所产生的温度应力，并超过混合料的极限抗拉强度，便产生开裂。作为钢桥面铺装层，首先应具有足够的强度与刚度以及对桥面板优良的变形追从性。大跨径梁桥的跨中挠度变形较大，产生的破坏类型有以下两种：首先是铺装层与桥面板之间相互错动的剪切破坏，该破坏主要发生在黏结层处；其次是铺装层的弯曲变形破坏，尤其是低温下的弯曲变形破坏。所以，铺装层必须具有抵抗荷载引起的挠度开裂和低温下收缩开裂的能力[75]。本研究采用低温弯曲试验测试和评价 CRP 改性浇注式沥青混凝土的低温抗裂性能。

根据我国规范要求，低温弯曲小梁的尺寸为 250mm×30mm×35mm(长×宽×高)，从成型好的标准车辙板上切割而成，试验温度为−10℃，试验方法与普通沥青混合料相同。各改性沥青配比方案的浇注式沥青混凝土低温弯曲试验结果如表7.23 所示。

表 7.23 不同配比浇注式沥青混凝土小梁低温弯曲试验结果(−10℃)

配比编号	改性沥青配比	油石比/%	抗弯拉强度 R_B/MPa	最大弯拉应变 $\varepsilon_B/\times10^{-6}$	弯曲劲度模量 S_B/MPa
2	5%SBS+(33.3%湖沥青+5.0%岩沥青+61.5%70#沥青)	7.1	11.12	4315.6	2576.7
3	5%CRP+(33.3%湖沥青+5.0%岩沥青+61.5%70#沥青)	7.1	10.63	1428.4	7440.8
4	5%SBS+3%CRP+(33.3%湖沥青+5.0%岩沥青+61.5%70#沥青)	7.2	12.07	3915.3	3082.8
5	5%SBS+4%CRP+(33.3%湖沥青+5.0%岩沥青+61.5%70#沥青)	7.4	14.89	3670.9	4056.2
6	5%SBS+5%CRP+(33.3%湖沥青+5.0%岩沥青+61.5%70#沥青)	7.6	15.35	3576.7	4291.7
7	4%SBS+5%CRP+(33.3%湖沥青+5.0%岩沥青+61.5%70#沥青)	7.4	16.04	2975.4	5590.9
8	3%SBS+5%CRP+(33.3%湖沥青+5.0%岩沥青+61.5%70#沥青)	7.2	14.75	3366.8	4381.1

用沥青混合料梁底最大弯拉应变表征沥青混合料低温变形能力，其值越大，说明混合料低温变形能力越强。从表 7.23 可知：3#方案的弯拉应变最小，说明单掺CRP 的改性浇注式沥青混凝土的低温性能最差，而单掺 SBS 改性的浇注式沥青混

凝土 2#方案弯拉应变最大,具有最好的低温性能,而不同 CRP 与 SBS 复配改性浇注式沥青混凝土的弯拉应变则介于两者之间,如图 7.9 所示。低温性能随着 CRP 掺量的增加而下降,随 SBS 掺量的增加而提高,从低温性能出发,不宜单掺 CRP 改性沥青配制浇注式沥青混凝土,而必须与 SBS 复配改性配制浇注式沥青混凝土,从技术经济性考虑,SBS 的掺量为 4%~5%,CRP 的掺量为 3%~4%,为保持浇注式沥青混凝土有较好的低温性能,满足低温弯曲应变>2500 的要求 CRP 的掺量不应过大,以小于 5%为宜,方案 4 和 5 是较好的 SBS 与 CRP 复合改性浇注式沥青混凝土配比方案。

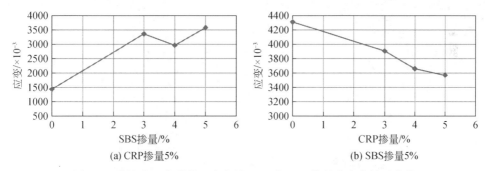

图 7.9　浇注式沥青混凝土应变随 SBS 或 CRP 掺量的变化关系曲线

7.4.3　CRP 改性浇注式沥青混凝土的水稳定性

浇注式沥青混凝土拌和后具有流动性,因此不能采用击实方法成型马歇尔试件,只能在成型车辙板上钻取试件,进行冻融劈裂试验。试件尺寸为 $\Phi=(100\pm0.25)$mm,$h=(50\pm2)$mm,试件经过真空饱水、低温冻融、高温水浴三个过程后,进行冻融劈裂试验,用冻融劈裂强度比来评价 CRP 改性浇注式沥青混凝土的水稳定性。表 7.24 是不同改性配比方案浇注式沥青混凝土的冻融劈裂试验结果。

表 7.24　不同配比浇注式沥青混凝土的冻融劈裂试验结果

配比编号	改性沥青配比	油石比/%	试验条件	劈裂强度/MPa			平均值	冻融劈裂强度比 TSR/%
				R_1	R_2	R_3	R_T	
2	5%SBS+(33.3%湖沥青+5.0%岩沥青+61.5%70#沥青)	7.1	未冻融	2.749	2.740	2.734	2.741	92.9
			冻融后	2.534	2.679	2.434	2.549	
3	5%CRP+(33.3%湖沥青+5.0%岩沥青+61.5%70#沥青)	7.1	未冻融	2.899	2.923	2.923	2.915	101.4
			冻融后	2.964	2.95	—	2.957	
4	5%SBS+3%CRP+(33.3%湖沥青+5.0%岩沥青+61.5%70#沥青)	7.2	未冻融	3.026	2.999	3.100	3.021	98.7
			冻融后	2.985	2.887	3.077	2.983	

配比编号	改性沥青配比	油石比/%	试验条件	劈裂强度/MPa			平均值	冻融劈裂强度比 TSR/%
				R_1	R_2	R_3	R_T	
5	5%SBS+4%CRP+(33.3%湖沥青+5.0%岩沥青+61.5%70♯沥青)	7.4	未冻融	2.976	3.105	2.901	2.994	99.1
			冻融后	2.971	2.952	2.975	2.966	
6	5%SBS+5%CRP+(33.3%湖沥青+5.0%岩沥青+61.5%70♯沥青)	7.6	未冻融	2.902	2.799	2.816	2.839	100.2
			冻融后	2.834	2.867	2.837	2.846	
7	4%SBS+5%CRP+(33.3%湖沥青+5.0%岩沥青+61.5%70♯沥青)	7.4	未冻融	3.103	2.967	3.029	3.033	102.7
			冻融后	3.118	3.004	3.184	3.102	
8	3%SBS+5%CRP+(33.3%湖沥青+5.0%岩沥青+61.5%70♯沥青)	7.2	未冻融	2.781	2.790	3.020	2.797	98.9
			冻融后	2.768	2.776	2.763	2.769	

注:规范要求普通沥青混合料≥75%;改性沥青混合料≥80%。

由表7.24可知:用CRP与SBS单掺改性或复合改性的浇注式沥青混凝土,均具有优良的水稳定性,其冻融劈裂抗拉强度比TSR均在90以上,远高于规范要求的性能。同时,CRP改性浇注式沥青混凝土的劈裂抗拉强度比高于SBS改性浇注式沥青混凝土,说明CRP没有恶化浇注式沥青混凝土的抗水损害性能。良好的水稳定性是浇注式沥青混凝土沥青含量高、孔隙率小的反映。

7.4.4 CRP改性浇注式沥青混凝土的最佳配合比

根据单掺和复配SBS与CRP单掺和复配改性浇注式沥青混凝土的性能特点,结合有关技术规范及各改性配比方案的混合料性能测试结果可知:单掺CRP改性沥青的低温延度较小,低温性能较差,不如SBS类,因此不建议使用单掺CRP改性沥青胶结料配制浇注式沥青混凝土。从软化点指标来看,为满足钢桥面在使用过程中所处的高温环境要求,沥青应有较高的软化点,软化点应在90℃以上,为此,应选择CRP与SBS复配改性的配比方案,即本试验中的5♯、6♯、8♯改性沥青配比方案。

用CRP与SBS复配改性沥青配制浇注式沥青混凝土,可以显著提高浇注式沥青混凝土的高温性能,使低温性能满足要求,同时不影响施工流动性,有利于浇注式沥青混凝土的施工,较好地解决了浇注式沥青混凝土桥面铺装的高温稳定性与施工流动性间的矛盾。综合CRP改性浇注式沥青混凝土的高温性能、低温性能和水稳定性及施工流动性,CRP 与 SBS 复合改性浇注式沥青混凝土在 70℃条件下的高温性能显著提高,低温性能和水稳定性满足钢桥面铺装的要求,CRP 与 SBS 复合改性浇注式沥青胶结料的最佳参考配合比为:4%～5%SBS＋5%CRP＋33.3%湖沥青＋5.0%岩沥青＋61.5%70♯沥青。

第8章 生活废旧塑料改性沥青的工程应用

为了验证 RP 和 CRP 改性沥青混合料的使用效果和施工工艺,确定废旧塑料改性沥青路面的应用范围,分别在不同工程中铺筑了原状 RP 改性沥青路面、湿掺 CRP 改性沥青路面、干掺 CRP 改性沥青路面和 CRP 改性浇注式沥青混凝土桥面。

8.1 废旧塑料改性沥青在重庆某高速公路中的应用

应用路段为重庆某高速公路红狮坝立交匝道路面,设计路面结构为:4cm 细粒式 SBS 改性沥青砼 AC-13C＋6cm 中粒式沥青砼 AC-20C＋22cm 水泥稳定碎石基层＋23cm 水泥稳定碎石底基层＋20cm 未筛分水泥稳定碎石垫层。应用路段长300m,用于中面层,厚6cm,级配为 AC-20C。

8.1.1 路面原材料的性能

试验路面原材料包括沥青、矿料、矿粉,RP 颗粒,其性能如下。

1. 沥青

现场所用的其质沥青为韩国 SK-70♯沥青,主要性能指标如表 8.1 所示。

表 8.1　SK-70♯沥青性能检测结果

检测项目	针入度(25℃,5s,100g)/0.1mm	延度(15℃,5cm/s)/cm	软化点($T_{R\&B}$)/℃
设计要求	60～70	不小于 100	不小于 47
实测值	65	＞100	49.5

2. 矿料

粗细集料均由石灰岩加工而成,各项指标试验结果如表 8.2 所示。

表 8.2　粗集料指标检测结果

试验指标	规范要求	试验结果
集料压碎值/%	≤26	18.5
磨耗损失/%	—	20.1
含泥量/%	—	0.5
视密度/(g/cm³)	≥2.60	2.744
吸水率/%	≤2.0	1

矿粉采用石灰石矿粉,各项指标检测结果如表 8.3。

表 8.3　矿粉指标检测结果

试验指标		规范要求	试验结果
视密度/(g/cm³)		≥2.50	2.691
吸水率/%		≤2.0	0.8
粒度范围	<0.6mm/%	100	100
	<0.15 mm/%	90~100	99.6
	<0.075mm/%	70~100	96.6

3. 废旧塑料颗粒

主要成分为 PP,从废旧塑料加工厂购买,扁圆形颗粒,粒径小于 5mm,未进行裂化处理,如图 8.1 所示。

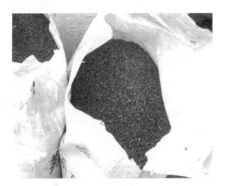

图 8.1　废旧塑料颗粒

8.1.2　混合料的配合比设计

表 8.4 是现场石料 A、B、C、D 四档料的二次筛分结果,表 8.5 是按照 JTGF 40—2004 中 AC-20 级配范围进行掺配得出的生产配合比级配。

表 8.4　集料的筛分试验结果

筛孔尺寸/mm	百分通过率/%				
	A(0~5)	B(5~10)	C(10~15)	D(15~26.5)	矿粉
26.5	—	—	—	100	
19	—	—	—	70.5	
16	—	—	100	32	
13.2	—	100	83.6	14.5	—

续表

筛孔尺寸/mm	百分通过率/%				
	A(0~5)	B(5~10)	C(10~15)	D(15~26.5)	矿粉
9.5	—	92.5	8	0.5	—
4.75	100	14.5	0.5	0.5	—
2.36	82.5	6.6	0.5	0.5	—
1.18	57.4	3.2	0.5	0.5	100
0.6	38	2.3	0.5	0.5	100
0.3	26.5	1.9	0.5	0.5	99.1
0.15	18.7	1.2	0.5	0.5	92.2
0.075	8.6	0.6	0.5	0.5	76.5

表 8.5 生产配合比级配设计结果

级配		通过下列筛孔尺寸(mm)的百分通过率/%											
		26.5	19	16	13.2	9.5	4.75	2.36	1.18	0.6	0.3	0.15	0.075
规范要求	上限	100	100	90	80	72	58	46	34	27	20	14	8
级配范围	下限		95	75	62	52	38	28	20	15	10	6	4
规范要求级配中值		100	97.5	87.5	71	62	48	37	27	21	15	10	6
目标级配		100	96.8	89.3	77.6	59.5	33.6	23.7	18.3	13.4	8.8	6.2	4.8
生产级配		100	97.7	91.8	78.1	63.1	42	28.1	18.3	13.6	10	8	5.8
各级粒径用量/%		0	2.3	5.9	13.7	15	21.1	13.9	9.8	4.7	3.6	2	2.2

8.1.3 最佳沥青用量确定

根据马歇尔试验方法确定最佳沥青用量,RP 的掺量为 5.5%,未进行裂化处理,用混溶剪切法制作改性沥青,表 8.6 是 RP 改性沥青混合料的马歇尔试验结果。

表 8.6 RP 改性沥青马歇尔试验结果

改性沥青	油石比/%	毛体积密度/(g/cm³)	空隙率/%	稳定度/kN	流值/mm	沥青饱和度/%
RP 改性SK70#	3.5	2.403	6.7	14.32	3.06	54.3
	4	2.424	5.2	14.37	3.07	63.3
	4.5	2.446	3.7	14.50	3.53	73.5
	5	2.444	3.1	12.95	3.64	78.5
	5.5	2.445	2.4	12.75	3.24	83.7

根据马歇尔试验确定的最佳油石比为 4.5%。

8.1.4　高温稳定性试验

以马歇尔混合料试验得到的最佳油石比 4.5% 进行车辙试验,结果如表 8.7 所示。

表 8.7　RP 改性沥青混合料的动稳定度试验结果

试件编号	1	2	3
动稳定度/(次/mm)	3564	4232	4298

从试验结果可以看出设计混合料的目标配合比满足《公路改性沥青路面施工技术规范》(JTJ 036—1998)中(夏炎热冬温区)改性沥青混合料高温动稳定度大于 3000 次/mm 的要求。

8.1.5　冻融劈裂试验

根据规范要求,采用冻融劈裂试验的冻融劈裂强度比评价沥青混合料的水稳定性,试验结果如表 8.8 所示。

表 8.8　废旧塑料改性沥青混合料冻融劈裂试验结果

沥青 标号	改性剂 掺量/%	油石比/%	劈裂强度/ MPa		TSR /%
			未冻融 R_{T1}	冻融 R_{T2}	
70#	5.5	4.5	0.92	0.83	90.2

从冻融劈裂试验结果可以看出,改性沥青混合料的 TSR 为 90.2%,高于 80%,满足规范冻融劈裂强度比大于 80% 的要求。

8.1.6　生活废旧塑料改性沥青路面施工

1. 废旧塑料改性沥青的加工制作

废旧塑料改性沥青的制作设备和工艺过程采用与 SBS 改性沥青制作设备和工艺。本次生产用的改性沥青设备包括沥青溶胀罐、剪切磨、改性剂添加机械、基质沥青储存罐和改性沥青储存罐等。

制作工艺过程:

(1)基质沥青加热。废旧塑料颗粒的熔融温度为 150~160℃,为了保证基质沥青不老化,同时达到废旧塑料的熔融温度,基质沥青应加热到 160~170℃,并按计量打入溶胀罐。

(2)添加改性剂。人工把废旧塑料颗粒倒入添加机械,机械按设计添加量自动称量,然后提升加入溶胀罐,如图 8.2 所示。

(3)溶胀。基质沥青与废旧塑料改性沥青的混合溶胀是制备改性沥青的重要环节,充分溶胀可以使废旧塑料颗粒趋于液体状态,通常废旧塑料颗粒与基质沥青的溶胀时间要在 20min 以上,颗粒粒径越大,溶胀时间应适当加长,溶胀罐应配有搅拌器,溶胀过程中不停地搅拌。如图 8.3 所示。

图 8.2　添加废旧塑料颗粒

图 8.3　废旧塑料在溶胀罐里溶胀

(4)剪切。溶胀一定时间后,初步混溶的沥青通过剪切磨(或胶体磨)进行剪切混溶,在剪切过程中沥青的温度要保持稳定,剪切时间根据溶胀罐的沥青容量确定,一般剪切两或三遍。

(5)储存和运输。剪切完成后的沥青打入储存罐,等待运输或与塑料拌和。废旧塑料改性沥青易离析,储存罐必须配有搅拌器,同时必须保证较高的存储温度。即使这样,也会由于存储罐边缘或溶胀罐边缘温度较低而在局部产生离析,这可能给应用带来很多问题,堵塞机械管道或在容器表面结皮,影响设备运行,用废旧塑料颗粒改性沥青时应特别注意。

2. 废旧塑料改性沥青混合料路面施工

废旧塑料改性沥青混合料路面的拌和、摊铺施工设备、工艺过程与普通沥青混合料路面基本相同,因此可以采用相同的拌和摊铺设备。拌和摊铺施工参数可参考表 8.9。

表 8.9　废旧塑料改性沥青混合料的施工温度

沥青加热温度/℃	160~170
集料加热温度/℃	160~170
沥青混合料出场温度/℃	155~165,超过 180 废弃
沥青混合料运输到现场温度/℃	145~155
摊铺温度(正常施工)/℃	控制在 140~150
初压温度(正常施工)/℃	120~140
复压温度(正常施工)/℃	120~140,不低于 120
终压温度(正常施工)/℃	不低于 70

3. 施工质量检测

对现场摊铺的废旧塑料改性沥青混合料取样(见图 8.4),其性能检测结果如下:

图 8.4　施工完成后的 RP 改性沥青路面

(1)动稳定度为 5051 次/mm(设计要求≥3000 次/mm)。

(2)矿料级配的检测结果如表 8.10 所示。

(3)稳定度、流值检测,稳定度 10.80kN(设计要求≥8kN);流值 2.62(设计要求 1.5~4),满足设计要求。

表 8.10　矿料级配检测结果

粒径/mm	31.5	26.5	19	16	13.2	9.5	4.75	2.36	1.18	0.6	0.3	0.15	0.075
生产级配	100	100	96.8	89.3	77.6	59.5	33.6	23.7	18.3	13.4	8.8	6.2	4.8
抽提	100	100	95.6	88.5	74.3	58.3	33.5	23.2	17.1	12.9	9.6	7.6	6.1
差值	0.0	0.0	1.2	0.8	3.3	1.2	0.1	0.5	1.2	0.5	−0.8	−1.4	−1.3
要求	±6	±6	±6	±6	±6	±6	±6	±5	±5	±5	±5	±5	±2

(4)残留稳定度检测:残留稳定度为 90.6%(设计要求≥85%),满足设计要求。

(5)冻融劈裂试验强度比检测:强度比为 88.8%(设计要求≥80%),满足设计要求。

(6)芯样完整性、厚度检测:钻芯检测五点,芯样完整,厚度检测五次,5.0cm、6.3cm、7.5cm、6.3cm、7.8cm(技术指标≥5.4cm),其中一处不满足设计要求。

(7)压实度检测:检测三处压实度,试验结果为,按最大理论密度(技术指标要求≥93%),其中两处 91.8%、92.3%不满足要求;按马氏密度(技术指标要求≥97%),有两处 95.8%、96.2%不满足要求。压实度偏低的原因主要是施工过程中特别是到施工最后阶段有降雨,压实温度偏低。

8.2　生活废旧塑料改性沥青在重庆南川某公路中的应用

经过裂解制得的生活废旧塑料改性剂,较好地解决了废旧塑料改性沥青存储稳定性差的问题,为塑料改性沥青的应用打下了良好的基础。本次研究在重庆南川的南兴路上铺筑了 1000m 的 CRP 改性沥青路面(见图 8.5),该道路路基宽度

9m,路面宽 8m,基层为水泥稳定碎石,CRP 改性沥青面层 AC-13 厚度 5cm。采用湿掺法改性,CRP 添加比例 5.5%,油石比 4.9%。先在改性沥青厂制作成改性沥青,制作工艺方法与 SBS 或 RS 改性沥青相同。然后运输到拌和站,打入沥青存储罐存储,等待使用。混合料拌和、摊铺、压实工艺与普通沥青路面相同。该路面从 2011 年使用至今,未发现有大的病害,使用效果良好。

(a)湿法CRP改性沥青的制作

(b)混合料拌和、摊铺

(c)摊铺完成后的路面

图 8.5　CRP 改性沥青在重庆南川某公路中的应用施工

8.3　生活废旧塑料干法改性沥青在贵州黔东南州路面大修工程中的应用

　　为验证生活废旧塑料干法改性沥青路面的性能、施工工艺与应用效果,在贵州黔东南的从江县新安环线公路新建沥青路面和 G321 线路面大修工程中铺筑了 CRP 改性沥青试验路面。根据当地沥青混合料拌和条件,采用干法添加改性。

　　新安环线公路为双车道二级公路,设计时速 40km/h,全长 915m,全为填方路基,路面宽 9m,设计路面结构为 4cm AC-13＋5cm AC-16＋20cm 水泥稳定碎石,试验段路面结构厚度与原设计相同,面层采用 CRP 改性沥青 AC-13,即 4cm CRP 改性沥青混合料 AC-13＋5cm AC-16＋20cm 水泥稳定碎石,试验段长度 450m,半幅为试验路面,另半幅为原结构路面,以便于同等条件对比。

　　G321 为二级公路,为路面大修工程,起点位于从江县境内的黔桂交界处,设计车速 40km/h,路面宽度 7.5m。原设计路面结构为 3cm AC-13＋4cm AC-16＋32cm 水泥稳定碎石＋20cm 级配碎石。试验路面结构为 3cm CRP 改性 AC-13＋4cm AC-16＋32cm 水泥稳定碎石＋20cm 级配碎石和 3cm CRP 改性 AC-13＋4cm CRP 改性 AC-16＋32cm 水泥稳定碎石＋20cm 级配碎石,试验路面长度约 520m,双幅摊铺。

8.3.1　试验段路面的配合比设计

1. 原材料性能

1)基质沥青

采用 70♯沥青,性能指标检测结果如表 8.11 所示。

表 8.11　70♯沥青性能检测结果

沥青指标	针入度(100g,5s,25℃)/0.1mm	软化点/℃	延度(5cm/min,15℃)/cm
检测结果	75.0	45.5	＞100
技术要求	60—80	≥45	≥100

2)集料和矿粉

粗细集料为从江产的石灰石加工而成,性能指标检测结果如表8.12和表8.13所示,矿粉由石灰石磨细制作而成,其性能检测结果如表8.14所示。从检测结果可以知道集料和矿粉性能满足规范要求。

表 8.12 从江石灰岩粗集料技术指标检测结果

粗集料指标	测试结果	规范要求
表观相对密度/(g/cm³)	2.725	≥2.60
压碎值/%	23.8	≤30
含泥量/%	0.7	≤1.0
吸水率/%	1.2	≤3.0
软石含量/%	1.2	≤1.0
洛杉矶磨耗值/%	28.3	≤40
针片状含量/%	10.7	≤20
坚固性(质量损失)/%	5.7	≤12

表 8.13 细集料主要技术指标检测结果

细集料指标	检测结果	规范要求
表观相对密度/(g/cm³)	2.685	≥2.50
砂当量/%	70.6	≥60

表 8.14 矿粉主要技术指标检测结果

矿粉指标	检测结果	规范要求
表观密度/(g/cm³)	2.708	≥2.50
含水量/%	0.37	≤1
外观	无团粒结块	无团粒结块

3)CRP 改性剂

与室内试验的 CRP 改性剂相同,由废旧塑料裂化而成。结合试验路段交通情况和气候条件,确定 CRP 掺量为 5%,干法添加。

2. CRP 改性 AC-13 沥青混合料的目标配合比设计

根据两试验段路面结构设计,试验路段面层采用 AC-13 级配沥青混凝土,采用 CRP 改性,其配合比设计如下,下层为 AC-16,不改性,采用工地设计配合比。

拌和站料场取样石料分为 A、B、C 三档,三档料的筛分结果如表 8.15 所示。

表 8.15 集料的筛分结果

筛孔尺寸/mm	各档集料的筛分试验结果			目标级配通过百分率/%
	A	B	C	
16	100.0	100.0	100.0	100.0
13.2	64.2	98.8	100.0	90.3

续表

筛孔尺寸/mm	各档集料的筛分试验结果			目标级配通过百分率/%
	A	B	C	
9.5	6.0	86.4	100.0	72.4
4.75	1.5	14.3	79.9	42.8
2.36	1.5	7.4	52.7	30.9
1.18	1.5	5.3	37.5	22.9
0.6	1.4	3.8	23.5	15.6
0.3	1.4	3.1	16.2	11.8
0.15	1.2	2.2	7.5	7.3
0.075	0.9	1.2	3.5	5.0
<0.075	—	—	—	—
各组集料比例/%	27	22	51	—

表 8.16　试验路 AC-13 目标配合比的马歇尔试验结果

油石比/%	4.0	4.5	5.0	5.5	6.0
毛体积密度/(g/cm³)	2.44	2.48	2.47	2.47	2.47
空隙率/%	4.36	1.94	1.62	0.82	0.28
稳定度/kN	14.59	14.53	14.30	12.31	14.30
流值/mm	6.19	6.73	7.43	7.36	8.16
矿料间隙率/%	13.19	12.06	12.84	13.17	13.71
沥青饱和度/%	66.92	83.95	87.36	93.76	97.99

根据马歇尔试验结果(见表 8.16)得最佳油石比为 4.7%。

8.3.2　干法 CRP 改性沥青混合料路面在新建道路工程中的应用

1. 基层准备

在摊铺前须检测标高和压实度、强度、平整度等指标,并对基层表面进行清扫。

2. 洒布透层油

基层检查合格后均匀喷洒乳化沥青(见图 8.6),用油量为 0.5L/m²。

3. 配合比调整及拌和时间调试

根据目标配合比和现场集料情况,结

图 8.6　洒布透层油

合经验,在目标配合比设计基础上调整油石比和级配,得生产配合比:A 为 30%、B 为 12%、C 为 58%,油石比 5%作为施工配合比,同时调整拌和时间,经调试,拌和时间调整为 25s,如表 8.17 所示。

表 8.17 AC-13 目标配合比及生产配合比

筛孔孔径/mm	通过百分率/%									
	16	13.2	9.5	4.75	2.36	1.18	0.6	0.3	0.15	0.075
AC-13 规范级配	100	100~90	85~68	68~38	50~24	38~15	28~10	20~7	15~5	8~4
目标配合比级配	100	90.3	72.4	42.8	30.9	22.9	15.6	11.8	7.3	5.0
生产配合比级配	100	89.4	70.9	48.2	33.7	24.9	16.7	12.5	7.5	5.0

图 8.7 每盘 CRP 改性剂添加量的标定

4. CRP 改性剂的添加与混合料拌和

改性剂通过人工添加,施工前,先计算出每一锅混合料所需的改性剂重量,然后,用桶标定出此重量改性剂在桶中的相应位置,每次添加时,先用桶量出改性剂的量,倒入盆或其他容器中,再添加到拌和锅里(见图 8.7)。

为使改性剂与沥青充分混合,CRP 改性剂的添加顺序是:沥青与集料拌和—添加 CRP 改性剂,拌和 25s—添加矿粉—拌和—出料。为准确控制添加时间,改性剂添加时间由控制室通过喇叭通知工人。改性剂添加如图 8.8 所示,混合料出料温度不低于 170℃。

图 8.8 人工投放 CRP 改性剂

需要指出,虽然改性剂与沥青的拌和时间较短,但是,从拌和完成到摊铺至少需要 0.5h,这段时间内,混合料的温度都在 160℃左右,CRP 与沥青有足够的高温熔融时间,摊铺过程中又再次拌和,因此,拌和 25s 足以使其在混合料中分散均匀并与沥青相融。

5. 混合料运输

混合料拌好后,即用混合料运输车运到前场进行摊铺。运输过程中,必须用篷布遮盖,确保混合料有足够的摊铺温度。

6. 摊铺及压实

CRP 改性沥青混合料路面的摊铺、压实程序和质量控制工艺与普通沥青混合料路面相同。将拌和好的改性沥青混合料运输至现场进行摊铺,然后压实,如图8.9所示。

(a)摊铺　　　　　　　　　　　　　(b)压实

图 8.9　CRP 改性沥青混合料的摊铺及压实

摊铺后,应及时碾压,先用刚轮压路机压 3~5 遍,再用胶轮压路机碾压三遍。

7. 质量检测

现场钻芯取样进行摊铺检测,如图 8.10 所示。

图 8.10　现场钻芯取样

8. 现场拌和混合料性能测试

对现场拌和的混合料取样,然后进行室内试验,结果如表8.18所示。

表8.18 现场拌和 CRP 干法改性 AC-13 混合料的性能测试结果

油石比/%	AC-13(5% CRP)		
	稳定度/kN	流值/0.1mm	动稳定度/(次/mm)
	15.54	28.5	3537
5	13.1	33.2	3985
	13.39	30.8	4505

从表8.18可以看出,CRP 改性 AC-13 沥青混合料的动稳定度平均达到4009次/mm,完全满足规范对改性沥青动稳定度大于2800次/mm 的要求,干法 CRP 改性沥青混合料具有较高的强度和良好的高温稳定性,提高沥青混合料的性能效果显著。

8.3.3 干法 CRP 改性沥青路面在旧路面大修工程中的应用

1. 试验路段的布置

G321 试验段铺筑长度为 K860＋265～＋877,根据下面层结构情况,左右两幅试验路面结构不对称布置,如表8.19所示。

表8.19 试验路面结构布置

左幅试验段路面结构	桩号	右幅试验段路面结构	桩号
4cmCAC-13＋5cmCAC-16	K860＋265～＋517	4cmCAC-13＋5cmAC-16	K860＋265～＋347
4cmCAC-13＋5cmAC-16	K860＋517～＋737	4cmCAC-13＋5cmCAC-16	K860＋347～＋567
4cmCAC-13＋5cmCAC-16	K860＋737～＋877	4cmCAC-13＋5cmAC-16	K860＋567～＋737

注:CAC 为 CRP 改性沥青混凝土。

2. 材料性能与配合比

G321 路面大修工程 CRP 改性沥青混合料试验段所用沥青、混合料级配和改性剂比例、拌和参数与新安环线试验路面相同。

3. 试验路施工

1)基层准备

(1)旧路面病害处置:对旧路面沉降、软弱部位进行加固修复。

(2)基层标高、弯沉和压实度检测。

(3)基层表面清理。由于大中修路面必须边通车边施工,车辆通行过程中,必然带来泥土而污染基层表面,为保证沥青面层与基层间的连接,在铺筑沥青面层前,必须对基层表面进行清洗(见图 8.11),然后洒布黏层油。

2)洒布透层油

在清洗过的基层表面洒布透层油(见图 8.12)。

图 8.11　清洗基层表面　　　　图 8.12　洒布透层油

3)混合料拌和

G321 试验路面的拌和设备、材料和改性剂添加拌和方法与新安环线路面相同,如图 8.13 所示。

4)摊铺与压实

(a)摊铺　　　　　　　　　　(b)压实

(c)摊铺压实完成通车后的路面

图 8.13　G321 路面大修工程的 CRP 改性沥青混合料路面施工

8.4 生活废旧塑料改性浇注式沥青混凝土桥面铺装的工程应用

为证明生活废旧塑料改性浇注式沥青混凝土的应用效果,在四川某桥桥面改造工程中铺筑了CRP改性浇注式沥青混凝土桥面铺装。桥梁为混凝土桥,桥面结构为3.5cm SMA-13+3.5cm GA-10,GA-10为CRP改性浇注式沥青混凝土。

8.4.1 CRP改性浇注式沥青混凝土GA-10的性能

1. 改性沥青性能

采用SK70♯基质沥青,按外掺6%CRP配制改性沥青,采用搅拌法配制,速溶无离析,所得改性沥青的性能指标如表8.20所示。

表8.20 CRP改性浇注式沥青的性能测试结果

软化点/℃	121		
针入度/0.1mm	10℃	15℃	25℃
	10.0	16.4	40.0
延度/cm	5℃	10℃	15℃
	0.1	6.8	43.2

2. CRP改性浇注式沥青GA-10的性能

1)混合料的级配

GA-10采用玄武岩集料、石灰岩矿粉配制,级配如表8.21所示。

表8.21 GA-10级配组成

筛孔直径/mm	13.2	9.5	4.75	2.36	1.18	0.6	0.3	0.15	0.075
通过率/%	100	99.9	66	56.9	44.7	39.1	33.5	29.2	24.6

2)不同油石比的GA-10浇注式沥青混凝土性能测试结果

采用上述改性沥青按三个油石比拌和浇注式沥青混凝土,性能测试结果如表8.22~表8.24所示。

表8.22 GA-10的流动性测试结果

油石比/%	搅拌时间/s	搅拌过程的温度/℃		流动性	
		15min	30min	温度/℃	流动性/s
6.9	3×900	230	237	229	大于120
7.2	3×900	222	229	226	55
7.7	3×900	211	224	214	20

表 8.23　GA-10 的高温稳定性测试结果

油石比/%	1min	45min	60min	动稳定度 /(次/mm)	辙槽深度 /mm	贯入度 /mm	增量 /mm
6.9	0.870	6.460	7.718	501	6.848	199	19
7.2	0.788	10.473	12.922	257	12.134	258	21
7.7	0.842	—	—	—	—	393	31

表 8.24　GA-10 的低温弯曲性能测试结果(加载速度 50mm/min)

油石比/%	温度/℃	弯拉强度/MPa	弯拉应变/×10³	弯曲模量/MPa
6.9	19	5.667	0.040	143.3
	−10	10.601	0.009	1153.5
7.2	19	5.154	0.031	168.5
	−10	9.183	0.011	826.8
7.7	19	5.510	0.091	60.7
	−10	10.147	0.016	624.5

3)不同 CRP 掺量的 GA-10 浇注式沥青混合料性能对比

不同 CRP 掺量 GA-10 浇注式沥青混合料的流动性、贯入度及低温弯曲试验结果如表 8.25～表 8.27 所示。

表 8.25　不同 CRP 掺量的 GA-10 浇注式沥青混合料的流动性

油石比/%	CRP 掺量/%	温度/℃	流动性/s
7.2	0	229	4
	4	231	7
	6	228	11

表 8.26　不同 CRP 掺量的 GA-10 浇注式沥青混合料的贯入度

油石比/%	CRP 掺量/%	贯入度/mm	平均值/mm	增量/mm	平均值/mm
7.2	0	442	409	34	32
		376		30	
	4	272	254.5	31	24.5
		237		18	
	6	198	207	17	18
		216		19	

表 8.27 不同 CRP 掺量 GA-10 浇注式沥青混合料的低温弯曲试验结果

CRP 掺量 /%	挠度 /mm	平均值 /mm	弯拉强度 /MPa	平均值 /MPa	弯拉应变 /$\mu\varepsilon$	平均值 /$\mu\varepsilon$	劲度模量 /MPa	平均值 /MPa
0	1.05	1.05	13.40	13.40	8048.25	8064.00	1664.47	1660.64
	1.05		13.39		8079.75		1656.80	
4	1.02	1.07	11.09	12.43	7481.70	7678.58	1482.72	1615.9
	1.11		13.77		7875.45		1749.08	
6	1.05		11.85	12.27	7890.75	7011.38	1501.46	1784.77
	1.02		12.68		6132.00		2068.07	

从表 8.22~表 8.25 可以看出,在相同油石比条件下,浇注式沥青混凝土的流动性随 CRP 掺量的增加而降低,高温稳定性提高,贯入度减小,低温弯曲应变有所下降。在满足施工流动性条件下,合适的 CRP 掺量可以较好地改善浇注式沥青混合料的高温性能,同时不过大地降低其低温变形性能。

8.4.2 CRP 改性浇注式沥青混凝土桥面铺装施工

1. 施工前准备

(1) 在浇注式摊铺之前,应保持防水层清洁干燥,不允许有油污存在,必要时应用吹风机进行吹风和干燥,对油迹的污染应及时擦洗。

(2) 精确测量,准确定位侧限挡板的高度,确保控制铺装层的平整度。

(3) 对 cooker 运输车轮胎及底板进行清洗,现场施工人员应穿上鞋套,防止运输车及施工人员污染桥面,保证施工现场清洁。

(4) 做好施工人员安全防护工作,配备必要的劳保用品。

2. 浇注式沥青混合料的拌和

(1) 浇注式沥青混合料拌和温度高,搅拌时间长,因此要求拌和楼有很强的拌和能力和耐高温能力。

(2) 生产前对运料小车、储罐或卸料斗清理并涂刷隔离剂,每次生产完毕后,待设备还没完全冷却时,应对黏附的混合料进行彻底清理,以避免混合料黏附在设备上。

(3) 混合料拌和温度控制:如果矿粉未加热,则石料加热温度应为 300℃ 左右,混合料拌和后出料温度按 220~250℃ 控制。由于混合料中矿粉含量很大,因此混合料的拌和时间比较长,拌和时间为干拌 15s,湿拌 90s,并根据现场试拌后确定。如果矿粉加热,则石料温度为 260~280℃。拌和过程中应充分注意矿粉掺量、湖沥青掺量,沥青用量及出料温度的控制。

3. 浇注式沥青混合料的运输

从拌和楼生产出来的浇注式沥青混合料还需不断搅拌和加温,因此,浇注式沥青混合料必须使用专门的运输设备(cooker)。在 cooker 初次进料之前,应将其温度预热至 160℃ 左右,混合料装入 cooker 后应保持不停的搅拌,同时,使混合料升温至 220～250℃,在 cooker 中的搅拌时间至少应在 40min 以上,超过 250℃ 时停留时间不能超过 1h,220～250℃ 时停留时间不能超过 4h。CRP 改性剂应在混合料装入 cooker 后加入,如图 8.14 所示,并通过搅拌与混合料拌和均匀。

图 8.14　人工把 CRP 加入 cooker 车

在从运输混合料的 cooker 车中出料时必须对加热温度进行调节,以避免结合料硬结。同时还须减慢搅拌速度,不让空气中的氧气进入浇注式沥青中,以减少沥青的氧化。

4. 浇注式沥青混合料的摊铺

浇注式沥青混凝土沥青混合料是自流成型、无须碾压的沥青混合料,因此,应使用专用摊铺机进行摊铺。运至现场的浇注式沥青混合料应进行流动性试验,符合设计要求后,方可摊铺。具体摊铺工艺如下:

(1)边侧限制。

浇注式沥青混凝土在 220～250℃ 摊铺时具有流动性,因此,为防止混合料侧向流动需设置边侧限制。边侧限制采用约 35mm 厚、300mm 宽的钢制或木制挡板,设在车道连接处的边缘。为保证铺装表面平整,可根据钢板表面平整度的情况,采用不同厚度的铁片或木片调节边侧限制高度。

(2)厚度控制。

在摊铺之前,根据钢板表面情况进行测量放样,确定一定间隔某一点的摊铺厚度,然后调整导轨高度及边侧限制板,从而确定摊铺厚度。摊铺机整平板有自动的水平设备控制,按照侧限板高度摊铺规定的厚度。

(3)混合料摊铺。

摊铺宽度确定。根据摊铺机及桥面宽度设定合理的摊铺宽度,并尽量避免接缝位于车行道内。

①cooker 倒行至摊铺机前方,通过其后面的卸料槽把混合料直接卸在钢桥面

板上(见图 8.15)。②摊铺机整平板的前方布料板左右移动,把浇注式沥青混合料铺开(见图 8.16)。③摊铺机向前移动把沥青混合料整平到控制厚度(见图 8.17)。

在浇注式沥青混凝土摊铺过程中,会产生部分气泡,可采用带尖头的工具刺破,排出内部空气,使其充分致密(见图 8.18),局部不平整部位可用人工辅助整平。

图 8.15 cooker 车通过卸料槽把沥青
混合料卸在桥面板上

图 8.16 摊铺机整平板的前方布料板把浇
注式沥青混合料铺开

图 8.17 浇注式沥青混凝土桥面摊铺

图 8.18 人工处理局部产生的气泡和辅助整平

5. 接缝处理

摊铺机应带有红外加热设备,用于对先铺路面加热,保证与新铺的沥青混凝土形成整体,使接缝处连接可靠。在摊铺机行走过后,再采用喷枪进行加热,使新旧混合料变软,同时用工具搓揉,使结合部位进一步结合良好,消除接缝。

6. 撒布预拌碎石

等摊铺的浇注式沥青混凝土降到合适的温度后,用碎石撒布机撒布 5~10mm 的预拌沥青碎石(见图 8.19),用量为 4~8kg/m²。最后,用 1~2t 的串联式钢式压路机进行碾压。碾压时,首先应充分碾压接缝位置,确保接缝连接紧密,然后从外侧逐渐向内侧碾压,使预拌沥青碎石牢固地嵌入浇注式沥青混合料中。

图 8.19 在浇注式沥青混凝土表面撒布预拌沥青碎石

拆除边侧限制之前,应让铺装层冷却,留下一个轮廓清晰的边侧连接。

8.5 小 结

本次研究在室内试验基础上,通过铺筑现场试验段,验证了原状生活废旧塑料颗粒 RP 改性沥青混凝土、裂化 CRP 湿法和干法改性沥青混凝土、CRP 复合改性浇注式沥青混凝土桥面铺装的应用效果。目前这些工程应用路段使用效果良好。

在对原状生活废旧塑料和裂化生活废旧塑料改性沥青混合料路面的应用表明,RP 改性沥青离析严重,施工过程中很容易产生离析,不便于存储和运输。因此,原则上不宜直接采用废旧塑料颗粒进行沥青改性。

CRP 改性沥青具有不离析的特点,其湿法改性的改性设备和工艺过程与 SBS 改性沥青相同,适用于有改性沥青设备的拌和站或有专门改性沥青设备加工厂的地区应用。CRP 干法改性沥青路面施工方法简便,工艺参数与基质沥青混合料路面基本相同,施工不需要专门的设备,适合于没有改性沥青剪切设备的沥青拌和站拌和施工应用。从现场应用情况看,干法或湿法改性沥青混合料路面并没有明显的性能差异,可用于新建公路路面或大中修路面。

参 考 文 献

[1] 陆景富,张泽保. 废旧聚乙烯塑料改性沥青路用性能的研究及实践[J]. 中南公路工程,
1996,(1):61-64.

[2] 陆景富,齐在春,鞠江庆. 废旧聚乙烯塑料改性沥青的研究应用[J]. 河南交通科技,1998,
(6):21-24.

[3] 任淑霞. 用废塑料薄膜作沥青改性材料的实验研究[J]. 混凝土,2006,(2):61,62.

[4] 孙延忠,王高石,庞也,等. 废旧高分子材料改善沥青路用性能的室内研究[J]. 吉林交通科
技,1996,4:34-39.

[5] 周研,于永生,张国强,等. 废塑料改性沥青的性能研究[J]. 石油沥青,2007,21(4):6-9.

[6] 骆光林,方长青. 包装废 PE 改性沥青的研究[J]. 包装工程,2005,26(2):31,32.

[7] 骆光林,方长青. 包装废 PE 改性沥青高低温性能的研究[J]. 包装工程,2005,26(6):
83,84.

[8] 廖利,李慧川,王刚. 城市生活垃圾中混合废塑料改性道路沥青的试验研究[J]. 中国资源综
合利用,2006,24(9):28-32.

[9] 方长青,李铁虎. 包装废聚乙烯改性沥青路用性能研究[J]. 包装工程,2006,6:119,120.

[10] Garía- Morales M, Partal P, Navarro F J, et al. The rheology of recycled EVA/LDPE
modified bitumen[J]. Rheologica Acta, 2004,43(5):482-490.

[11] Hussein I A, Iqbal M H, Al- Abdul- Wahhab H I. Influence of M_w of LDPE and vinyl
acetate content of EVA on the rheology of polymer modified asphalt[J]. Rheologica Acta,
2005,45(1):92-104.

[12] 沈金安. 改性沥青与 SMA 路面[M]. 北京:人民交通出版社,1999.

[13] 丁巍,杜永柏. 聚合物浓度对高密度聚乙烯改性沥青性能的影响[J]. 公路与汽运,2006,
(3):124-126.

[14] Hinislioğlu S, Ağar E. Use of waste high density polyethylene as bitumen modifier in
asphalt concrete mix[J]. Materials Letters, 2004,58(3-4):267-271.

[15] 李一鸣. 塑料沥青[C]//992 道路改性沥青技术交流会,重庆,1992.

[16] 白启荣. 废旧聚乙烯塑料改性沥青路用性能的研究[J]. 山西建筑,2007,27(5):85,86.

[17] 李梅,刘小权. 废旧塑料再利用与改性道路沥青[J]. 郑州轻工业学院学报,1997,(2):
67-70.

[18] 许世展,孙建波,田亚林,等. PE 改性沥青理论分析及其试验研究[J]. 西部探矿工程,
2006,18(6):189-191.

[19] Ho S, Church R, Klassen K, et al. Study of recycled polyethylene materials as asphalt
modifiers[J]. Selective Canadian Journal of Civil Engineering, 2006,33(8):968-981.

[20] Edwards Y, Tasdemir Y, Isacsson U. Rheological effects of commercial waxes and
polyphosphoric acid in bitumen 160/220- high and medium temperature performance[J].
Construction and Building Materials, 2007,21(10):1899-1908.

[21] Yousefi A A, Ait- Kadi A, Roy C. Effect of used- tire- derived pyrolytic oil residue on the

properties of polymer-modified asphalts[J]. Fuel, 2000,79(8)：975—986.

[22] 王仕峰,马丕明,欧阳春发,等．聚乙烯/炭黑复合改性沥青的稳定化研究[J]. 石油沥青,
2006,20(6)：22—26.

[23] 李军,张玉霞,张玉贞．甲基丙烯酸缩水甘油酯接枝低密度聚乙烯沥青改性剂改性机理研
究[J]. 炼油技术与工程,2007,37(8)：16—20.

[24] 张巨松,王文军,赵宏伟,等．聚乙烯和聚乙烯胶粉复合改性沥青的实验[J]. 沈阳建筑大学
学报(自然科学版),2007,32(2)：267—270.

[25] 高光涛,张隐西．LDPE/SBR 复合改性沥青的贮存稳定性[J]. 塑料工业,2007,35(5)：
53—57.

[26] 欧阳春发,王仕峰,朱玉堂,等．高温贮存稳定聚合物改性沥青的制备[J]. 合成橡胶工业,
2004,27(3)：189.

[27] 吉永海,卑淑华,李锐．SBS 改性沥青稳定机理的研究[J]. 石油沥青,2001,15(4)：34—40.

[28] 马爱群,肖鹏．废胶粉改性沥青的离析机理研究[J]. 公路工程与运输,2008,(13)：
30—33.

[29] 康爱红．活化废胶粉改性沥青机理研究[J]. 公路交通科技,2008,25(7)：12—16.

[30] 周研,齐国才,张国强,等．接枝 SBS 对改性沥青稳定性的影响及机理研究[J]. 中外公路,
2007,27(4)：239—242.

[31] 赵晶,张肖宁,于桂珍,等．应用凝胶渗透色谱法研究改性沥青机理[J]. 哈尔滨建筑大学学
报,2000,33(2)：83—85.

[32] 原健安．丁苯橡胶改性沥青的机理分析[J]. 石油沥青,1995,(3)：46—48.

[33] 耿九光,常青,原健安,等．用 GPC 研究 SBS 改性沥青交联结构及其稳定性[J]. 郑州大学
学报(工学版),2008,29(2)：14—17.

[34] 赵可,原健安．聚合物改性沥青机理研究(之一)[J]. 天津市政工程,2000,(4)：29—33.

[35] 原健安,赵可．聚合物改性沥青机理研究(之二)[J]. 天津市政工程,2000,(5)：23—37.

[36] 肖鹏,康爱红,李雪峰．基于红外光谱法的 SBS 改性沥青共混机理[J]. 江苏大学学报(自
然科学版),2005,26(6)：529—532.

[37] 唐新德,贺忠国,尹文军,等．纳米蒙脱土/SBS 复合改性沥青及其改性机理研究[J]. 石油
沥青,2008,26(6)：6—9.

[38] Memon G M, Chollar B H. Glass transition measurements of asphalts by DSC[J]. Journal
of Thernal Analysis and Claorimetry, 2005,49(2)：601—607.

[39] Zhang F, Yu J Y, Han J. Effects of thermal oxidative ageing on dynamic viscosity, TG/
DTG, DTA and FTIR of SBS- and SBS/sulfur-modified asphalts[J]. Construction and
Building Materials, 2011,25(1)：129—137.

[40] 彭文勇,赵弘亮．聚乙烯橡胶改性沥青的研究[J]. 云南交通科技,1992,(1)：21—23.

[41] 原建安．PE 改性沥青中几个问题的讨论[J]. 西安公路交通大学学报,1999,(1)：13—16.

[42] 许传路,王哲,赖文群,等．改性聚乙烯对沥青性能影响分析与探讨[J]. 石油沥青,2006,
20(1)：65—70.

[43] 张争奇．聚乙烯塑料改性沥青[J]. 重庆交通学院学报,2002,19(4)：30—37.

[44] Hesp S, Liang Z, Woodhams R T. In-situ stabilized compostions[P]．US,5494966,1996.

[45] Morrison G, Hedmark H, Hesp S. Elastic steric stabilization of polyethylene-asphalt emulsions by using low molecular weight polybutadiene and devulcanized rubber tire[J]．Colloid&Polymer Science, 1994,272(4)：375—384.

[46] 张克惠．塑料材料学[M]．西安：西北工业大学出版社,2000.

[47] 童晓梅．废旧塑料种类鉴别方法探讨[J]．塑料科技,2007,35(3)：46,47.

[48] 黄皓芳,王玉梅．废旧塑料鉴别方法[J]．塑料制造,2007,(6)：72—76.

[49] 孔萍.废旧塑料的鉴别方法[J]．资源再生,2008,(2)：60—62.

[50] 王丹红,朱曙梅,吴文晞,等．废旧塑料种类鉴别方法的探讨[J]．引进与咨询,2005,(5)：46,47.

[51] 孔萍,刘青山．废旧塑料回收造粒工艺及节能途径[J]．资源再生,2008,(11)：40—42.

[52] 王素华．废旧塑料的鉴别、处理和利用[J]．内蒙古石油化工,2005,31(9)：10,11.

[53] 刘丹,王静,刘俊龙．废旧塑料回收再利用研究进展[J]．橡塑技术与装备,2006,32(7)：15—22.

[54] 张燕．红外光谱技术在聚乙烯和聚丙烯生产和开发中的应用[J]．石油化工,2005,34(s1)：661,662.

[55] 刘伟．线型低密度度聚乙烯的快速鉴定[J]．理化检验-化学分册,2008,44(2)：134—136.

[56] 谢侃,陈冬梅,蔡霞,等．PE 微观结构的红外光谱实用表征[J]．合成树脂及塑料,2005,22(1)：48—52.

[57] 章晓氰．红外光谱法鉴别均聚聚丙烯和共聚聚丙烯[J]．浙江化工,1991,(4)：36—38.

[58] 郑爱国,赵莹,徐怡庄．利用红外光谱成像技术研究 PP/PE 共混物[J]．光谱学与光谱分析,2004,24(7)：803—805.

[59] 贺燕,张辉平,徐端夫,等．PP/PE 共混物的红外光谱分析[J]．合成纤维工业,2004,27(2)：55,56.

[60] 董芃,尹水娥,别如山．典型塑料热解规律的研究[J]．哈尔滨工业大学学报,2006,38(11)：1959—1962.

[61] 彭波,李文英,危拥军.沥青混合料材料组成及特性[M],北京：人民交通出版社,2007.

[62] 谢庆莲．改性沥青改性机理的初步探讨[J]．黑龙江交通科技,2008,(8)：4,5.

[63] 张登良．改性沥青机理及应用[J]．石油沥青,2003,17(2)：36—38.

[64] 张宝昌,于祥,席曼,等．高聚物改性沥青稳定性研究[J]．石油沥青,2007,21(6)：16—20.

[65] 中华人民共和国交通部．公路沥青路面施工技术规范(JTG F40—2004)．北京：人民交通出版社,2004.

[66] 张肖宁．沥青与沥青混合料的粘弹性力学原理及应用[M]．北京：人民交通出版社,2006.

[67] 谭忆秋.沥青与沥青混合料[M]．哈尔滨：哈尔滨工业大学出版社,2007.

[68] 焦剑,雷渭媛．高聚物结构、性能与测试[M]．北京：化学工业出版社,2005.

[69] Yang X W,Mei F. DSC analysis of domestic waste old plastic modifying agent and study on its modified asphalt property[J]．Bridge Health Monitoring&Envi-ronmental Protection of Road,2010,16(5)：815—821.

[70] 廖克俭,丛玉凤.道路沥青生产与应用技术[M].北京:化学工业出版社,2004.

[71] 沈金安.沥青及沥青混合料路用性能[M].北京:人民交通出版社,2003.

[72] 陈栓发,陈华鑫,郑木莲.沥青混合料设计与施工[M].北京:化学工业出版社,2006.

[73] 郝培文,张登良.沥青混合料低温抗裂性能评价指标[J].西安公路交通大学学报,2000,20(3):1—5.

[74] 中华人民共和国交通部.公路工程沥青及沥青混合料试验规程(JTG E20—2011).北京:人民交通出版社,2011.

[75] 张宏,沥青混合料低温抗裂性能评价方法[J].长安大学学报,2002,6(1):5—8.

[76] 袁宏伟,封晨辉.浇注式沥青混凝土在钢桥桥面铺装中的应用[J].中外公路,2003,3(1):45—48.

[77] 邓学钧,黄晓明.路面设计原理与方法[M].北京:人民交通出版社,2001.

[78] 交通部重庆公路科学研究所.钢桥面铺装技术研究国外专题情报资料,重庆,1995.

[79] 王钰.环氧沥青混凝土和SMA沥青混凝土的应用[J].山西建筑,2007,33(34):169,170.

[80] 樊叶华,杨军,钱振动,等.国外浇注式沥青混凝土钢桥面铺装综述[J].中外公路,2003,23(6):1—4.

[81] 孙明,岩沥青复合改性沥青基本性能研究[J].西藏大学学报,2002,4:34—39.

[82] 查旭东,季文广,李平.特立尼达湖沥青在浇注式沥青中的实验分析[J].长沙交通学院学报,2006,24(4):18—21.

[83] 樊亮,马世杰,林江涛.荧光显微镜分析技术在沥青研究中的应用[J].公路工程,2011,6:70—73.

[84] 李兴龙.江阴长江公路大桥钢桥面铺装试验段研究[D].南京:东南大学.2005.

[85] 重庆交通科研设计院.公路钢箱梁桥面铺装设计与施工技术指南.北京:人民交通出版社,2006.

附录 A 生活废旧塑料改性沥青技术应用参考指南

1. 总则

(1)生活废旧塑料改性沥青:在基质沥青中添加满足一定技术性能要求的生活废旧塑料作改性剂而制作成的改性沥青。

(2)应用范围:生活废旧塑料改性沥青的软化点较高,较适合于气温较高的南方地区沥青路面,提高路面高温稳定性。

(3)废旧塑料改性沥青适用于作 AC 级配、SMA 级配沥青混合料的胶结料。

(4)废旧塑料改性沥青混合料可以用作各等级公路新建沥青路面中面层,二级及以下等级公路新建或大中修路面的表面层。

(5)本指南主要适用于裂化处治生活废旧塑料改性沥青路面,即用 CRP 改性沥青作为胶结料拌制的沥青混合料路面。

2. 制作改性剂的废旧塑料要求

(1)生活中的塑料口袋、包装塑料薄膜、塑料盆、塑料桶、塑料凳子、塑料玩具,以及来自塑料制品生产中产生的塑料边角料,其主要成分是 PE 或 PP 类的塑料都可以用于制作沥青的改性剂。用于制作改性剂时,可以用单一种类的废旧塑料(PE 或 PP 废旧塑料),也可以把几种废旧塑料混合制作改性剂(PE 和 PP 的混合废旧塑料)。

(2)废旧塑料在制作成改性剂之前,应进行清洗,以免废旧塑料所黏附的垃圾、油污影响改性剂及改性沥青的性能。

(3)符合要求的废旧塑料应在废旧塑料收购站(厂)用人工或机械分拣得到。

(4)PE 或 PP 改性沥青的性能不同,PP 类的废旧塑料改性沥青的软化点较高,PE 类的废旧塑料改性沥青的软化点相对较低,一般情况下,为提高沥青的高温稳定性,应优先选用 PP 类的废旧塑料。

3. 生活废旧塑料改性剂的制作方法

生活废旧塑料改性剂属于聚合物类改性剂,用于改性沥青时可以用以下三种方式制成改性剂添加到沥青中。

(1)把分拣出的废旧塑料洗净烘干,粉碎成碎片作为改性剂,直接加入到沥青中改性。

(2)把分拣出的废旧塑料洗净烘干、粉碎成碎片,废旧塑料在 200℃ 条件下用挤塑机制作成废旧塑料颗粒作改性剂。

(3)把洗净烘干、粉碎的废旧塑料片或塑料颗粒在一定温度和裂化剂条件下裂化,制作成裂化废旧塑料,然后把其粉碎成颗粒制作成改性剂,添加到沥青和沥青混合料中改性。

4. 生活废旧塑料改性沥青的制作方法

(1)废旧塑料片、废旧塑料颗粒、裂化后废旧塑料改性沥青加工制作的基本方法是利用改性沥青设备,通过加热溶胀、剪切等工艺程序把废旧塑料均匀分散在沥青中。其制作设备和工艺过程与 SBS 改性沥青相同。

(2)在实验室里可以用乳化沥青剪切机制作生活废旧塑料改性沥青。

(3)粉碎的废旧塑料片或废旧塑料颗粒改性沥青的存储稳定性差,容易离析,不便于存储与运输,不便于应用。

(4)裂化废旧塑料可以利用改性沥青设备制作成改性沥青,即湿法改性,其改性沥青不离析,存储稳定性好,便于存储和运输;在没有改性沥青剪切设备的拌和站,可以把改性剂直接投入混合料拌和缸直接拌和改性,即干法改性。

(5)不同方法制作的废旧塑料改性沥青的效果不同,废旧塑料改性沥青应采用裂化废旧塑料,而不宜采用废旧塑料颗粒或粉碎的废旧塑料片对沥青进行改性。

5. 生活废旧塑料改性沥青的性能指标要求

(1)基质沥青要求。

生活废旧塑料改性的基质沥青一般应采用 70♯ 沥青,在气温较低的地区可以用 90♯ 基质沥青,其性能指标满足《公路沥青路面施工技术规范》的 70♯、90♯ 沥青的性能指标要求。

(2)CRP 改性沥青要求。

①CRP 的掺加比例按:(CRP 重量/基质沥青重量)×100% 计算,添加比例为 5%～6%,干法改性的添加比例应比湿法改性多 0.5% 左右。

②湿法改性沥青的技术性能要求。

CRP 湿法改性沥青的性能指标检测方法可以参照现行《公路沥青路面施工技术规范》中 PE 类改性沥青的技术性能指标的要求执行,离析参考 SBS 改性沥青的离析指标与检测方法进行评价,见表 A.1。

表 A.1　废旧塑料改性沥青的技术性能要求

检测指标		单位	要求	试验方法
针入度(25℃,100g,5s)		0.1mm	30～50	T0604
针入度指数(PI)	不小于		−0.4	T0604
延度(5℃,5cm/min)	不小于	cm	—	T0605

续表

检测指标		单位	要求	试验方法
软化点 $T_{R\&B}$	不小于	℃	65	T0606
运动黏度(135℃)	不大于	Pa·s	3	T0625,T0619
闪点	不小于	℃	230	T0611
溶解度	不小于	%	—	T0607
弹性恢复25℃	不小于	%	—	T0662
黏韧性	不小于	N·m	—	T0624
韧性	不小于	N·m	—	T0624
离析,48h软化点差,	不大于	℃	2.5	T0661

(3)集料的性能要求。

CRP改性沥青集料的性能要求与普通沥青混合料路面相同,如表A.2、表A.3所示。

表 A.2　粗集料主要技术指标要求

粗集料指标	规范技术标准要求	检测方法
压碎值/%	≤30	T0316
含泥量/%	≤1.0	T0310
吸水率/%	≤3.0	T0304
软石含量/%	≤5	T0320
洛杉矶磨耗值/%	≤35	T0317
针片状含量/%	≤20	T0312
坚固性(质量损失)/%	≤12	T0314
水洗法<0.075mm 颗粒含量/%	<1	T0320

表 A.3　细集料主要技术指标要求

细集料指标	规范要求	检测方法
表观相对密度/(g/cm³)	≥2.45	T0328
含泥量(<0.075mm 的含量)/%	≤5.0	T0333
砂当量/%	≥50	T0334
坚固性(>0.3mm 部分)/%	≥12	T0340

(4)CRP 改性沥青混合料级配设计。

①CRP 改性沥青可以用作 AC 级配和 SMA 级配沥青混合料的黏结料。用作拌制 SMA 级配混合料时,应采用湿法添加改性。

②CRP 改性沥青混合料的级配设计方法与普通沥青混合料相同。

(5)CRP 改性沥青混合料的配合比设计。

①CRP 湿法或干法改性 AC 级配和 SMA 级配沥青混合料的配合比设计方法与

基质沥青混合料设计方法相同,即采用马歇尔试验确定混合料的性能和最佳油石比。

②CRP 改性沥青混合料配合化设计。

a. 室内改性沥青制作仪器有高速剪切机(乳化机)、电炉、加热锅、温度计等。

b. 制作方法:把计算好比例的沥青加热到 180℃ 左右,再把计算好的 CRP 改性剂加入到沥青中进行溶胀 15～20min,然后用乳化机剪切,剪切转速 3000～5000r/min,剪切时间根据剪切的量确定,直到沥青中没有漂浮的 CRP 改性剂为止。剪切过程中应注意安全,防止沥青溅到身上。

c. 对制作好的改性沥青进行性能指标测试。

d. 用制作好的沥青制作马歇尔试件,测试沥青混合料的马歇尔性能指标。

e. 确定最佳油石比,进行动稳定度检验。

f. 根据沥青混合料的马歇尔性能指标和动稳定度试验结果,确定沥青混合料的级配、最佳油石比等目标配合比参数。

③用干法改性时,制作干法改性沥青混合料的马歇尔试验方法与湿法改性相同,但是,CRP 改性剂应在添加矿粉前添加,即集料拌和→沥青→CRP 改性剂→矿粉,拌和 20～30s 后再添加矿粉,添加矿粉后的拌和时间与基质沥青混合料相同。

④CRP 改性沥青混合料(湿法或干法)的高温性能用动稳定度评价,60℃ 条件下的动稳定度不低于 2800 次/mm。水稳性用冻融劈裂强度比评价。

6. CRP 改性沥青路面施工工艺

(1)改性沥青制作设备。

CRP 湿法改性是利用改性沥青剪切磨把基质沥青与 CRP 剪切混合对沥青进行改性的方法,因此必须采用剪切磨进行混溶。剪切设备与 SBS 改性沥青制作设备相同,设备主要包括改性剂添加设备、溶胀罐、剪切磨、改性沥青储存罐、控制系统五个主要部分。

(2)改性沥青制作参数。

沥青与改性剂的溶胀、剪切温度为 165～170℃;溶胀时间 15～20min,可根据溶胀罐的体积调整,体积大,溶胀时间适当加长;掺加比例为沥青重量的 5%～6%,剪切遍数 3～4 遍。

(3)CRP 改性沥青制作程序如图 A.1 所示。

(4)混合料拌和。

①拌和楼:一般采用间歇式沥青混凝土拌和楼。

②拌和参数:混合料的沥青加热温度 165～170℃;集料加热温度 180～195℃;混合料出厂温度不低于 165～170℃。

(5)CRP 湿法改性沥青的混合料的摊铺、压实。

CRP 湿法改性沥青的混合料摊铺、压实与基质沥青混合料路面相同。摊铺温

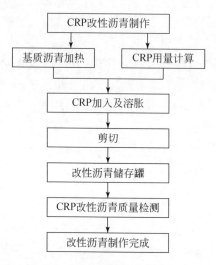

图 A.1 CRP 改性沥青制作程序

度不低于160℃,初始碾压温度不低于150℃,路面终压路表温度不低于100℃,开放交通时的路表温度不高于50℃。其余施工工艺和质量要求与普通沥青混凝土路面施工相同。

7.CRP 干法改性沥青路面施工工艺

(1)CRP 干法改性沥青路面拌和设备要求。

干法改性是在混合料拌和过程中把 CRP 改性剂直接添加到混合料中与沥青混合的改性方法,因此,这种方法不需要剪切混溶设备。混合拌料和设备与普通沥青混合料相同,但是,拌和楼的拌和仓应有观察孔,改性剂通过观察孔用人工或机械投放方法投入拌和仓。

(2)CRP 改性剂的计量与添加。

①每一盘拌和添加的 CRP 改性剂重量根据施工配合比确定的油石比和每盘拌和料的重量计算。

②用人工添加时,根据计算的每盘添加 CRP 重量进行容器标定,然后用标定容器计量投入拌和仓。

③用人工通过观察孔投入拌和仓。添加时,为保证沥青与 CRP 的熔融,在沥青喷洒结束后及时添加 CRP,拌和 20~30s 左右后再添加矿粉。

④用自动计量设备添加时,只要把每盘需要添加的改性剂资料输入,同时与控制室的沥青添加和拌和时间相配合,控制添加时间点。

(3)CRP 干法改性沥青的混合料的拌和温度与普通沥青混合料的拌和温度相同。

(4)CRP 干法改性沥青的混合料的摊铺、压实与普通沥青混合料路面相同。